Humanoid Robot Engineering

휴머노이드 로봇 공학

김수현 · 서용호 · 양태규 공저

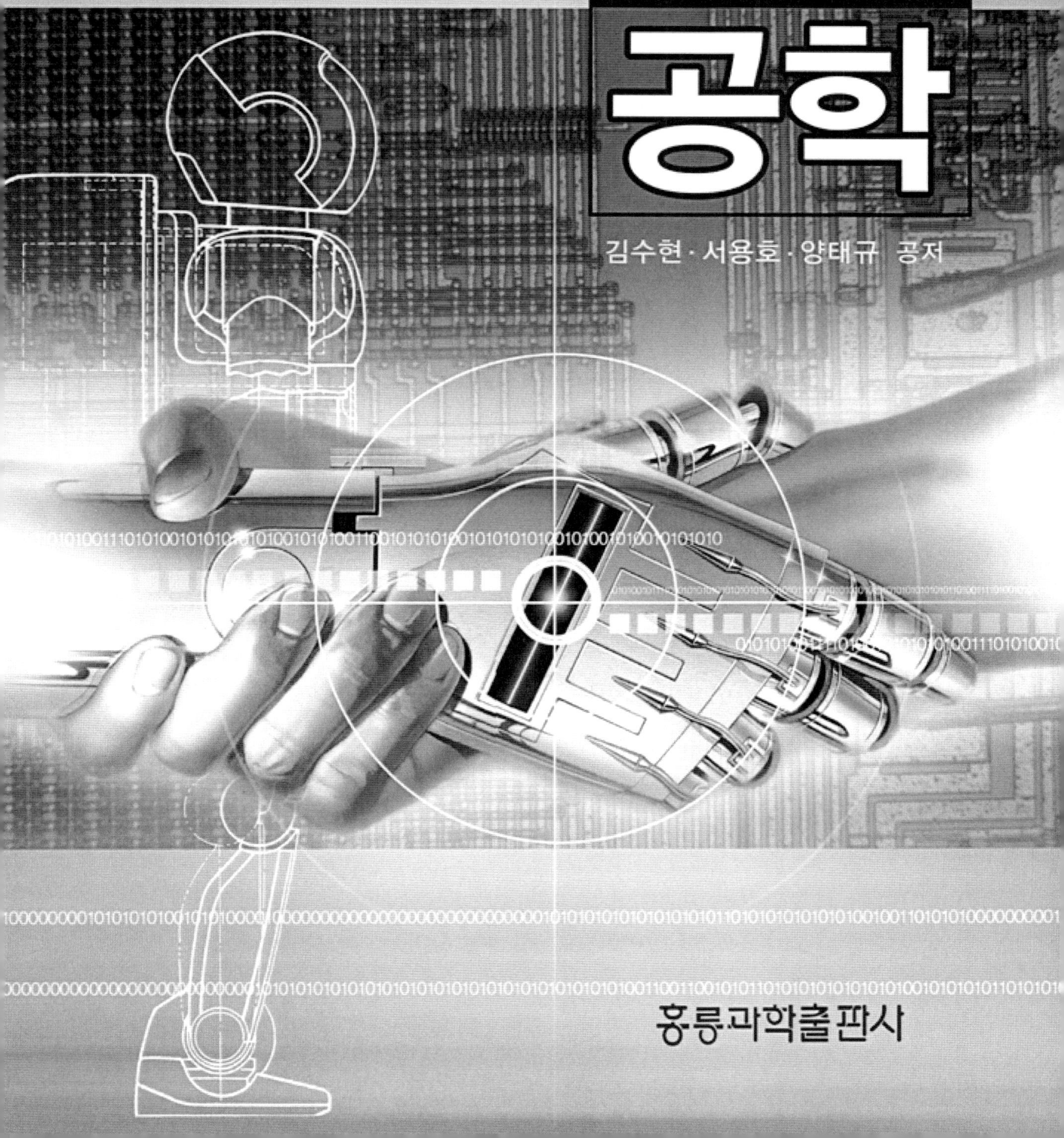

홍릉과학출판사

머리말

근래에 휴머노이드로봇에 대한 국민적 관심은 대단하다. 유소년에서부터 중고교 학생, 청년 과학자 등 언론에서 나오는 로봇 기사에 대하여 관심을 가지고 바라보고, 때론 힘세고 든든한 로봇을 직접 만들어보고 싶어 하기도 하며, 어릴 때 한번 쯤 보거나 들어보았던 만화 주인공을 떠올리면서 우리나라의 로봇 기술이 세계적으로 발전해 나가길 기대하고 있다.

이렇게 로봇 기술이 국민적 관심을 받는 이유는 무엇일까? 그것은 바로 로봇이 우리 모두의 생활에 밀접하게 연관이 되고 쉽게 접할 수 있는 첨단 기술이기 때문이다. 이공계 학문은 그 동안 각자의 분야에서 눈부신 발전을 거듭해 왔고, 개별적으로 산업기술에 응용되어 우리의 경제 발전을 이끌어 왔다. 하지만, 일반인들의 관심을 끌기에는 너무나도 어렵고 딱딱하게 보이는 분야일 뿐, 생활에 밀접하게 와 닿는 공감대가 없었다.

로봇은 바로 그동안 발전해 온 모든 기술의 복합적 결정체로서 우리가 매일 대하는 컴퓨터와 사무기기처럼, 몸이 아플 때 도움을 청하게 되는 의약처럼, 우리 인간의 생활을 풍요롭게 하면서도, 인간이 꿈꿔온 미래를 실현시켜줄 수 있는 강력한 공학기술의 꽃이기에, 우리 모두는 로봇과 가까워지고 싶고, 그 기술이 나날이 발전하기를 희망하는 것이다.

인쇄기술과 복사기가 책의 출간을 비약적으로 증가시켜 대중에게 지식을 전달하게 되었고, 컴퓨터가 엄청나게 많은 필기 노동으로부터 해방시켜 주었고, 자동차가 인간의 이동성을 확장시키고 굴삭기 등의 동력기계가 신체노동을 크게 줄여준 것처럼, 이제 로봇이 인간의 힘든 것을 대신해 주게 되는 시대가 열리는 것이다.

휴머노이드로봇은 바로 인간의 모습과 인간이 할 수 있는 노동 능력을 가진 서비스노동자 역할을 하는 로봇이다. 위험하거나 해로운 작업환경에서 일을 하거나, 단순반복적인 작업을 하는 경우 이제 로봇으로 대체시킴으로써 인간은 보다

고된 노동에서 자유로워지고 보다 지능적인 일이나 예술적, 감성적인 작업에 집중할 수 있게 된다.

하지만 휴머노이드 로봇의 기술은 예상하는 것만큼 그리 만족스럽지 않은 현실이다.

우리가 자연스럽게 걸어 다니는 것처럼, 걷게 만드는 것도 쉽지 않고, 목적지를 향해 갔다가 제자리로 돌아오기도 쉽지 않을 뿐 아니라, 갑작스런 장애물 때문에 방향을 잃어버리기도 한다.

로봇의 보행, 이동지능, 인식지능, 판단에 이르기까지 아직도 휴머노이드 로봇의 만족스러운 성능에 이르기까지 생각하고 해결해야 할 문제가 너무나도 많다. 어쩌면, 완벽에 가까운 휴머노이드 로봇을 개발하는 것은 신이 아닌 한 불가능한 일인지도 모른다.

휴머노이드로봇 기술을 컴퓨터에 의한 연결장치와 가전시스템의 업그레이드 또는 산업현장에서의 자동로봇 팔의 확장이라고 한정하면, 그 성능과 기술수준에 대해서는 한계가 비교적 명확해진다. 원하는 휴머노이드 로봇의 기능을 현재 로봇팔의 기능에 걸어다니는 기능을 추가하거나 고도의 인식과 판단작용을 제외한 반복적인 단순 서비스 작업에 한정하는 것이다.

하지만, 이러한 기능을 실현해 주는 휴머노이드 로봇을 개발하기에도 엄청난 액수의 개발비용과 연구시간이 소요된다. 여기저기 흩어져 있는 지식들을 소화하고 일일이 설계, 제작, 프로그래밍, 제어하기에도 엄청난 노력과 열정이 필요하다.

대학에서 배우는 학문들로는 쉽게 완성하기 어려운 분야가 휴머노이드로봇이기에 저마다 어려운 것이라고만 생각하고, 그에 대한 탐구 노력을 단념하게 된다. 즉, 휴머노이드로봇은 현재 분화되어 있는 학과의 전공들이 융합되어야만 완성될 수 있는 분야이기 때문에 관련된 전공분야의 전문가들이 서로 합심하여 참여해야만 완성도가 높은 시작품이 나올 수 있다.

가까운 일본에서는 약 20여년 전부터 각 대학에서 경쟁적으로 휴머노이드로봇의 연구와 개발에 박차를 가하고 있으며, 대학 연구실에서의 소중한 연구경험과 능력을 기초로 매년 세계최고의 휴머노이드로봇 모델과 개선된 기능을 공개하고 있다.

하지만 우리나라의 경우에도 발전된 휴머노이드로봇 기술을 실현해 가는 속도가 빨라지고 있다.

이 책은 바로 이러한 우리나라의 휴머노이드로봇 기술의 발전을 희망하면서 기계공학, 전기, 전자공학, 컴퓨터공학 등 관련학과에서 기초 로봇공학을 이수한 후 로봇전공을 하는 학부와 대학원생이 휴머노이드로봇의 이론 및 개발 체제 전반에 관하여 쉽게 이해하고, 전문가가 되기 위하여 노력해야 할 세부 분야를 깨우치도록 하기 위하여 만들어졌다. 또한 휴머노이드로봇을 저렴하고도 시행착오 없이 시간을 앞당겨 개발할 수 있도록 개발 시의 주의점 등을 강조하면서, 자발적으로 공부하려는 어린 학생들에게도 쉽게 이해될 수 있도록 씌여졌다.

OO학은 글로써, 진리를 깨우쳐가는 방법, 과정 또는 그 일체라 할 수 있고, OO공학은 만들기 위한, 만들어지고, 만들어진 물체에 관한 사실, 원리, 응용, 재창조, 진리를 다루는 학문이다.

휴머노이드로봇 공학은 휴머노이드로봇의 구조, 동작원리, 배경이 되는 이론 등을 이해하고, 직접 설계, 제작, 구성, 구현할 수 있는 능력을 키우며, 이를 위하여 사전 모의실험단계에서 원하는 목적을 달성할 수 있도록 실제와 근사하게 예측할 수 있는 능력을 갖추고 이를 통하여 휴머노이드로봇을 성공적으로 개발할 수 있는 능력을 갖추게 하는 것을 목표로 하는 학문이다.

휴머노이드로봇 공학은 기초 로봇공학에서 다루는 SCARA 형 로봇팔에 관한 기구학, 동역학, 자동제어 등 내용을 학습한 후 쉽게 접근할 수 있도록 내용을 구성하였다.

이 책은 크게 다섯 장으로 구성되는데, 첫 장에는 휴머노이드로봇의 소개가 이루어지고, 두 번째 장에는 휴머노이드로봇의 보행에 관하여 다룬다. 세 번째 장에는 휴머노이드로봇의 개발을 위한 실용적 내용에 관하여 다루고, 네 번째 장에는 이동 능력과 인공지능을 다루게 된다. 마지막으로 다섯 번째 장에서는 휴머노이드로봇을 개발하는 데 있어서 고려해야 할 내용과 향후의 전망에 관하여 고찰하기로 한다.

차 례

Chapter

1

서 론

1.1 휴머노이드로봇 개요

최근에 로봇 분야의 연구와 기술은 전 세계적으로 많은 관심을 받고 있다. 그동안 주를 이루었던 주행로봇(Mobile robot), 즉 바퀴의 회전에 의해 이동하면서 환경인식 및 위치정확성을 유지하는 등 주로 주행 성능을 중심으로 연구되는 분야와 최근에 일본의 선도적인 연구로 관심이 증폭되고 있는 휴머노이드(Humanoid), 즉 인간형로봇 분야의 연구는 대표적인 분야라고 할 수 있다. 물론 이 밖에도, 특정 목적에 맞도록 개발된 견마형로봇(Dog and horse-like robot), 거미로봇, 뱀로봇, 물고기로봇, 곤충로봇 등 특수한 구조의 로봇도 있다.

휴머노이드로봇은 인간의 외양, 모습, 행태 등을 닮고 인간의 행동을 할 수 있는 기능을 갖춘 로봇으로, 인간에 의해 이루어져 왔던 노동, 서비스 등을 휴머노이드의 역할로 대체할 수 있는 가능성을 지녔다는 점에서 무한한 발전 가능성을 가진 연구 분야이다. 일찍이 휴머노이드로봇은 공상과학 소설 또는 영화에 자주 등장해 왔고, 어린이에게는 친구로서, 노약자에게는 도우미로서 역할을 수행하는 등 인류에 큰 영향을 끼칠 차세대의 산업혁명이 될 수 있을 정도로 큰 관심을 받고 있다.

그러나 영화 등에서나 볼 수 있는 이러한 휴머노이드로봇의 완성은 아직까지 요원하다. 휴머노이드로봇은 기존의 학문 범위로 볼 때, 기계공학, 전기공학, 전자공학과 컴퓨터공학 등 여러 응용과학 분야의 종합에 의해 이루어질 수 있는 연구 분야이고, 시스템의 중량, 크기, 동력, 전력 등의 조건을 만족시키기 위해서는 제작 및 유지보수 비용이 크기 때문이다. 또한 인간의 능력을 대체할 수 있거나 그보다 월등할 수 있도록 하는 인지능력 및 판단 지능 등의 사고능력은 현재의 기술 수준으로 볼 때, 거의 전무하다. 즉 제한된 영역에서, 사전에 정해진 방식에 의해 처리되는 반복적 활동 또는 프로그램에 의한 자동조절 메커니즘의 한계를 벗어나 여러 상황들을 구별한 후 자율적으로 판단하고, 결론을 내는 능력과 예기치 못한 상황에의 효율적 행동 등은 아직까지는 상당히 제약된 상황이라 할 수 있다.

휴머노이드로봇이 실생활에서 인간을 위해 복지를 실현할 수 있기 위해서는 기계 구조적 안정화, 동력 및 전기전자회로의 고성능화, 컴퓨터 알고리즘 진화의 단계를 밟아나가야 한다. 휴머노이드로봇의 개발은 수 개의 학문 영역과 기술의 총체로 기계적인 설계와 동적 모델링 및 제어, 자세 제어 프로그래밍과 구동시스템 및 센서의 피드백 연동, 전기시스템과 전자회로모듈의 연동이 함께 이루어져야 하며, 우선 보행 및 자세균형 기능이 안정화된 이후에, 이동 중 위치인식 및 지도형성의 정확성, 물체와 환경인식 등의 인공시각 기술 및 상황을 판단하고 결정을 내리기 위한 인공지능도 함께 갖춰야 한다.

현재의 기술 수준에서 휴머노이드로봇의 핵심 개발 요소는 크게 구조적 안정화, 이동의 지능적 능력 확보, 자동적 환경인식 및 반응과정으로 나눌 수 있다. 구조적 안정화 문제는 휴머노이드로봇이 걷고, 멈추고, 계단과 경사면을 오르내리고, 방향을 선회하는 등, 보행 중의 여러 상황에서 안정적으로 로봇의 중심을 유지하는 능력이다. 보행의 안정성 확보 문제(The problem of ensuring the walking stability)가 우선적으로 갖춰져야 하는 이유는 안정적으로 걸을 수 있는 능력을 갖춘 이후에야 여타의 서비스, 노동을 할 수 있고, 충격과 요동이 없는 로봇 시스템의 구조적 안정이 센서에 의한 환경인식, 컴퓨터의 안정적인 연산 처리를 가능하게 하기 때문이다. 이러한 능력을 확보하기 위해서는 로봇 몸체의 각 부분이 상호 연관되어 중심 균형 유지 시스템에 의해 각 관절 요소들이 동시적으로 제어되어야 한다. 로봇의 전체적인 구조설계와 각 몸체부분의 움직임 제어, 균형 감지를 위한 센서피드백, 실시간 동시제어 기술 등이 요구된다.

다음으로 요구되는 능력은 지능적 지도형성, 관리 및 위치인식이다. 로봇이 목적을 수행하기 위해 일정 지점을 경유하여 이동하고, 다시 제자리로 돌아오는 등의 이동 정확성을 확보하려면, 시스템 메모리에 지도를 형성하고 관리하며, 활용하면서 매 순간 자신의 위치를 보정하기 위한 위치인식과 지도형성 능력이 필요하다. 주변의 환경을 센서에 의해 감지하고 지도 형태로 저장하며, 이동하면서 지도를 갱신하고, 다시 활용하면서 최적경로를 만들어내는 기능은 데이터 처리 기술과 효율적인 알고리즘이 요구된다.

공간인식과 실시간 영상처리를 위한 입체 시각도 인간의 기능을 닮은 휴머노이드로봇의 필수 능력 중 하나이다. 로봇이 이동해야 할 위치는 평지 뿐 아니라 높낮이와 경사면 등 다양하고 불규칙한 공간이 될 수 있다. 또한, 주변의 움직이는 장애물을 인지하며, 지면이나 계단과 같은 고르지 않은 지면에서 안정적으로 보행을 유지하기 위해서는 많은 영상처리 알고리즘이 적용되고, 이를 실시간의 3차원 공간 정보로 인지하기 위해서는 두 개의 카메라를 이용한 입체 시각(Stereo vision)과 영상 정보를 연속적으로 처리하여 공간정보를 재구성해 낼 수 있는 고효율 영상 데이터 처리 기술이 필요하다. 외부의 고정된 GPS(Global Positioning System)나 수신기(Receiver) 장치의 장착이 없어, 주변 공간의 크기와 환경의 복잡성 한계를 극복할 수 있는 기술과, 데이터 메모리와 센서 시스템의 통합 및 데이터 통신 등 제반영역에서 효율적인 실시간 처리 성능이 요구된다.

1.1.1 이족보행 기술

휴머노이드로봇의 보행 안정성 확보를 위한 연구는 정역학(Statics), 동역학(Dynamics)의 역학적 분석에서부터 인간 보행에 대한 의학적, 인체공학적 분석에 이르기까지 광범위한 분야에서 개별적으로 이루어져 왔다. 기계 구조물의 일부로서 전기식 동력장치, 전자회로와 컴퓨터 프로그래밍의 연동으로 동작하는 휴머노이드로봇은 인간의 유연한 관절 자유도와 충격흡수, 움직임의 유연성에서 큰 차이가 있으므로, 전적으로 인간의 움직임을 흉내내는 방식으로는 실현 가능성이 희박하다. 다만, 휴머노이드로봇의 구조는 부품소재와 동력장치 등의 발전과 함께 복잡한 구조를 소형화하고 다관절 자유도를 갖추어 나가면서 성능이 향상되고 있다.

상체에 있는 각종 전기 및 전자회로, 센서 시스템, 컴퓨터 등의 기기들과 입체 시각 시스템의 원활하고 효율적인 기능 구현을 위해서는 휴머노이드로봇의 보행 중 지면과의 지속적인 접촉에 의해 하체로부터 충격 전달을 최소화할 수 있도록 로봇의 허리와 골반부위를 설계해야 한다. 뿐만 아니라 제조의 복잡도와 단가를 낮춤과 동시에 내구성을 유지하면서 최대한 자유도를 높여 동작을 원활하게 하기 위해서 로봇의 목, 어깨, 손목, 발목 등의 각 관절(Joint)과 연결부(Link)의 기구적 메커니즘을 설계하여 효율적인 동작 메커니즘을 구현해야 한다.

휴머노이드로봇의 센서 시스템은 실험적으로 안정화된 로봇 구조의 움직임을 보다 능동적으로 안정화시키는 데 중요한 역할을 하게 된다. 지면과 발바닥의 충분한 마찰력과 충격 흡수 재료는 실험적 환경에서 쉽게 구조의 안정화를 가능하게 하지만, 일상적인 실내 공간이나 실외 공간은 만족스러운 바닥의 마찰 조건 및 평면 조건 등 불안정한 상황을 야기하여 보행 중 넘어지거나 불균형하게 만든다. 로봇의 발바닥에 있는 압력 센서(Force sensing register), 기울기 센서(Tilt sensor), 가속도 센서(Accelerometer) 등은 로봇의 몸체에 장착되어, 인간의 감각기관과 같이 무게중심 균형에 관한 정보를 주게 되고 균형 유지 메커니즘은 부궤환 제어(Negative feedback) 방식에 의한 제어와 같이 정상적인 균형 상태를 유지하게 된다.

휴머노이드의 연구는 2000년대 초반 대중에게 공개하여 잘 알려진 일본 Honda 사의 ASIMO와 Sony 사의 QRIO를 비롯하여 동경공대의 HRP, 와세다대학교의 WABIAN 시리즈 등 학교와 연구기관에서 그 성능과 안정성을 높이는 연구가 이루어지고 있다. 미국과 북유럽의 독일, 프랑스, 네덜란드 등에서도 보행이 가능한 단순 구조 로봇의 실험을 기반으로 환경에의 적응성과 보행 안정성을 높이고자 하는 연구가 진행되고 있다. 우리나라의 휴머노이드 기술도 KAIST[1]의

1) 한국과학기술원(Korea Advanced Institute of Science and Technology)

HUBO와 KIST[2])의 MAHRU 등의 연구를 기반으로 세계 수준에 발맞춰 나가고 있다.

휴머노이드로봇의 개발에 있어서 우선적으로 해결되어야 하는 보행 안정성 확보에 관한 연구는 ZMP 이론과 수동동보행(Passive dynamic walking) 이론이 있다. ZMP(Zero Moment Point) 이론은 Vukobratovic의 발표를 시작으로 일본의 학계를 중심으로 알려지게 되면서, 일본 HONDA 사의 ASIMO와 Sony 사의 QRIO 시연으로 전 세계적으로 널리 알려지게 되었다[1]. 일찍이, 미국 MIT에서도 타조의 보행에 관한 모사 연구와 함께, 다양한 보행 연구가 시도되었으며, 관련 연구진에 의하여 최근 Boston Dynamics 사에서 발표한 사족 로봇 BigDog로 군사용 로봇이 개발되기에 이르렀다[2]. 국내에서도 이러한 세계적인 연구 추세에 상응하여 각 연구기관 및 학교에서 활발한 연구가 이루어지고 있으며, 주로 소형 서보모터를 구동기로 하면서 크기가 50cm 이하인 마이크로 로봇에서 인간 크기의 휴머노이드로봇에 이르기까지 다양한 연구 활동을 하고 있다. 최근 몇 년 동안 국내 및 세계적으로 국내기술력을 보여준 KAIST의 휴머노이드로봇 HUBO와 KIST의 MAHRU는 이러한 국내연구 성과의 대표라 할 수 있으며, 이 밖에도 뛰어난 관련 연구기술들을 많은 연구기관 및 대학들이 보유하고 있다.

[그림 1.1] 국내외의 개발된 휴머노이드로봇(Humanoid robot models developed in many countries)

안정적인 보행에 관한 연구는 ZMP 정보행 균형과 이를 반영한 보행패턴 형성 및 착지점 고려 등 정적 안정성 확보에 관한 부분이 주가 되어 왔고, 이를 토대로 동보행 및 달리기(Running) 등에도 연구가 진행되고 있다.

ZMP 이론을 기반으로 하지 않은 수동 전진 보행 메커니즘을 사용한 기초연구가 질점(Point mass)요소로 모델링이 가능한 단순한 구조의 로봇, Acrobot, RABBIT, ERNIE 등을 통하여 이루어졌다[2]. McGeer의 수동동보행(Passive dynamic walking) 이론을 통하여 Wisse 등[3]은 로봇 모델에서 힙의 역할을 구분

2) 한국과학기술연구원(Korea Institute of Science and Technology)

하여 상체를 추가하는 방식으로 안정성을 확보하는 연구결과를 발표한 바 있고, Hobbelen 등[4]은 일정 주파수의 사이클로 걷도록 단순 설계된 로봇이 수동 보행 중에 지면접촉에 의한 외란을 억제하도록 흔들림 운동 다리의 지면 접촉 시간 직전에 지지 다리의 길이를 축소하는 방식으로 전진운동을 촉진하는 방식의 효용성에 대하여 연구하였다.

이와는 별도로 3차원 구조의 휴머노이드로봇 동작의 안정성을 확보하기 위하여 전신 운동 차원에서 접근한 연구가 있다. 휴머노이드로봇의 발의 흔들림 운동에 의하여 생기는 모멘트 현상에 의해 상체구조가 발생되는 모멘트의 방향으로 흔들리는 현상에 대한 원인 분석을 토대로 이루어지게 된 점이 공통되는 사항이라 할 수 있는데, 이러한 불안정 문제를 인간의 행동 양식에 대한 경험적 지식을 토대로 팔의 역 모멘트 생성 방식에 의해 해결하고자 하였다[5-7]. 또한 발의 지면과의 접촉 시에 발생하는 충격력과 진동에 의해 로봇 몸체가 크게 요동하거나 균형을 잃게 되는 현상에 대한 문제 인식으로부터 발바닥의 충격흡수 구조와 진동 억제 제어 연구도 다각도에 걸쳐서 이루어졌다[6]. 이는 수동적으로 충격흡수 재료에 의한 자연적인 방지에서부터 공압식 발판 설계에 이르기까지 다양하게 이루어지고 있다. 다음은 논문 등을 통하여 발표된 순서대로 보행 연구를 위한 로봇 개발 사례를 정리한 것이다.

[표 1.1] 국내외 이족보행 연구를 위한 로봇(Robots for the biped walks in many countries)

Model	Developer	Height (m)	Weight (Kg)	DOFs	Velocity (m/s)
WL-10RD	Kato, Tsuiki Waseda Univ.	–	80	12	0.1
Biper 1~5	Miura, Shimoyama	0.3	3	–	–
Kenkyaku	Furusho, Masubuchi	0.7	23	5	0.8
BLR-G2	Furusho, Sano	0.97	25	9	0.18
Meltran II	Kajita, Tani	0.45	4.7	6	0.2
Spring Flamingo	Pratt in MIT	1.2	14	7	1.2
Jonnie	TU of Munch	1.8	40	23	0.4
BIP	INRIA in French	1.7	100	15	–
RABBIT	CMRS in French	1.2	32	5	–
WABIAN	Waseda Univ.	1.84	107	52	0.21
ASIMO	HONDA	1.2	43	26	0.3
HRP-2	Japanese Gov.	1.54	58	30	–
HUBO	KAIST	1.2	56	41	0.35

보행중인 로봇 시스템의 자세제어는 일반적으로 각 관절축 모터의 위치제어에

의해 이루어지며, 운동 중에 충격 및 진동이 발생하게 되므로 정확한 제어성능을 유지하기가 어렵다. 이러한 충격 및 진동에 의한 외란을 제거하기 위해 계산토크 방식에 기초한 선형제어 기법이나 적응제어(adaptive control) 기법, 강인제어(robust control) 기법 등을 이용한 연구가 이루어져 왔다. 하지만 이와 같은 방법은 제어하고자 하는 모델에 대한 정보가 필요하고, 동역학적 특성을 알아야 가능하며, 모델링 과정이 복잡하다는 단점이 있다. 이러한 문제를 해결하기 위하여 적응 규칙에 의해 모델의 불확실성, 시스템의 변화, 외란으로 인해 발생하는 공칭 모델(nominal model) 사이의 오차를 보상하도록 제어입력을 생성하는 내부 루프 부분과 공칭 모델의 명령을 추종하도록 하여 제어 입력을 생성하는 외부 루프 부분으로 구성되는 방법인 외란 관측기 제어기가 이용되기도 하였다[9].

1.1.2 지능형 SLAM

보행을 유지하기 위해서는 주변 환경에 대한 지형 정보가 필요하다. 마치 인간이 눈을 가린 채 걸을 때 계속 걸어갈 수 없는 것처럼, 로봇도 보행 중에 계속 주변 환경 정보의 인지 작용과 함께 목적지와 경유지 등에 대한 지도 정보가 구축되어 나가야 한다. 주행 로봇에서 주로 사용되어 온 비접촉 거리 센서들, 예를 들어 초음파 센서(Ultrasonic sensor), 적외선 센서(Infrared sensor), 레이저 검색 센서(Laser range finder) 등은 주로 2차원 평면상의 지형 정보를 제공하는 데에만 적합하다는 단점이 있다. 반면에 카메라를 이용한 인공 시각 시스템은 물체의 크기, 방향 및 거리와 심지어는 종류까지 연상시킬 수 있을 정도로 강점을 지니고 있다. 휴머노이드로봇의 운동 반경 및 작업 영역들이 인간 친화적인 환경에서 계단, 경사면, 문턱과 같은 장애물 지형물에 익숙해지고 물체 또는 사람 등을 인지하는 능력이 요구되면서, 감지 시스템은 점차적으로 입체 시각 시스템(Stereo vision system)에 집중되고 있다.

휴머노이드로봇의 보행 이동 지능을 위한 주요기술은 크게 지도형성, 자기위치인식, 장애물 감지 및 회피, 경로경유 및 복귀 등으로 나뉘며, 센서 시스템에 의한 환경인식과 함께 향후 로봇의 임무 수행 기능 도약을 위하여 그 중요성이 크다고 할 수 있다. 이 중 센서시스템에 의해 환경정보를 받아들이고 이를 공간정보로 변환하여 인지하는 지도형성 과정과 형성된 지도정보를 바탕으로 현재의 자기 위치를 인지할 수 있는 자기위치 인식과정은 상호 연관되어 있는 문제로서 동시에 이를 추정하고 조정하는 과정을 통해 위치 정확성을 향상시키려는 연구 분야를 동시적 자기위치인식 및 지도형성(SLAM; Simultaneous Localization And Map building)이라 한다.

SLAM 기술은 적외선 센서, 초음파 센서와 레이저 검색 센서에 이르기까지 주로 비접촉에 의한 인식 시스템을 이용하고, 지도형성 및 자기위치 인식의 기술로서는 주로 표식(Landmark)과 외부의 고정된 추가 시스템을 이용하였다. 로봇의 독립적 플랫폼 내에 지도형성 및 자기위치 인식 기술과 위치보정 기능을 갖고 있으며, 다른 비접촉 센서와는 달리 자기장이나 반향효과 등의 오차 요소가 없는 입체 시각 기술을 사용함으로써, 실제 환경에의 적응도가 높고, 로봇의 용도에 따른 적용의 확대가 가능하다. 또한 이를 3차원 공간인식으로 그 범위와 성능을 확대하고 입체 정합과정과 능동적 영상정보취득 과정을 분리하여 공간지도형성이 기저 구조의 움직임이나 진동에도 영상정보의 처리 과정의 성능에 영향을 받지 않도록 한다. 초기에 일정 공간의 영역을 검색하여 지도를 형성한 후 경유점들과 목적 지점을 찾아 이동하는데 자동적으로 데이터 용량 및 이동지령 정보가 간단한 위상정보로 변환됨으로써 복잡한 환경이나 넓은 실내, 실외 구조에까지 추가적인 외부의 정보전달 시스템이나 표식이 없이 우월한 SLAM 성능을 유지할 수 있다.

SLAM 분야는 90년대 중반부터 주행로봇의 이동정확성 및 반복적인 서비스기능 수행 등을 위한 평면 지도 기억 기능을 갖춘 지능로봇 구현의 기반 연구로서 실내, 실외, 잠수 환경 등 다양한 환경에 적합성을 갖추게 되었다. 로봇이 외부의 고정된 위치인식 장비 없이 독립하여 이동하면서 정해진 목적을 수행하기 위해서는 목적지까지 장애물을 우회하면서 도달하고 이후에는 이동한 위치를 다시 지나갈 수 있는 지도상의 자기위치 및 이동의 정확성이 요구된다. 로봇의 자기위치인식은 기계적 오차와 노면의 평면성, 센서 정보의 정확성, 제어시스템의 불확실성 등의 요인에 의해 오류가 발생하게 되는데, 이를 효과적으로 극복하여 정확성을 높이고자 하는 것이 SLAM의 주요한 목적이다.

3차원 공간정보의 SLAM 기술은 비접촉 센서를 이용한 2차원 평면에서 또는 좁은 실내 공간기능을 수행할 수 있는 한계를 뛰어 넘어, 넓은 외부 환경 및 굴곡 있고 복잡한 3차원 공간지형을 인지할 수 있다. 입체 시각 시스템은 인간의 두 눈과 입체 감각 지능을 흉내 냄으로써, 주로 초음파 센서 등을 이용하는 방식으로 장님의 더듬거리며 진행하는 방식에서 능동적으로 주변 환경을 인지하고 이에 대처할 수 있는 인지 능력을 갖도록 하는 데 목적이 있다. 다만, 수백만 이상의 화소들로 구성되는 CCD(Charge Coupled Device) 카메라의 영상정보들을 실시간으로 처리하고 복잡한 알고리즘을 수행하기 위해서는 인지과정과 처리과정에서 데이터 처리양이 기하급수적으로 증가하고, 연산 수행동안의 시간지연 또한 커지기 때문에 정보량이 적고 명확한 공간정보를 보유할 수 있는 위상기하정보로의 변환 및 인식과정과 처리과정의 분리를 통한 병렬처리기법 등의 특수한 방법이 요구된다.

3차원 공간지도 SLAM 기술의 구현을 위해서 입체 시각 시스템의 능동화가 필수적으로 요구되며, 적합하고 효율적인 데이터베이스 구축에 맞춘 하드웨어 및 소프트웨어적으로 제어 가능한 시스템이 지능 입체 시각 시스템의 주요한 기술이 된다. 지능 입체 시각 시스템은 고정된 한 개의 CCD 카메라와 팬-틸트(Pan-tilt) 자유도를 갖고 제어 가능한 다른 한 개의 CCD 카메라를 통하여 영상정보를 개별적으로 취득하며, 이를 각 순간에서 취합, 정합 처리하는 과정을 통해 3차원 공간지도를 능동적으로 구성하는 역할을 한다. 이는 기반 구조의 움직임과 진동에도 강인하고, 주변 환경이 동적인 상황 또는 이동물체의 추적 상황에도 강인한 성능을 갖는다.

SLAM 기술에서 환경의 복잡성 및 광활한 영역에도 적응성이 있도록 하고 동시에 위치 및 경로이동의 정확성을 향상시키기 위해선 다수의 정밀한 센서와 수많은 영역정보를 저장하기 위한 컴퓨터상의 메모리 그리고 이를 주행 중에 신속하게 처리하기 위한 하드웨어 및 소프트웨어 프로그램의 속도의 신속성이 요구된다. 하지만, 현실적으로 많은 데이터를 처리하기 위한 컴퓨터의 용량 및 속도는 한계가 있으므로 주로 지도형성 과정에서의 효율성 증진을 위해 격자지도(Grid based map)와 위상기하지도(Topology map)의 방식이 연구되어 왔다. 한편 자기위치인식(Localization)은 GPS나 수신기, 인공표식에 대한 화상 또는 적외선감지 시스템과 같이 외부의 고정된 지점에서 이동로봇의 위치정보를 송·수신할 수 있는 방식의 경우 비교적 용이하지만, 위치정보의 실시간 수신이 없이 독립적으로 공간상을 이동하는 경우에는 위치 정확도가 떨어지게 되므로 이러한 경우 위치 정확성을 확보하기 위한 기술의 중요성이 부각된다. 이와 관련하여 초음파 센서와 레이저 센서 배치 및 해석, 인공지능 제어(Fuzzy-neural inference), 확률적 위치 추정(Stochastic position estimation), 검색 정합(Scan matching)을 비롯하여 기구적 오차 보상 제어에 이르기까지 다양한 방법이 연구되어 왔다.

거리정보를 인지할 수 있는 센서시스템을 이용하여 지도를 형성하게 되는데, 일반적으로 측정 대상 영역의 크기, 센서 측정의 정밀도에 따라 구현방법 및 제원은 다양하다. 격자지도방식은 Moravec, Elfes와 Borenstein, Koren에 의해 제안된 방법으로서 주변환경을 등간격으로 설정된 격자로 표현함으로써 지도를 형성한다[18-19]. 위상기하지도는 Kuipers, Bynn과 Mataric에 의해 제안된 점, 선, 길이, 각도 등의 위상기하정보로 지도를 표현한다. 이 경우 절대적인 기준좌표점이 설정되지 않고, 주변 환경과의 특징적 관계만 나타나고, 격자지도방식에 비하여 경로계획이 간단하고 간결한 반면 복잡한 환경에서 정보가 급격히 증가하고 자기위치인식 과정에서 오차가 커지고 보정이 어려워 정확성을 높이기 어려운 단점이 있다. Thrun은 이 두 가지 방법을 병행한 혼합(Hybrid) 방식을 제시한 바 있다. 자기위치인식은 국소 영역에서의 위치인식과 전체영역기반에서의 위치인식으로 구분이 가능한데, 전자의 경우는 대부분 스캔정합으로 후자의 경우에는 확률통계에 기반한 미세 시간 반복수행 방식에 의한다[24-28]. 전자의 경우 Hough 변환방법, IDC(Iterate dual correspondence) 방법, Cox 방법, 각도히스토그램, 강도히스토그램(Force histogram) 등의 방법이 사용되었다. 후자의 경우는 대표적으로 Markov 상태추정방식과 Monte Carlo 상태추정방식 그리고 확장된 칼만필터방식(Extended kalman filtering)이 센서의 노이즈와 오차정보 등을 확률적인 정규분포 데이터로 가정하고 반복적인 갱신과 최적화 추정 과정을 통하여 위치정보의 정확성을 기하는 방법이다.

1.1.3 입체 시각 시스템(Stereo Vision System)

입체 영상 정합에 관한 연구는 영상감시 시스템에서부터 항공 및 위성사진에 의한 공간지형복원기술 등의 분야와 반도체, 정밀부품검사 등의 공장자동화 영역 등에 이르기까지 목적에 따라 광범위하게 이루어져 왔다. 3차원 지도형성과 입체 시각에 관한 연구는 국내에서는 1990년대부터 주로 연구실 수준의 실험적 연구가 이루어졌으며, 3차원 영상 정합과 영상처리 등의 알고리즘에 집중되어 왔다.

포항공대에서는 시스톨릭 배열(Systolic array)에 기반한 DP 방식을 사용한 실시간 병렬처리 입체 시각 칩을 개발하였고, 2003년에는 KIST에서 3차원 복원이 가능한 병렬 처리형 고속 영상처리 하드웨어와 소프트웨어가 발표된 바 있다. 이후에도 많은 연구기관과 기업체들의 협력으로 VGA급(640×480), 초당 30프레임 이상, 64단계 거리 분해능에 이르기까지의 고성능 제원 입체 매칭 시스템을 개발한 바 있다. (주)이너텍은 기존의 LCD 패널에 입체효과를 내는 첨단 광학 배리어를 장착하여 3차원 입체 영상과 기존 2차원 영상 이미지를 자유롭게 구현할 수 있는 실용적인 3차원 형상 측정 시스템을 상용화하였으며, 연세대에서는 구조광 시스템의 영상정보처리기법, 서강대에서 칼라 영상을 이용한 운동 물체의 형상 측정, 성균관대 등에서는 신호분리코딩 등 세계적 수준의 관련 연구를 수행한 바 있으며, 입체 시각의 경우 (주)NextEye에 의해 입체 전용 프레임 그래버 개발, 서울대에서 대응점 계산 알고리즘 및 거리영상 계산 모듈의 단일모듈화가 이루어졌다. 최근에는 한국전자통신연구원에서 URC(Ubiquitous Robotic Companion)사업의 일환으로 가정용 서비스 로봇에의 장착을 위해 입체 시각 처리시스템을 일체형 집적 칩형태로 개발중에 있고 KAIST, KIST, 전자부품연구원, 생산기술연구원 삼성테크윈, 대우일렉트로닉스 등 국내 유수 기관에서 능동 입체 시각에 대한 연구를 진행 중에 있다. 관련 연구들을 정리하면 다음 표와 같다[29-32].

표 1.2 입체 시각 시스템의 국내 관련 연구(Domitory related works about stereo vision)

국내 연구기관	관련 내용
서울대 컴퓨터시각 연구실	· 에지 특징을 이용한 물체인식 연구에서 연구 성과가 큼 · 확률적 관계그래프 모델을 이용한 정합기법을 제안하여 물체의 회전, 크기, 가림현상, 조명변화에 강인한 물체인식기법 개발 · 통계적 방법 활용하여 특정 물체를 인식하고 동시에 분할하는 기법개발
KAIST 로보틱스 및 컴퓨터시각 연구실	· 특징점 추출 방식으로서 G-RIF를 제안하고, 확률 그래프 모델을 사용한 맥락 기반 물체 인식에 대한 연구 진행 중
서강대 시각그래픽스 연구실	· 3차원 거리정보와 색상 특징점을 융합, 고유의 거리영상 통합 및 물체인식 방법을 개발하여 3차원 물체 입체 정합에 이용
KAIST 21C 프론티어사업단	· 곡면 조각과 다양한 국부특징점을 결합, 준감독방식의 학습과 스펙트럴 매칭 기법을 이용하여 실시간성 확보 연구 중 · 로봇응용을 위해 로봇에 물체모델 등록 및 데이터베이스 구축 연구 중
전자부품연구원	· 고기능 시각 인식 및 학습기술 연구 · 감응성 에지 향상기법, 3차원 객체 자세 인식 기술개발을 토대로 색상 시각 센서를 사업화 노력
한국생산기술연구원	· 스마트 로봇환경을 구축하고 그 환경 내에서 로봇 물체인식, 자세 추정, 조작 연구 · 비주얼 기술자를 통한 물체 인식 및 자세 추정 시스템 개발
삼성종합기술원	· 지능형 보안, 감시, 멀티미디어 컨텐츠 검색, 인간-컴퓨터 상호작용 등 기능을 제공하기 위한 영상처리 기술과 패턴인식 기술 연구 · 얼굴인식 분야에서 미국 NIST 주최한 FRVT 대회에서 우수한 성능 구현

국외의 경우 1980년대 말부터 동경공대, CMU, INRIA, Teleos Research 등의 연구기관에서 입체 시각 시스템에 관한 연구가 수행되었고, 카네기 멜론 대학의 로봇공학 연구소는 1990년대 초반부터 실시간 3차원 입체영상복원 기술을 위한 알고리즘 프로그램과 하드웨어 장치를 개발해 왔다. 미국의 CMU에서는 여섯 개의 카메라를 동시에 사용하면서 FPGA로 이를 처리하고 VME bus에 기초한 실시간 영상 정합 시스템을 개발하였는데 파트 기반의 화면 스캐닝 기법으로 매우 높은 인식 성공률을 보인 바 있다. 캐나다 토론토 대학에서 개발된 입체 매칭 시스템의 경우 360×256 픽셀 크기의 영상을 초당 30프레임 속도로 처리 가능한 작은 크기의 하드웨어 시스템으로 향상시켰다.

주목되는 상용화 제품 기술로서 미국 TYZX 사에서 개발한 DeepSea G2 모델은 VGA급 CMOS 카메라를 사용하여 해상도 및 영상정보의 질을 높이면서 census 변환기법을 적용하여 계산량을 줄이면서 초당 200프레임 정도의 고속처리가 가능한 제품이다. 이 시스템은 임베디드 프로세서(Power PC)와 자체에서 개발한 DeepSea칩, DSP와 FPGA로 구성된다. 이 모델은 입체 시각 시스템의 응용 소프트웨어 패키지로 사람 추적과 장애물 검출 및 동작인식 알고리즘의 구현이 가능하다. 캐나다의 Point Grey Research 사에서는 현재까지 가장 우수한 성능을 구현할 수 있는 BUMBLEBEE™를 개발해서 시중에 판매하고 있는데, 이는 1/3의 고성능 CCD 카메라를 사용하고, QVGA급 영상화질에서 초당 2~3 프레임을 처리할 수 있다. 카메라 보정 오차는 0.05 픽셀 이하로 상당히 정교하며, 교정된 좌우 영상을 IEEE 1394 통신방식에 의해 PC로 전송 후 SAD 알고리즘을 적용하여 3차원 영상지도가 형성된다.

미국의 VIDERE Design 사는 입체영상처리 전문개발업체로 STH-MDCS 제품을 개발한 바 있다. 저가 제원 공급을 위해 30만 화소의 CMOS 카메라를 사용하고, QVGA급에서 초당 16~17 프레임을 처리할 수 있으며, 두 카메라 상의 이격거리를 가변적으로 조정할 수 있는 장점이 있으며, 영상정합에 의한 거리 분할이 약 10단계로 제한되는 단점이 있다. 국외 연구기관의 능동 입체 시각 관련 기술을 정리하면 다음 표와 같다[29-32].

표 1.3 입체 시각 시스템의 국외 연구(Foreign countries' related works about stereo vision)

국외 연구기관	관련 내용
Cyberware(미국), Wicks & Wilson(영국)	· 능동 3차원 모델링 기술개발 · Wheeler 등이 제안한 취득거리영상을 이용한 객체 모델링 기법 · 실험실 내부 장면을 모델링 한 Sequeria 기법과 Dias 기법 개발 · 고가이며 보통의 비디오 프레임 비율로 장면 구성이 어려운 단점
펜실버니아 주립 대학	· 구조화된 광선 패턴 방법 응용 · 대응점의 정확도 향상되지만 원래의 컬러와 텍스처 정보를 빔 패턴에 의해 잃어버리는 단점 존재
3DV systems(이스라엘), NHK사(일본)	· AxiVision 카메라를 이용하여 레이저나 IR 센서를 객체나 대상영역에 비추어 되돌아오는 광선 취득한 거리계산법 개발 · 실내 스튜디오 환경에 적합하고, 거리범위에 따른 해상도변화가 단점

국외 연구기관	관련 내용
노스캐롤라이나대학(미국)	· Pollefeyes에 의해 움직임 기반 모양 추정 방법 개발 · 증강 현실 및 영상기반 모델링, 렌더링 분야 개척
O.Grau(영국)	· 실루엣 기반 모델링 기법 개발 · 가상 스튜디오 시스템에서 선 요소 기반한 방법으로 모델링 구축
Kubota(일본)	· 초점변화영상 기반 모델링 기법 개발 · 서로 다른 깊이 위치에 초점이 맞춰진 영상에 선형필터 적용, parallax 효과로 변화시킴으로써 3차원 정보 구하고, all-focused영상 생성
카네기멜른 대학(미국)	· 복셀 컬러링(Voxel Coloring) 기반 모델링 기법 개발 · 음영기반 모델링 기법 연구
헤르질리아(이스라엘), HHI(독일)	· 다시점(Multi-View) 영상기반 모델링 기법 · 비대칭 3 view 카메라 및 영상 분할 결과의 3차원 계층 모델 변환기법 개발, IVVV 시스템 개발

상기에 기술한 주요 연구를 정리하면 다음과 같다[29-32].

표 1.4 입체 시각 시스템 개발의 주요 부분(Research focus on development of stereo vision)

주요 연구	세부 내용
능동 입체 시각 시스템 개발	· 인공시각 시스템 위치정밀제어 기술 · 입체 영상처리 알고리즘 통합 및 효율 개선 · 고속 영상처리 임베디드 칩 개발 · 공간구조 복원률, 탐지 인식률 95% 이상 확보
3차원 SLAM 기술	· SLAM 정확도 향상(5cm) 및 자율이동영역 확대(150m) · 3차원 공간 정보의 추출 기법 및 고속 처리 구축 기술 · 이동 중의 공간지도 연동 정확성
실시간 처리 성능 확보	· 통합 시스템의 실시간 처리 속도 · 발열 안정성 및 전력 소모 효율 향상 · 이동 중 충격, 진동 등 외란에 대한 안정성능 구현 능력
가상환경(Virtual Reality) 인터페이스 구축	· 3차원 정보의 비쥬얼 인터페이스 연계 · 실시간 가상환경 처리속도 향상 및 데이터베이스 정보 단순화 처리 효율 개선

거리정보를 인지할 수 있는 센서 시스템, 즉 예를 들어 초음파, 적외선, 레이저, 입체카메라 등을 이용하여 지도를 형성하게 되는데, 일반적으로 측정 대상 영역의 크기, 센서 측정의 정밀도에 따라 구현방법 및 사항은 다양하다. 격자지도방식은 Moravec, Elfes와 Borenstein, Koren 등에 의해 제안된 방법으로서 주변 환경

을 등간격으로 설정된 격자로 표현함으로써 지도를 형성한다[18-20]. 위상기하지도는 Kuipers, Bynn과 Mataric에 의해 제안된 점, 선, 길이, 각도 등의 위상기하정보로 지도를 표현한다[20-22]. 이 경우 절대적인 기준좌표점이 설정되지 않고, 주변환경과의 특징적 관계만 나타나고, 격자지도방식에 비하여 경로계획이 간단하고 간결한 반면 복잡한 환경에서 정보가 급격히 증가하고 자기위치인식 과정에서 오차가 커지고 보정이 어려워 정확성을 높이기 어려운 단점이 있다. Thrun은 이 두 가지 방법을 병행한 하이브리드(Hybrid) 방법을 제시한 바 있다[23]. 자기위치인식은 국소적 영역에서의 위치인식과 전체영역기반에서의 위치인식으로 구분이 가능한데, 전자의 경우는 대부분 스캔정합으로 후자의 경우에는 확률통계에 기반한 미세시간의 반복수행 방식에 의한다. 전자의 경우 Hough 변환방법, IDC (Iterate Dual Correspondence)방법, Cox 방법, 각도히스토그램(Angle Histogram), 강도히스토그램(Force Histogram) 등의 방법이 사용되었다. 후자의 경우는 대표적으로 Markov 상태추정방식과 Monte Carlo 상태추정방식 그리고 확장된 칼만필터방식(Extended Kalman filtering)이 센서의 노이즈와 오차정보 등을 확률적인 정규분포 데이터로 가정하고 반복적인 갱신과 최적화 추정 과정을 통하여 위치정보의 정확성을 기하는 방법이다.

1.1.4 국내외 휴머노이드로봇

(1) 미니 휴머노이드로봇

일반적으로 인간 크기의 휴머노이드로봇보다 작은 크기로 주로 교육용으로 판매되고 있는 완구의 휴머노이드로봇이 있다. 편의상 이것을 마이크로 휴머노이드로봇이라 하면, 각 관절 축을 90도 범위 내에서 회전이 가능한 서보모터로 사용함으로써, 비교적 움직임의 구현이 어렵지 않다.

로보노바((주) 미니로봇)는 걷기, 앉기, 달리기 등 기본 동작에 물구나무, 덤블링 등의 동작이 가능하며 블루투스 무선통신과 적외선 센서 등이 탑재되었다. 마인드스톰nxt((주) 레고)는 마이크로 휴머노이드로봇은 무게와 동적 관성이 더 큰 휴머노이드로봇의 제어 및 개발을 위한 기본 기술을 익히는 데 중요한 역할을 할 수 있으며, 경량이면서 서보모터의 큰 토크비 성능에 의해 다양하고, 역동적인 동작을 구현할 수 있다.

[그림 1.2] 마이크로 휴머노이드로봇

다만, 서보모터의 특성상 위치의 가감속이 급격하여 움직일 때 흔들림과 진동이 잦으며, 전체 무게가 작아 보행 중에 충분한 마찰력을 얻을 수 없어 바닥을 끌면서 걸어가는 모습은 개선할 여지가 있다.

(2) KIST의 BabyBot

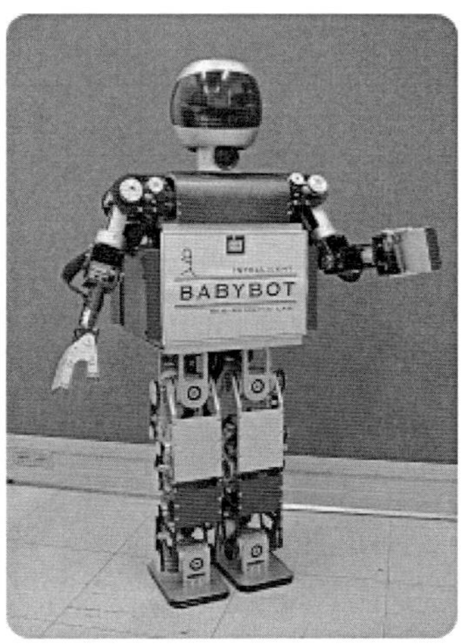

[그림 1.3] KIST의 BabyBot(2003)

한국과학기술연구원(KIST) 지능로봇연구센터에서는 국가지정실험실(NRL) 사업의 연구결과를 실험하기 위한 플랫폼으로 2003년 소형 휴머노이드인 BabyBot (Baby Humanoid Robot)을 개발, 발표하였다.

만 1세의 어린아이를 모방하여 설계된 BabyBot의 기계적 사양은 신장 75cm, 중량 약 15kg으로 각 다리에 6자유도, 각 팔에 5자유도, 목 부분에 2자유도로 구성되어 전체 24자유도를 갖고 있다. 각 관절의 구동은 상체는 DC 서보 모터와 위성기어 감속기로 구동 되고 하체는 DC 서보 모터와 하모닉 드라이브에 의해 구동 되고 있으며, 전체 시스템의 제어는 외부 PC와 몸체 내에 5개의 DSP 모듈로 구성되어 있다. 각각의 하드웨어 모듈들은 CAN(Controller Area Network)에 의해 통신하고 있다. 아직 정적 보행에 의해 움직이지만 간단한 음성인식 및 합성기능과 음악에 맞춰 춤을 추는 기능을 갖고 있다.

동적 보행이 가능하고 영상처리와 음성처리 기능을 탑재한 몸무게를 대폭 감소시킨(배터리 포함 10kg 이하) 2차 시작품 BabyBot-R까지 개발되었다.

(3) KAIST의 HUBO

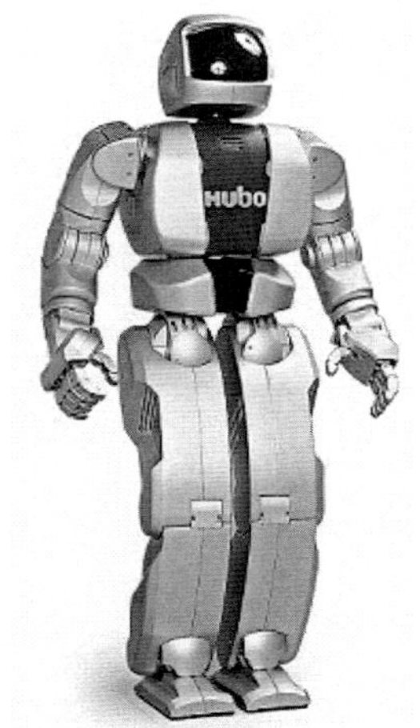

[그림 1.4] KAIST의 휴보

HUBO는 한국과학기술원(KAIST)의 기계제어실험실에서 개발된 휴머노이드로 신장 125cm, 중량 55kg의 외형을 갖고 1.2km/h로 주행하는 로봇이다. 전후좌우 보행 및 좌우 회전 보행이 가능하고 유연한 손 동작을 할 수 있다. 총 자유도는 41개로 각 다리에 6자유도, 각 팔에 6자유도, 각 손에 5자유도, 몸통 1자유도, 목/머리에 6자유도로 구성되어 있다.

각 관절은 DC 서보모터와 하모닉 드라이버에 의해 구동되며 전원은 Ni-MH (24V/8Ah, 12V/12Ah) 배터리를 사용하고 있다. 센서 시스템으로는 몸체 내에 각속도/가속도 센서를 내장하고 있고 발목과 팔목에 각각 3축 힘 센서가 장착되었다. 또한 머리 부분에 2대의 CCD 카메라가 장착되어 간단한 물체추적 기능을 수행할 수 있다. 제어시스템은 주 제어기로 산업용 PC(Single Board Computer)를 사용하였으며 관절 모터제어기와 센서 모듈 등을 포함한 총 19개의 하위제어기와의 통신은 CAN 방식에 의해 이루어지고 있다.

최근에는 무게를 20Kg 정도 감량하고, 최고시속 4Km의 정도로 뛸 수 있는 HUBO 2를 개발하여 최종 시연을 앞두고 있는 상태이다.

(4) 동경대의 H6과 H7

일본 동경대의 Inoue 교수의 실험실에서 최근에 개발된 휴머노이드로 각각의 기계적 사양을 살펴보면 H6는 1361mm×598mm×285mm(H×W×D)이며 중량은 51kg, H7의 경우는 1470mm×600mm×260mm(H×W×D)이며 중량은 55kg이다. 전체적으로 기구학적인 특징은 같지만 H7의 경우 인간의 발가락에 해당하는 부분이 있는 것이 특징이다.

H6의 경우 전체 33자유도를 가지며(각 다리에 6자유도, 각 팔에 7자유도, 각 핸드에 1자유도, 머리부분에 5자유도), H7의 경우는 30자유도(각 다리에 6자유도, 각 팔에 6자유도, 각 핸드에 1자유도, 목 2자유도)를 갖고 있다. 각 관절의 주요 부분은 모두 DC 서보 모터와 하모닉 드라이브에 의해 구동되고 전원은 Lead-acid 배터리(H6의 경우 12V/5Ah×2, H7의 경우 12V/2Ah×4)에 의해 공급되며 약 10~15분 정도의 동작시간을 갖는다.

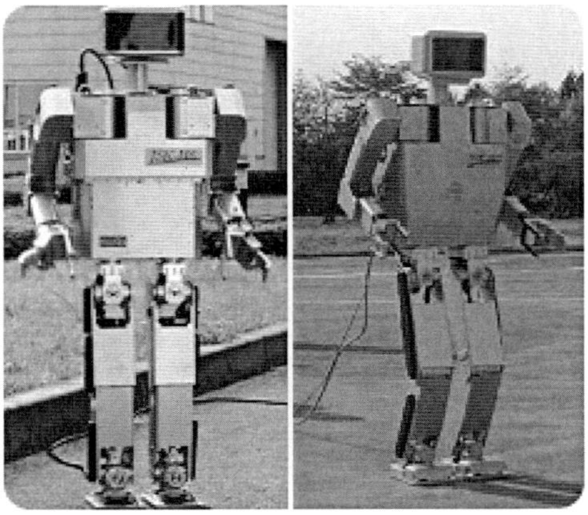

[그림 1.5] H6과 H7

센서 시스템으로는 인간의 눈을 모방하여 눈동자 움직임(Vergence) 제어가 가능한 스테레오 카메라가 장착되어 있고 발바닥에는 ZMP(Zero Moment Point)계산을 위해 FSR(Force Sensing Resister)센서가 이용되었다 H6의 경우 각 발에 12개, H7의 경우 각 발에 6개의 FSR 센서가 사용되었다. 자세 측정을 위한 센서로 H6는 경사계와 가속도계를, H7은 각속도계와 가속도계가 내장되어 있다. 전체 제어기로는 2대의 Pentium-III급 산업용 PC(H6는 P3-750MHz, H7은 P3-1GHz)를 사용하였고, OS는 RT-Linux를 사용하였으며 외부와의 통신은 무선LAN을 사용하고 있다.

(5) KIST의 마루와 아라

마루와 아라는 KIST 지능로봇연구센터가 개발한 네트워크 기반의 로봇이다. 키 150cm, 몸무게 67kg, 최대 1.2km/h 로 걸을 수 있으며 사람과 사물, 언어 등을 인식해 반응하는 인공 지능형 로봇으로 상대방의 얼굴을 눈에 장착된 카메라로 인식할 수 있다. 특히 세계에서 최초로 무선 네트워크를 인간형 로봇에 적용되었다. 총 자유도는 35로 각 다리에 6자유도와 손 4자유도 목 2자유도, 허리 1자유도를 갖고 있다.

[그림 1.6] KIST의 마루와 아라

스테레오 비전을 장착하고, 발목과 팔목에 힘/토크 센서가 장착되어 있으며, Li-Polymer 배터리로서 전후 직진보행, 좌우 옆걸음, 대각선 보행 및 회전보행 등 동적 보행이 가능하며 두 팔을 자유롭게 움직여 물체를 집거나 사람과 악수를 할 수 있다. 두뇌의 역할을 하는 외부 서버에 의해 동작을 수행하는 '지능형 네트워크 기반' 로봇으로서 영상과 음성, 위치 데이터를 수집해 외부 서버로 보내고 서버의 명령을 받아 다양한 서비스 기능을 수행할 수 있고, 전신제어 기반의 이동조작 지능 기술을 적용하여 효율적이고 유연한 동작이 가능하다. 또한 인간의 동작을 보고 배울 수 있는 작업지식 모델링 및 환경 인식 기술에 의해 센서에 의한 데이터를 해석하고 운동 명령을 내리게 된다. 하드웨어를 구동할 수 있는 자율보행 기술은 고정 장애물을 피해갈 수 있다.

(6) ISAMU

ISAMU(Integrated System of Advanced Motion-control Units)는, 카와다 공업 주식회사 항공·기계 사업부와 동경 대학의 이노우에·이나바 연구실과 공동으로 개발한 휴머노이드형 이족보행 로봇이다. 2001년 7월에 홈 페이지상에서 공개되었고 같은해 11월 공식적으로 발표, 시현되었다.

isamu(이삼)는 RoboCraft(항공·기계 사업부)의 휴먼·인터랙티브·모션·컨트롤 기술과 도쿄 대학의 이노우에·이나바 연구실에서 개발된 「H6」및 「H7」의 보행 제어 시스템 기술을 접목시켜 만든 로봇이다.

외형 치수는 1468mm×604mm×326mm이고, 중량 55kg , 32자유도로서 팔 6자유도, 다리 6자유도, 머리 부분 2자유도외, 손가락끝의 그립퍼와 발끝의 회전이 가능하다. 컴퓨터는 Intel Pentium III 1GHz 2개를 사용하고 RT-Linux를 OS 로 탑재하였으며, 스테레오 카메라, 가속도 센서, 압력센서를 센서로 이용한다.

특징으로 최대 약 2km/h(0.56 m/s)의 가변 속도 2켤레 보행이 가능하고, 죠이스틱에 의한 임의 방향의 이동이 가능하며, 발끝 축의 추가에 의해, 보행 속도와 계단 도상(25cm차) 능력이 증대되었다. 스테레오 시스템에 의해 거리감의 인식이나 인물의 판정이 가능하며, 악력 센서에 의해 임의의 파지력이 설정 가능해 졌다.

무엇보다 큰 특징으로서는, 발끝 보행을 들 수 있다. 지금까지의 이족 로봇의 상당수는 발끝 부분이 개별적으로 가동하는 기구로는 되지 않고, 발목을 수평에 이동시켜 보행하고 있다. isamu에서는, 발끝 및 발뒤꿈치 부분을 독립해 제어하고 있어 발끝이 독립해 움직이는 것으로, 보행 속도의 향상이나, 보다 높은 단차에의 대응이 가능하게 되었다. 또한, 카와다공업이 자랑으로 여기고 있는 항공기와 같은 금속판 구조가 되고 있어 경량화나 강성의 강화로 연결되어 있다. 몸체에 4kg, 한쪽 발에서는 10kg정도로 경량화 설계되었다.

전원에 대해서는, 납배터리를 본체에 내장하는 것 외에 케이블에 의해 외부로부터의 전원 공급도 행한다. 가동 시간은 약 7분, 납배터리를 내장한 이유에 대해서는 「내장하는 서보등의 기동시에 순간적인 대전력이 필요하기 때문에」라고 설명하고 있다.

머리 부분에는 2대의 카메라가 탑재되어 인물의 데이터등을 입력하는 것으로 특정의 인물을 구별할 수가 있다. 동체 전면 중심으로는 소형의 마이크와 스피커도 탑재되어 외부 소스로부터의 음성 입출력이 가능하다.

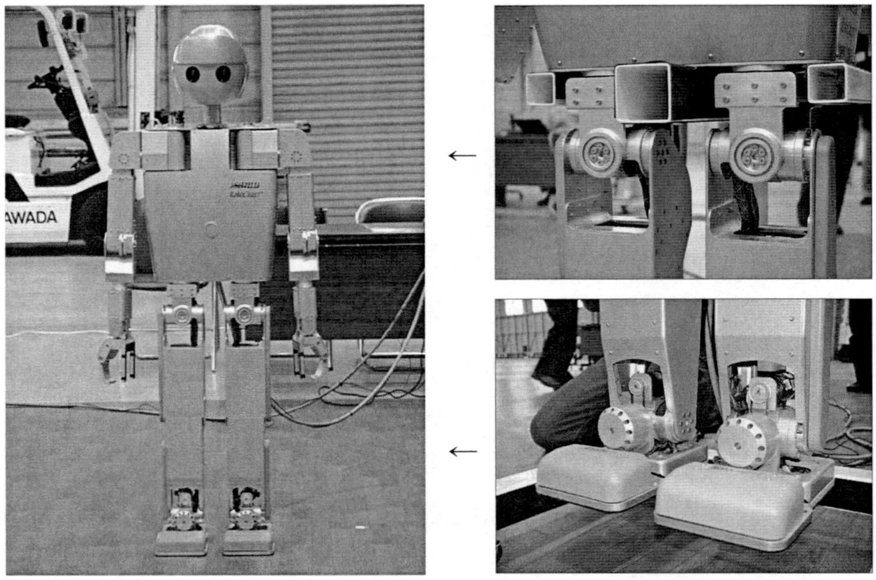

[그림 1.7] Pentium III 탑재한 이족보행로봇 ISAMU

(7) 소니의 SDR-4X

[그림 1.8] Sony 사의 SDR-4X

SDR-4X의 높이는 58cm이고 중량은 배터리를 포함하여 약 6.5Kg이다. 각 관절은 독자적으로 개발한 ISA(Intelligent Servo Actuator)를 사용하여 구동하고 있으며, 각 다리에 6자유도, 각 팔에 5자유도, 몸체에 2자유도 및 목 4자유도로 구성되어 있어 전체 38자유도가 된다. CPU로는 2개의 64bit RISC프로세서를 사용하며 독자적으로 개발한 Aperios라는 OS를 사용하고 있다. 각 관절을 구동하는 구동기의 성능 향상과 더불어 내장된 각종 센서로부터의 정보에 의해 전신 38개의 관절을 제어할 수 있는 실시간 통합 적응 제어시스템(Real Time Integrated Adaptive Control System)을 개발하여 부정지면이나 경사면뿐만 아니라 외부로부터 힘이 가해졌을 경우에도 자세유지 제어 기능과 보폭, 선회각도 등 상황에 따라 필요한 보행 패턴을 실시간으로 생성하여 안정하고 유연한 보행을 구현할 수 있다.

2대의 CCD 카메라를 탑재하고 있어 바닥에 존재하는 장애물과 로봇과의 거리 등을 인식해 장애물 회피경로를 자동적으로 생성해 보행할 수도 있다. 또한 영상인식 및 음성인식·합성 기술과 더불어 기억에 근거하여 대화나 행동의 제어 기술을 채용함으로써 사람과의 보다 풍부한 상호작용을 실현하고 있다. CCD 카메라로부터 입력된 얼굴의 정면 영상으로부터 얼굴을 검출하여 누구인가를 식별할 수가 있다. 그리고 머리 부분에 배치된 7개의 마이크로폰을 사용하여 소리가 발생한 방향을 검출함과 함께 말하는 사람을 식별하는 것이 가능하다. 게다가 내장 무선LAN기능을 이용하여 SDR-4X의 CPU와 외부 컴퓨터와의 연동에 의해 연속 발화의 음성인식도 실현하고 있다. 화상인식으로 얻을 수 있던 사람이나 물건의 장소 등 정보는 단기·장기의 기억 정보로 이용되어 기억에 근거해 보다 복잡한 대화나 행동을 실현할 수가 있다. 또한 악보나 가사 정보를 입력하여 음성합성에 의해 감정이나 동작에 맞춘 가창 등의 엔터테인먼트 기능의 향상도 꾀하고 있다.

(8) TUM의 Johnnie

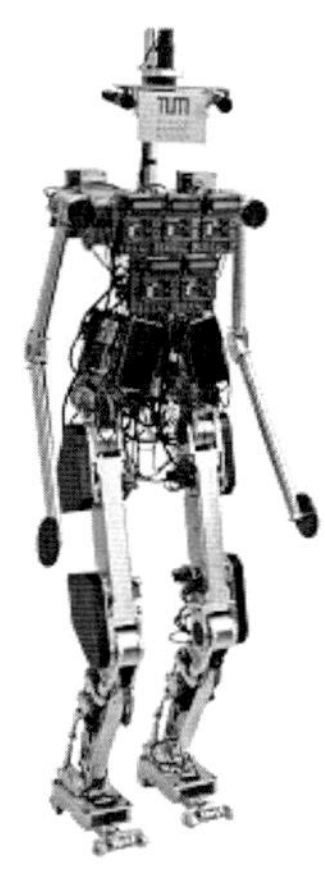

[그림 1.9] 독일 TUM의 Johnnie

Johnnie는 독일의 TUM에서 개발한 휴머노이드로서 높이 180cm, 중량은 약 40Kg이다. 총 자유도는 17로서 각 다리에 6자유도, 각 어깨에 2자유도를 갖고 있다. 발목 관절은 볼스크류에 의해 구동되고 그 외의 관절은 DC 서보 모터와 하모닉 드라이브에 의해 구동된다. 센서 시스템으로 ZMP 제어를 위해 발목에 2개의 6축 힘 센서가 장착되어 있고, 자세 제어를 위해 각속도 센서와 가속도 센서를 이용하고 있다. 전체 시스템을 제어하기 위해서 초기에는 외부 호스트 PC(Dual Pentium-3)와 CAN 통신에 의한 6개의 MCU(Infineon C167CS)로 구성된 분산처리방식을 이용하였고, 최근에는 몸체에 장착된 1개의 Micro-ATX 타입의 On-board PC 시스템을 이용하여 제어를 수행하고 있으며, 실시간제어를 위해 RT-Linux와 외부 PC와 LAN 교신을 하고 있다.

(9) Honda 사의 ASIMO

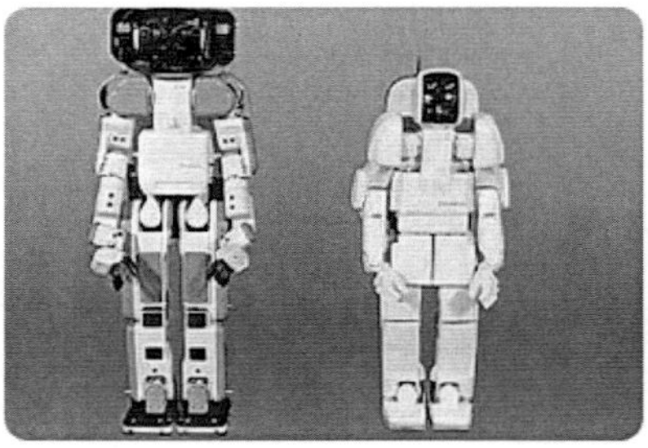

[그림 1.10] P2 & P3

일본의 혼다는 1986년부터 이족보행이 가능한 휴머노이드 개발에 착수하여 1996년 말에 이족보행 휴머노이드인 P2를 발표하였고 이어 P3와 2000년에는 ASIMO를 발표하였다.

위 그림 좌측의 휴머노이드 P2는 세계 최초의 자율 이족보행 휴머노이드로 기계적 사양은 1820mm×600mm×758mm(H×W×D)이고 전체 중량은 약 210kg이다. 각 다리는 6자유도, 각 팔은 7자유도로 구성 되어 있으며 로봇 핸드는 각 2자유도를 갖고 있다. 각 관절은 DC 서보 모터와 하모닉 드라이브를 이용하여 구동되고 있다.

HONDA 사의 ASIMO는 1986년부터 개발을 시작하여 현재까지도 서비스 기능 및 성능을 높이고 연구가 진행중이며, 34개의 자유도를 가지고 키는 약 130cm, 무게는 54Kg, 걷는 속도는 2.7Km/h, 뛰는 속도는 6Km/h까지 가능하다.

사용된 센서로는 몸체 내에 내장된 가속도 및 각속도 센서를 이용하고 있고, 양 팔목과 발목에 6축 힘 센서를 장착하고 있다. 머리에는 4대의 카메라를 장착하고 있는데 이 중 2대는 영상처리를 위해 다른 두 대는 원격조정을 위해 사용되고 있다. 몸체에는 4대의 Micro SPARC-II 기반 제어기를 내장하고 있고 실시간 운영체제인 VxWorks를 이용하여 전체 제어를 수행하고 있다. 몸체는 알루미늄으로 만들어졌고 20kg의 Ni-Zn(138V/7Ah)배터리를 사용 약 15분의 동작시간을 갖는다. P2의 몸무게를 줄이고 단점을 보완해서 만든 P3의 경우 전체적인 자유도 및 사용된 센서는 P2와 동일하지만 기계적인 사양은 1600mm×600mm×555mm (H×W×D)의 크기이고 중량은 약 130kg으로 신장과 몸무게가 많이 감소하였다. P2와는 달리 BLDC모터를 구동기로 사용하였고 본체는 마그네슘 합금으로 제작되었으며 제어기 또한 중앙 집중적인 방식에서 분산처리 방식의 제어구조를 사용하여 전선 및 커넥터의 수를 줄였다. 이러한 여러 부분의 개선을 통해 P3는 약 25분의 동작시간을 갖는다. P2와 P3의 보행속도는 최대 2km/h이다.

그 후 2000년에 발표된 'ASIMO'는 세계 최고 수준의 휴머노이드로 'Advanced Step in Innovative Mobility'라는 의미를 가지고 있다. 외형적인 면에서 1200mm ×450mm×440mm(H×W×D)의 어린이 크기이며 중량은 발표 시 43kg이었으나 현재는 약 53kg이다. P2 및 P3와 비교하면 다리 부분의 자유도는 변함이 없으나 팔과 손 부분의 자유도를 각각 5와 1자유도로 설계하였으며 목 부분에 2자유도가 추가되었다. 특히 손의 경우 5지 다관절 링크로 구성되어 있으나 1자유도로 구동되는 것이 특징이다.

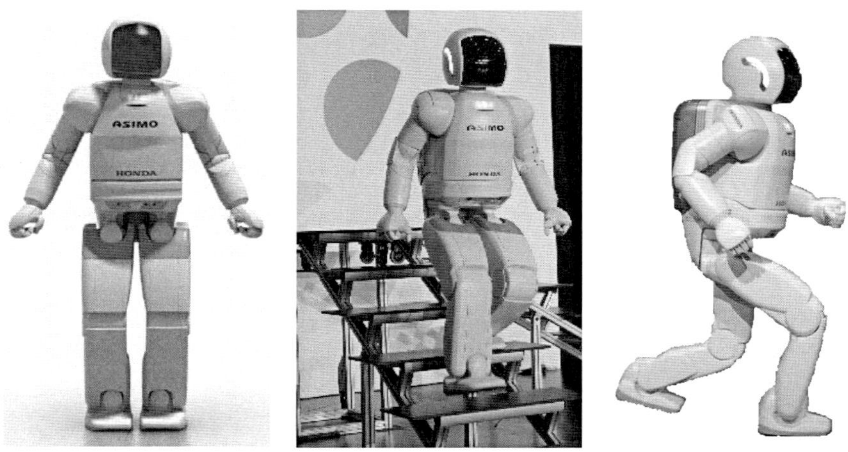

[그림 1.11] ASIMO

ASIMO는 인간 생활에서 실제적 서비스를 수행할 수 있도록 인간친화적으로 개발되었다. 인간의 생활환경에서 쉽게 동작하고 편안한 크기와 무게를 가지고 있고, 유연하게 이동할 수 있다. 무게는 52Kg이고, 최대 속도는 1.6Km/h이며 0.5Kg의 힘으로 손에 쥘 수 있다. 전원으로는 38.4V/10Ah을 사용한다.

보행을 위한 센서시스템은 변함이 없으나 I-Walk(Intelligent Real-time Flexible Walking)라는 방법에 의해 0~1.6km/h까지 가변 스텝에 의해 보행할 수 있다. 최근에 동작 인식 및 음성 인식을 위한 시각 및 음성 시스템이 머리 부분에 장착되었고 전원은 Ni-MH(38.4V/10Ah) 배터리를 장착하고 있다. 워크스테이션에서 원격조작에 의해 움직이던 P2나 P3와는 달리 휴대용 제어기에 의한 조작이 가능하다는 점도 특징이라 할 수 있다.

(10) AIST의 HRP 시리즈

HRP-2는 일본 경제산업성(METI)이 1998년부터 5년 계획으로 실시한 '인간 협조-공존형 로봇 시스템의 연구 개발' 사업의 Humanoid Robotics Project(HRP)의 일환으로 AIST 연구소 주도 하에 개발된 휴머노이드의 최종 모델이다.

HRP-2의 기계적 사양은 1539mm×621mm×355mm(H×W×D)이며 배터리를 포함한 중량은 약 58kg으로 총 30자유도(각 다리에 6자유도, 각 팔에 6자유도, 각 핸드 2자유도, 허리 2자유도 및 목 2자유도)를 가지고 있다. 기구적인 특징은 골반부의 메커니즘이 외팔보 형태(Cantilever Type)로 되어있어 넘어짐을 방지하는 기능이 탁월하고 다리의 교차나 좁은 경로에서의 보행이 가능하다는 점과 몸체내의 고밀도 구성에 의해 Back-pack이 불필요 하다는 점이다.

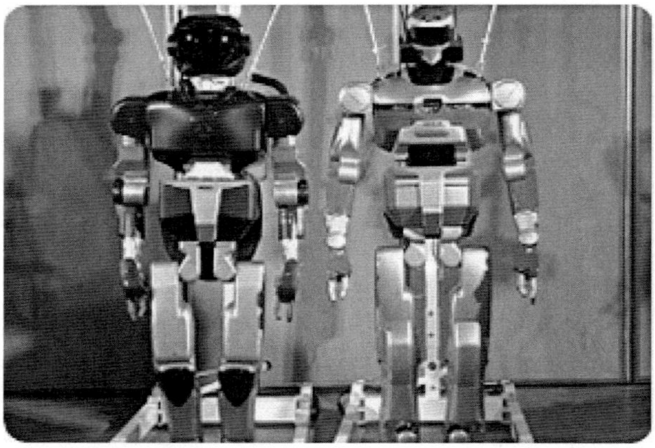

[그림 1.12] HRP-2P & HRP-2 Promet

센서 시스템으로는 몸체 내에 각속도 및 가속도 센서와 손목 및 발목 부에 6축 힘 센서 그리고 머리에 3대의 카메라를 장착하고 있다. 각 관절은 DC 서보 모터와 하모닉 드라이버를 사용하여 구동하고 있으며 Ni-MH(48V/18Ah)를 배터리로 사용하고 있다.

HRP(Humanoid Robotics Project) 공동 개발의 분담은, 카와다 공업이 설계 제작을 실시하고 산업기술 종합 연구소 지능 시스템 연구부문이 전체 사양 설계,

야스카와 전기가 완부 사양 설계를 담당하였고, 출산 종합연구소 지능 시스템 연구부문 3차원 시각 연구 그룹 및 시미즈 건설이 시각부 사양 설계를 실시하였다.

인간 사이즈(HRP-2 prototype : 신장 154cm 체중 58kg)의 인간형 로봇이, 일어나거나 드러눕거나 하는 동작을 세계에서 처음으로 성공시켰다. 보행 알고리즘은 물론 최근에는 사람이 들어가기 어려운 지역이나 험로를 통해 이동할 수 있도록 엎드려서 무릎으로 이동하기 혹은 옆으로 걸어가기, 허리 높이의 파이프를 피해서 이동하기 등과 같은 다양한 동작을 구축하기 위한 연구가 활발히 진행되고 있다.

탑재된 컴퓨터로는 운동계와 시각계를 담당하는 Pentium-Ⅲ 컴퓨터 2개를 이용하였고, 운영체제로 ART-Linux를, 센서로 3개의 카메라를 이용한 스테레오 기술을 도입하였으며, 몸체에는 3축 자이로 센서와 3축 가속도 센서를 설치하고, 손과 발에는 각각 6축 힘 센서를 설치하였다. 48V 20A의 모터를 사용하였고, 2축 모터 드라이버를 16개로 실시간 제어를 수행하며, 전원부는 Ni-Mh 축전지로서 직류 48V-18Ah를 사용하였다.

1.1.5 그 밖의 관련 기술

(1) 수송용 로봇 BigDog

보스턴 다이나믹스 사는 사족을 가진 BigDog RHex, LittleDog, RiSE 등을 개발하였으며, 이 중 군수송하역 로봇인 BigDog의 모습이 동영상으로 공개되기도 하였다.

※ 출처 : www.bonstondynamics.com

[그림 1.13] 수송용 로봇 BigDog

chapter 1 서론

MIT의 기반기술을 토대로 1992년부터 수행한 생체모방형 로봇(Bio-mimetic robot)으로 가솔린 엔진을 사용하며, 몸의 균형을 유지하는데 강한 성능을 보유한다. 길이는 1m, 높이는 70cm, 무게는 73kg이다.

(2) 공압근육을 사용한 '트론엑스'의 몸체

독일의 공압전문회사인 페스토 AG 사가 만든 '트론엑스'는 200개의 공압 실린더를 이용하여 만든 로봇이다. 다양한 공압실린더가 사람의 근육을 대신하고, 대부분의 휴머노이드가 모터를 사용하는 데 반해 트론엑스는 사람의 근육구조와 유사한 공압실린더를 사용하여 인간의 행동을 모사하기에 유리하다.

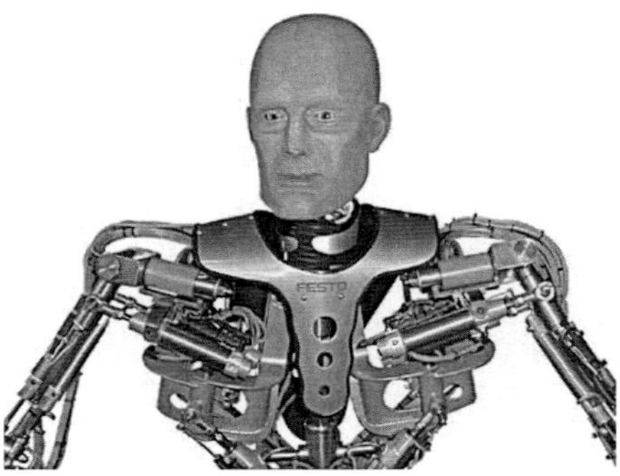

[그림 1.14] 트론엑스 모형

(3) 인공근육 팔 'EWA-1'의 몸체

Environmental Robots Inc의 EWA-1는 6개의 내부 전도성 흑연 섬유 뭉치로 구성된 인공근육이다. 이 회사의 홈페이지(http://www.environmental-robots.com)에서는 간단한 실험을 할 수 있는 인공근육 키트를 판매하고 있다. 이와 같은 인공팔은 의료용 재활 목적이나 장애인을 위한 의수역할을 대체하고 있다.

[그림 1.15] 인공근육 팔

(4) 공압 근육에 의한 인공 손 'SHADOW HAND'

쉐도우 사(http://www.shadowrobot.com)에서 만든 'The Shadow Dextrous Hand'는 공압실린더 방식의 정교한 로봇 손 모듈이다. 총 24개의 자유도를 갖으며 40개의 공압근육이 수축과 팽창의 각 역할을 수행하여 인간 손의 동작을 대부분 구현할 수 있는 정밀함을 가졌다. 무게는 총 3.9kg이고, 철강, 알루미늄, 폴리우레탄, 폴리카본, 고무 등의 소재를 각 부분 부위에 적용시켰다. 1개의 공압 액츄에이터에는 3.5bar의 압력에서 작동하며, 전류는 8V에서 0.5A가 소요되고, 밸브의 경우 28V에서 최대 1A가 소요된다. 통신 방식으로 CAN 통신을 사용하고 센서는 해상도 0.2°의 회전각을 갖는 홀 센서를 이용하였다. 손의 각 관절은 강철 끈에 의해 팔목에 위치한 각 공압근육 끝단과 연결되어 있고, 한 쌍의 공압근육들이 한 관절의 회전방향을 좌우한다.

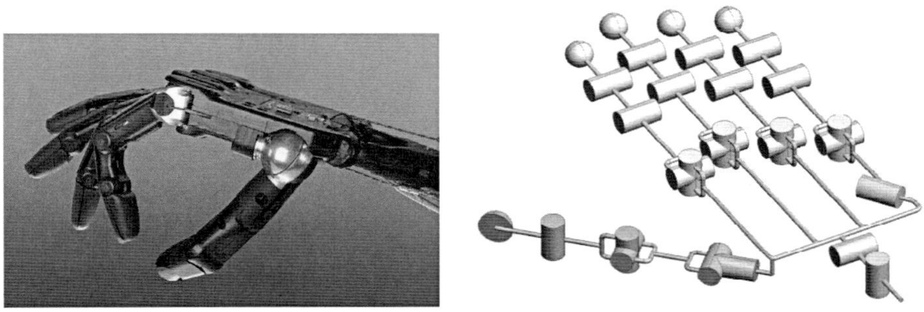

[그림 1.16] Shadow dextrous hand

(5) 감정표현이 가능한 '코비안'

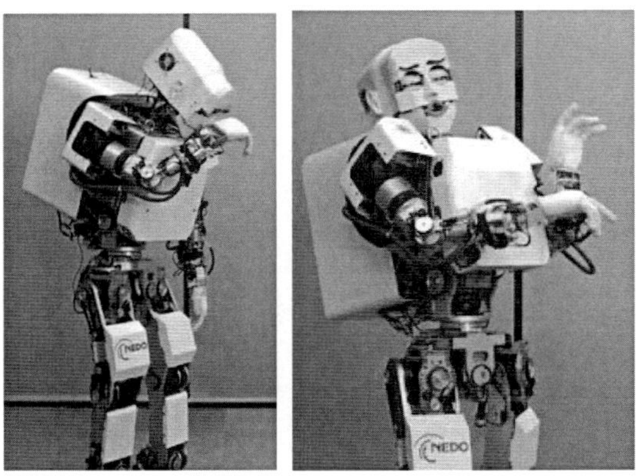

[그림 1.17] 일본 와세다 대학교 연구팀이 개발한 울고 웃는 로봇 '코비안'

일본 와세다 대학교 연구팀이 개발한 '감정 표현 로봇'은 입술과 눈꺼풀, 손 등을 움직여 슬픔, 충격, 행복, 혐오 등의 '감정'을 표현할 수 있다. 슬픔을 표현할 때면 손가락을 눈가에 대고 고개를 숙이고, 기쁨을 표현하도록 명령하면 눈과 입을 크게 열고 손을 높게 든다. '코비안'이라는 이름의 이 로봇이 울고 웃을 수 있는 비결은 얼굴 부위에 장착된 정밀 모터 때문이다. 환하게 웃을 수 있는 로봇 코비안이 사람의 마음을 달래주는 역할을 할 수 있다.

(6) 입술로 연주가 가능한 '파트너'와 KRT-V.3

도요타의 '파트너'로봇은 트럼펫을 불 수 있다. 트럼펫은 색소폰이나 클라리넷과 달리 진동 리드가 달려 있지 않아 입술의 진동과 불어넣는 숨의 강약을 조절해서 음정을 낸다.

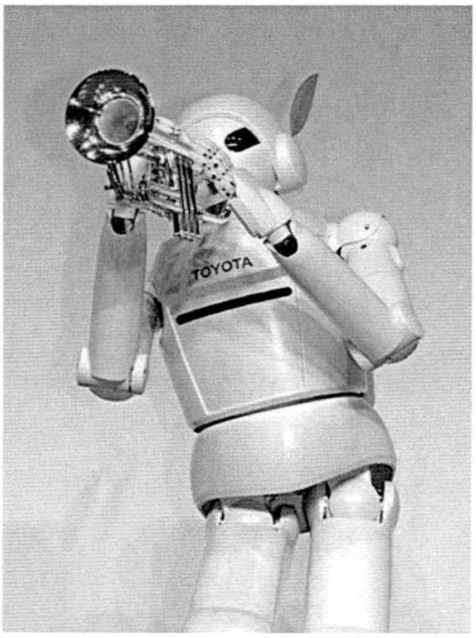

[그림 1.18] 도요다의 '파트너'

사와다의 KRT-v.3은 기계적인 메커니즘에 의해 인간의 목소리를 흉내내는 장치이다. 압축된 공기가 뿜어져 나오면서 인공 성대를 진동시켜 소리를 만들고 실리콘 입술을 움직여 발음을 하게 되며, 기본적인 일본어를 거의 완벽하게 발음할 수 있다.

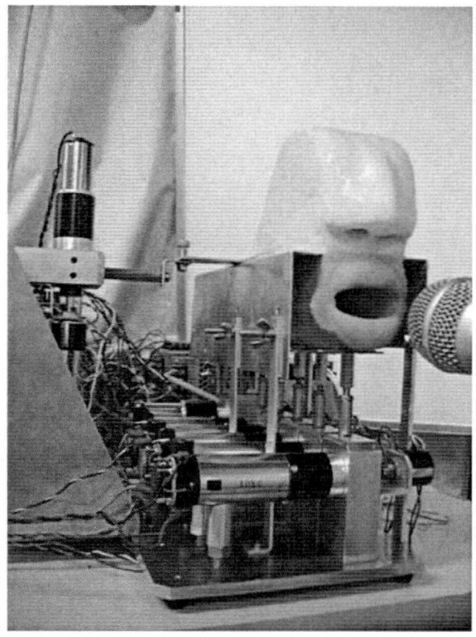

[그림 1.19] 사와다의 KRT-v.3

(7) 인간의 피부조직을 닮은 VERA와 ROBOVIE IIS

텍사스 대학의 데비드 핸슨이 개발한 피부대용품은 인간의 자연적인 표피의 신축성을 살렸으며, 이 스킨은 기존에 사용되어오던 실리콘 보다 더 유연하고 조밀한 입자를 구성하고 있어, 인간의 피부 표현에 더 근접한 효과를 낼 수 있다.

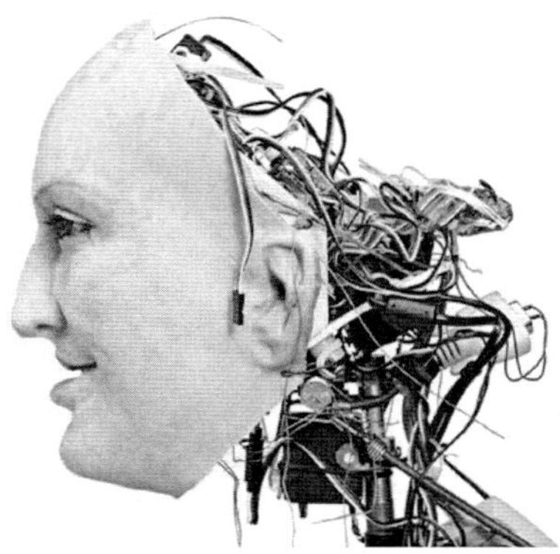

[그림 1.20] 인공피부를 지닌 VERA

일본 국제 첨단통신연구소의 '로보비 IIS'는 피부로 촉감을 느낄 수 있다. Robovie-IIS 모델은 Robovie-II를 실리콘제의 피복으로 가린 것으로써 실리콘 피복 안에는 머리 부분을 포함하여 전신에 48개의 촉각 센서를 내장하여 몸에 접할 수 있던 것을 감지하여, 거기에 대응한 반응을 돌려주는 것이 특징이다. 센서는 아날로그 값을 돌려주므로, 얻어맞았는지 어루만질 수 있었는지를 구별할 수 있고, 센서와 센서의 사이에 접했을 때도 그 합산값이 보내지기 때문에 폭넓은 반응을 설정할 수 있다.

[그림 1.21] Robovie-IIS

이 외에도 휴머노이드로봇 관련 기술은 그 발전이 가속화되어, 각 정보매체 및 인터넷 상에 매일 수백・수천 종류가 선보여지고 있다. 물론 각각의 로봇 기술들이 충분히 완전성이 없어 보이기도 하지만, 결룩 이러한 발전들이 통합되고 축적되어 보다 완벽한 로봇으로 나아가는 과정임은 틀림이 없다.

1.2 이족보행을 위한 배경 이론

1.2.1 정역학과 동역학

휴머노이드로봇의 보행 안정성 조건 중 가장 널리 알려져 있는 ZMP 개념은 역학의 기본적인 내용을 명확히 이해한 후 접근할 수 있다. 휴머노이드로봇에서 역학의 이해는 자세 유지 및 동작 구현 시에 나타나는 현상을 이해하고 예측할 수 있게 하며, 지면과의 상호작용으로부터 물체를 들어 올리는 등의 작업 상황에서 성공적인 제어를 가능하게 한다. 이 장에서는 역학의 세부적 내용을 모두 다루는 것은 불필요하므로 뒤의 단원에서 나오는 내용을 이해하기 위한 필수적인 사항을 중심으로 언급하기로 한다.

역학(力學)은 힘과 물체와의 관계를 다루는 학문분야로서 크게 정지된 상태의 물체가 중심이 되는 정역학(Statics, 靜力學)과 움직이는 물체를 다루는 동역학(Dynamics, 動力學)으로 나누어진다.

정역학은 정지해 있는 물체를 다루는 역학의 분야로서, 힘의 정적 평형상태가 유지되는 조건을 만족한다. 평형이란 한 물체의 질점에 작용하는 2개 이상의 힘 벡터들이 서로 다른 방향으로 상호 작용하게 되어, 합력이 0이 된 상태이다.

평형을 이룰 때 두 힘의 합은 나머지 한 힘과 크기가 같고, 방향이 정반대이다. 이 힘들을 x, y방향으로 분해해서 합력을 구해도 된다.

보이지 않지만, 크기와 방향, 작용점으로 이루어지는 물리 벡터량인 힘은 동일 작용선상에서 두 힘이 크기가 같고 방향이 반대이면 평형을 이룬다. 이렇게 평형을 이루면 물체에 대한 힘의 효과는 물체에 힘이 작용하지 않는 것과 같다. 물체의 한 점에 힘이 작용하여 합력이 0이 될 때 세 힘이 평형이 되었다고 한다. 즉 평형이란 두 곳 이상에서 힘이 작용하지만, 힘이 작용하지 않는 것과 같은 상태를 말한다.

작용·반작용이란 한 물체 A가 다른 물체 B에 힘을 주게 되면 물체 B가 물체 A에게 크기는 같고 방향은 반대인 힘을 주게 되는 성질이므로 두 힘은 힘이 작용하는 물체가 다르다. 힘의 합력으로 더할 수 있는 것은 그 힘들이 모두 한 물체에 작용할 때에만 가능하므로 이 경우 힘의 합력에 반작용력은 포함되지 않는다.

ZMP 보행시 발과 지면과의 상호작용을 분석하기 위해서는 자유물체도 상에서 작용·반작용의 적용을 주의할 필요가 있다. 이는 휴머노이드로봇의 무게 중심이 전방으로 이동하기 위해 필수적인 힘인 마찰력의 적용시에도 마찬가지이다. 작용·반작용이란 한 물체 A가 다른 물체 B에 힘을 주게 되면 물체 B가 물체 A에게 크기는 같고 방향은 반대인 힘을 주게 되는 성질이므로 두 힘은 힘이 작용하는 작용점 물체가 다르다. 힘의 합력으로 더할 수 있는 것은 그 힘들이 모두 한 물체에 작용할 때에만 가능하므로 이 경우 힘의 합력에 반작용력은 포함되지 않는다.

ZMP 보행시 발과 지면과의 상호작용을 분석하기 위해서는 자유물체도 상에서 작용·반작용의 적용을 주의할 필요가 있다. 이는 휴머노이드로봇의 무게 중심이 전방으로 이동하기 위해 필수적인 힘인 마찰력의 적용시에도 마찬가지이다.

자유물체도(Free Body Diagram)는 물체를 공중에 띄워 놓은 상황과 같이, 독립된 물체에 작용하는 힘들의 관계를 표시하는데, 힘이 평형이 되면서 동시에 물체의 속도가 0이면 정역학 내용이 되고, 그렇지 않은 경우 가속도 또는 속도를 갖는 동역학의 내용이 된다. 지면과 발의 작용에서 자유물체도 상에서 분석하고

자 하는 로봇의 발 부분에는 반작용력과 마찰력이 로봇몸체의 내부 방향으로 작용하며, 반작용력은 로봇의 위 방향으로, 마찰력은 로봇이 전진하는 방향으로 작용하게 된다.

1.2.2 순운동학(순기구학)과 역운동학(역기구학)

운동학(Kinematics)이란 움직임을 일으키는 힘, 토오크, 관성 등을 고려하지 않고 그 기하학적인 움직임과 시간을 기준으로 한 움직임을 연구하는 학문이다. 본 장에서는 링크의 관절좌표계와 작용단(end-effector)의 위치, 방향 사이의 관계에 대하여 다루기로 한다.

실제로 링크가 작업을 한다는 것은 Euclidean 3차원 공간상에서 링크의 끝부분에 작업을 하기 위해 부착된 작용단을 움직여서 대상 부품, 도구 혹은 물체 등의 작업 대상물에 대하여 일을 하는 것이다. 이러한 작용단의 움직임을 나타내기 위해서는 기본적으로 관절 변수와 작용단의 위치 및 방향와의 관계를 얻어야 하며, 이러한 의미에서 로봇 공학에서 운동학은 가장 중요한 분야 중 하나라고 할 수 있다. 운동학에도 각 관절의 움직임으로부터 작용단의 위치와 방향을 계산하는 순운동학과, 역으로 작용단의 위치와 방향으로부터 각 관절의 움직임을 계산하는 역운동학이 있으며, 이들의 상호관계는 그림 1.22에 나타나 있다.

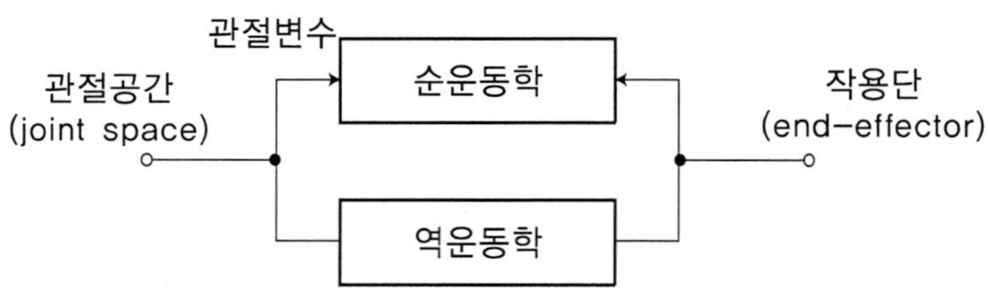

[그림 1.22] 순운동학과 역운동학의 관계

링크는 관절로 연결된 링크로 이루어져 있다. 이러한 링크는 일반적으로 직렬로 연결되어 있으며, 액츄에이터에 의하여 직선 혹은 회전 운동을 한다. 또한 관절 및 링크의 위치, 작용단의 위치와 방향의 관계는 임의로 선택된 좌표계로 나타낼 수 있으며, 이 좌표계는 링크의 기구학, 동역학 및 제어에 매우 중요한 역할을 한다. 일반적으로 매니퓰레이터(manipulator)의 동작을 해석하기 위해서 움직이지 않는 기준좌표계와 각링크 혹은 관절에 부착되어 링크 혹은 관절과 더불어 움직이는 이동좌표계와의 관계를 이용한다. 이러한 기준좌표계는 임의로 선정할 수가 있으나 편의상 링크의 베이스(base), 혹은 무게중심의 수직하향 교점에 설정하는 경우가 많다.

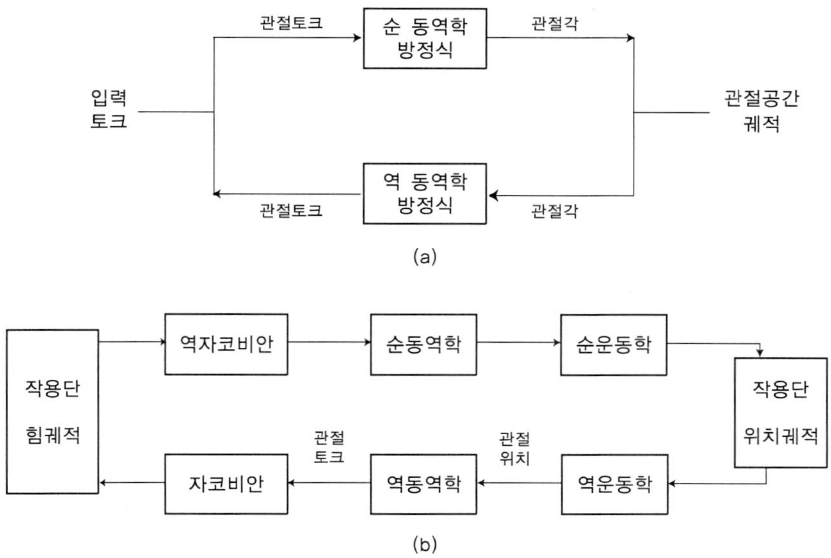

[그림 1.23] 순동역학과 역동역학의 관계

역운동학 문제를 풀기 위해서는 일반적으로 비선형방정식의 해를 구하여야 하나 선형방정식과는 달리 비선형 연립미분방정식의 해를 구하는 일반적인 방법은 없으며, 다음과 같이 2가지 형태의 해를 생각할 수 있다. 즉 해석적인 방법과 수치해석 적인 방법이 그것이다. 또한 해석적인 방법은 대수적인 방법과 기하학적인 방법으로 나눌 수 있다. 해석적인 방법의 가장 큰 단점은, 이 방법이 로봇에 따라 풀이법이 달라진다는 것이다. 따라서 각각의 로봇 혹은 유사한 그룹의 로봇에 대한 풀이법이 존재 한다. 이 경우에는 각각의 링크에 대하여 직관적으로 해를 구해야 하며, 간단한 구조의 링크의 경우에만 그 풀이가 가능하다.

개루프형의 6자유도의 회전 혹은 직동 관절을 가진 시스템은 역기구학 해를 구할 수 있으나 이 일반해는 수치해석적인 것이다. 일반적으로 수치해석적인 해는 해석적인 해를 얻는 것보다 시간이 많이 걸리므로 폐형식의 해를 갖는 링크를 설계하는 것이 매우 중요하다. 위에 나온 것처럼 해석적인 방법으로 역기구학을 풀기위해서 상당히 복잡한 기하학적 계산이 필요하다. 주어진 변수는 한정되어 있는데 구하고자 하는 해가 더 많기 때문이며 이러한 시스템을 초과시스템(Redundant system)이라고 한다. 그리고, 로봇 플랫폼에 종속되어 설정한 좌표계가 달라지면 다시 계산해야 하거나 잘못된 좌표계 설정으로 잘못된 결과가 나오는 일이 발생하기도 한다. 이런 일 때문에 역운동학을 풀기위해 자코비안을 사용하는데, 말단부의 선속도를 주고 각 관절의 각속도를 구하는데 이 각속도를 구한 다음 적분을 통해 각도를 구할 수 있다.

1.2.3 제어이론

작용단의 위치 및 방향이 결정이 되면, 역운동학 문제를 풀어 이를 관절좌표 공간으로 변환시킨 후 여러 제어기법으로 작용단이 원하는 위치 및 방향을 가질 수 있도록 제어 한다. 경로모양이 관절각의 함수로 나타내어지는 경로계획은 일반적으로 다항식에 의한 경로형성, 경로점 지정에 의한 다항식 경로형성, 포물선 경로형성 등 여러 가지 방법이 있으며, 주어진 시간내에 초기위치에서 목표위치까지 유연한 운동을 하기위해서는 적어도 초기 및 최종시의 위치 및 속도에 대한 4개의 제약 조건이 필요하다. 즉, 적어도 3차 다항식의 계수설정이 필요하다. 경유점을 가지는 경로에 대한 3차 다항식의 경우 링크가 경유점에서 정지하였다가 움직이면 위의 식을 이용할 수 있으나, 일반적으로 링크는 그 경유점에서 서지않고 지나가므로 경로 제약 조건을 만족시키는 3차식을 구하여야 한다. 이 경우 속도에 대한 제약조건을 추가하며, 이때, 경유점에서 원하는 속도를 지정하는 방법에는 다음과 같은 방법들이 있다.

① 사용자가 정해준다.
② 시스템이 자동적으로 적당한 heuristic(발견적 방법)을 사용해서 정한다.
③ 시스템이 각 경유점에서의 가속도가 연속이 되도록 정한다.

이 밖에, 포물선과 혼합된 선형 함수의 경우 각 관절의 움직임은 직선적이나 작업단은 일반적으로 직선운동을 하지 않으므로, 운동의 출발및 끝에서 속도가 불연속이므로 포물선 혼합구간을 각 경로점에 사용하여 속도 변화를 유연하게 하기 위하여 정가속도가 사용되거나 가상 경유점을 추가하여 경로를 형성한다.

링크로 작업 중에 경로 생성 루틴은 각 조인트의 궤적을 생성하고 링크의 제어 시스템에 전달한다. 이러한 경로 생성은 관절공간 및 직교좌표 공간으로 나타낼 수가 있으며, 직교 좌표 공간으로 나타내어진 경로는 최종적으로 등가인 관절좌표값으로 변환시켜야 하며, 위치에 대해서는 역기구학을, 속도 변환에 대해서는 역자코비안을, 가속도 변환은 역자코비안 및 그 미분을 사용하여 각각 구한다.

링크의 최고 가속도는 팔의 동력 힘과 엑츄에이터의 한계에 따라 틀리나, 대부분의 엑츄에이터는 고정된 최고 토오크 혹은 가속도로 특성지워지는 것이 아니라 토오크-속도 곡선에 의하여 특성지워 진다. 모든 경로에서 최고 가속도를 사용하면 매우 간단하지만 이 경우는 장비의 실제 능력을 고려하여야 하므로 제약이 있다.

실제로 만일 링크에 목표점 만을 입력시키면, 그것이 스스로 경로점을 선택하고 장애물과의 충돌을 피하여 목표점에 도달할 수 있다면 매우 편리할 것이다.

이렇게 하기 위해서는 그 시스템은 링크, 작업 영역 및 작업 영역내의 잠재적인 장애물에 대한 모델을 가지고 있어야 한다. 이러한 시스템은 아직 개발되지 않았지만, 많은 연구가 진행되고 있는 분야 중의 하나이다.

또한 만일 로봇에게 목표점과 같은 작업에 관한 단순한 정보만 주면서 주어진 작업을 수행하도록 하면 매우 편리하다. 이러한 연구 중 하나는 자유공간을 연결된 그래프로 표시하여 충돌표시 경로에 대한 그래프를 찾는 것이나 시스템의 관절수가 많아짐에 따라 계산이 매우 복잡해지는 단점이 있다. 또 다른 하나는 장애물에 가상의 척력을 목표점에 가상의 인력을 생각하여 장애물을 회피해가는 법이 있으나 이러한 것은 주위환경 중 부분적으로 가능한 경우가 많으며, 전위장(Potential field)의 국소점에서는 로봇이 움직이지 않을 수도 있는 단점이 있다.

로봇 운동제어의 기본은 시시각각 변화하는 목표값에 실제의 제어량을 추종시키는 서보제어이다. 제어량을 목표치에 일치시킴에 있어 센서에 의해 현재값을 측정하여 이 정보를 이용하기 때문에 서보제어의 대부분은 피드백 제어가 된다. 피드백 제어에는 제어량의 현재치를 검출하여 출력할 수 있는 센서가 필요하다. 제어값이 공간좌표계 상의 특정위치좌표이거나 회전좌표계 상의 특정각도인 피드백 제어를 위치제어(Position control)라고 한다. 로봇 제어에서는 팔의 작업부위치(손목위치)와 방향을 결정하는 것이 목표라면 이는 각 부속 관절의 특정 각도 조합에 의해 이루어진다.

시작 위치방향에서 목표 위치방향에 이르기까지 도중의 위치방향에 대한 제어가 필요한 경우에는 속도제어(Speed control)도 필요하다. 속도의 현재값을 측정하려면 속도에 비례하는 출력을 가진 센서를 사용하거나 위치센서의 출력을 미분해서 사용하는 2가지 방법이 있다. 전자(前者)의 예로 발전기를 사용한 타코미터(Tachometer)가 있고, 후자의 예로 엔코더의 계산값을 미분회로의 일종인 F/V (Frequency to Voltage) 변환회로에 의한 방법이 있다. 모터 회전각의 속도제어는 일정 시간 동안의 위치제어이고, 작동부 위치의 경로생성 시에는 각 관절각도가 일정 시간에 맞춰 정해진 각도에 도달해야 하므로 속도제어도 위치제어에 속한다고 볼 수 있다. 다만, 모터에 가해지는 입력 전압(또는 전류)이 피드백 PID 제어 형태라면, 일정 시간을 시작과 끝만을 정하고, 이를 이득설정에 의한 제어입력하는 경우와 시작과 끝 시간 동안을 다시 세분화하여 분할된 각 시간범위 동안에 분할된 위치방향에 이를 수 있도록 제어입력을 결정하는 방식으로 나뉜다.

전자의 경우에는 시작점과 끝점 부위에서 회전관성이 급격하게 변하는 동역학적 특성이 있고, 후자의 경우에는 시작점과 끝점 부위에서 회전관성 변화가 적고 중간 과정에서도 비교적 정속도로 회전하는 점이 다르다.

피드백제어는 목표값과 측정값의 차이인 오차값 E가 0이 되도록 제어입력을 결정하는데, 이때 오차값에 비례하여 제어입력을 가하는 제어 방식을 비례제어라고 한다. 이 방식에서는 오차 E가 클 때는 이득값을 크게 하고 오차 E가 작아짐에 따라 이득값도 작아진다. K_p를 이득값이라고 하면, 제어입력은 K_pE가 된다. E의 변화속도를 제어입력에 반영하여 전체 시스템의 동적 응답을 빠르게 하는 방식을 미분제어라고 하며 오차의 속도에 비례하는 제어입력을 추가하게 된다. 이때 속력에 대한 비례상수를 K_v라고 하면, 이 제어입력항은 K_vE가 된다. 오차의 속도는 일정시간간격 동안의 두 오차값의 정보가 필요하므로 잇따른 2개 이상의 제어시각에서 바로 이전 시각에서의 오차와 현재 시각에서의 오차 정보를 이용한다. 일반적으로 비례제어에 의한 입력에 미분제어에 의한 입력을 합하여 비례제어의 성능에 속응성을 높이는 효과가 있다.

비례제어의 단점은 입력하고 시간이 충분히 지난 다음에도 위치의 오차, 즉 정상상태오차가 남을 가능성이 많다는 것이다. 정상상태오차는 매순간의 미분제어에 의해서도 없어지지 않으므로 추가적으로 제어시작 시각에서부터 현재까지의 오차정보를 모두 합하여 이를 제어입력에 반영함으로써, 오차제거 성능을 높일 필요가 있다. 오차를 시간 적분하고 그 적분량에 비례한 제어입력항을 새롭게 추가하여 성능 개선을 도모한 제어방식을 적분제어라고 한다. 이때의 비례상수를 K_I로 하여 추가되는 제어입력항은 K_IE가 된다.

모터의 시정수 TM은 매우 작고(예를 들면 60W DC 모터에서는 TM=4 ms정도), 또 현재 제어의 주류는 컴퓨터 제어이다. 컴퓨터 제어에서는 일정한 주기 tc마다 제어하는 것이 보통이다. 그 주기에 tc를 TM의 5배 정도보다 크게 설정해 두고 또 입력의 목표 각속도를 스텝형 입력으로 설정해두면 다음 제어 주기까지 1차 지연계인 모터의 목표치와 제어량은 거의 일치한다. 즉 다음 제어 주기가 올 때 제어량인 실제의 관절 각속도는 전회(前回)의 목표각속도 라고 간주할 수 있다 비례 제어보다도 위상이 빠른(제어지연이 적은) 미분제어(이 경우는 각속도 제어이다)를 주류로 하는 제어효과를 기대할 수 있다. 각속도 제어가 주류이기 때문에 제어 프로세스의 마지막에서 적분항 1/s를 추가하여 각도 정보로 되돌린다.

위치제어(비례제어)와 속도제어(미분제어)를 조합한 제어방식을 일반적으로 PD제어(Proportional-Derivative control)라고 한다. PD제어는 P제어에 비해 응답속도가 좋아지는 특징을 갖고 있다.

PID 제어기의 설계방법은 다음과 같이 정리할 수 있다.

- 개루프응답을 구하고 개선해야 할 P, I, D 이득을 결정한다.

- P제어를 적용하여 상승시간을 향상시킨다.
- D제어를 추가하여 오버슛을 감소시킨다.
- I제어를 추가하여 정상상태 오차를 0으로 만든다.
- 전체적으로 만족할 만한 응답을 얻을 때까지 세부적으로 시행오차 변경한다.

폐루프응답	상승시간 (Rising time)	오버슛 (Overshoot)	안정시간 (Settling time)	정상상태오차 (Steady state err.)
Kp 증가	감소	증가	미세변동	감소
Ki 증가	감소	증가	증가	제거
Kd 증가	미세변동	감소	감소	미세변동

컴퓨터의 처리 프로세스를 기술(記述)하는 알고리즘이 흐름도(Flow Chart)이다. 이는 처리내용을 보통 사람도 알 수 있도록 컴퓨터가 처리하는 작업을 축자(逐자) 처리 형태로 자연언어를 사용해서 기술하고 실제로 컴퓨터에 지령하는 프로그램 리스트와는 다르지만, 숙련된 프로그래머라면 이 알고리즘의 내용을 쉽게 로봇 제어용 프로그램 리스트로 개서(Rewriting)할 수 있으므로 기계설계로 말한다면 개념 설계도에 상당한다. 알고리즘의 가장 큰 장점은 컴퓨터에 명령하는 내용을 특별한 컴퓨터 언어에 대해 모르는 사람도 이해할 수 있어 여러 분야의 기술자가 모여 로봇 시스템을 개발하는 경우에도 개발팀 내의 의사통일을 도모할 수 있고 머신 언어를 모르는 사람도 알고리즘을 쓰면 프로그램을 외부에 발주함으로써 로봇 기술을 연구 개발할 수 있다는 점이다.

한편, 팔로 무거운 짐을 들고 있을 때 지지하는 관절부에서는 이 무게를 견뎌낼 수 있을 만큼의 토크를 낼 것이고, 그 토크는 결국 목표 각도와 현재 각도와의 오차에 비례하기 때문에 이 상태에서는 양자가 일치하지 않아 오차가 반드시 남아있게 된다. 또한 관절부에 마찰이 있을 경우를 생각한다. 감속기의 덜걱거림을 적게 하기 위해 정밀도를 좁힌 기어를 사용하면 마찰력은 무시할 수 없을 정도로 커진다. 하모닉 감속기도 신품일 동안에는 마찰력이 크다. 이와 같은 마찰력이 존재하는 관절에서는 짐을 들어올릴 때 목표 각도와 현재 각도와의 편차가 더욱 커진다. 반대로 짐을 내릴 때에도 큰 편차가 남는다, 이 편차를 작게 하고 싶으면 이득을 올리는 수밖에 없다. 이득을 크게 하면 반대로 계(系)의 안정성이 저해되는 위험성도 있다. 이와 같이 외력이 있을 경우에는 1/s의 처리를 하더라도 오차는 남는다. 그래서 양자를 일치시키려면 적분제어를 사용한다. 미소한 오차더라도 그것을 어느 시간 적분하여 모으면 오차가 꽤 커지기 때문에 정정 동작에 사용할 수 있는 모터 속도를 높일 수 있다. 하지만, 적분은 어느 시간의 오차가 누적되는 것이므로 시간 지연을 수반한다. 조금이라도 목표 각도를 정확히 재현하고 싶고 시간 지연이 다소 허용되는 경우에는 사용한다.

사람이 수작업하는 경우, 처음에는 물체를 향해 위치제어를 하지만 접촉한 다음에는 힘제어를 주로 한다. 상대 물체가 단단한 정도에 따라 1힘을 내서 터치하거나 잡거나 한다. 그라인더로 작업하는 경우 그라인더를 부품에 꽉 눌러 작업하며 위치제어를 하는 것은 아니다. 로봇 팔도 힘을 가감(加減)할 수 있다면 마찬가지로 작업할 수 있다. 또 유연한 물체를 살짝 집어서 하는 작업이 우리 주변에 널려있다. 이것도 힘을 제어할 수 있어야 비로소 가능하다. 이 기능은 인간과 공존하는 로봇을 생각하면 아무래도 필요한 기능이다.

그리퍼(Gripper)에 있어서 물체와 접촉하는 면에 힘을 감지할 수 있는 로드셀을 부착해 둔다. 물체를 잡을 때 로드셀에 신호가 들어오면 더 이상 로드셀의 신호에 따라 집는 동작을 하지 않도록 구성한다.

목표값이 힘으로 주어지고 그리퍼가 물체에 닿을 때까지는 위치 목표값에 따라 모터가 구동되어 물체에 닿은 다음에는 힘센서의 출력이 커지고 목표값과의 차이가 산출되는데 이것과 위치 루프의 차이가 없어질 때까지 제어가 반복된다. 다관절 로봇이 팔 선단에서 물체를 미는 경우 팔을 물체가 있는 곳까지 가도록 하는 데, 여러 가지의 경로를 생각할 수 있기 때문에 힘의 목표치만으로는 팔을 구동하여 물체에 댈 수 없다. 즉 물체에 닿기 전의 운동 제어와 닿은 후의 제어와는 다른 논리로 제어해야 함을 알 수 있다. 물체에 닿기 전에는 보통 PID 제어를 하고 접촉 신로가 오면 힘 제어로 전환하는 방법이 있다. 다관절 로봇은 팔 선단에 외력을 받으면 그 힘은 전체 관절로 미친다. 그 힘의 크기와 방향을 로봇의 자세에 따라 각 관절마다 다르다. 피드백으로 힘을 제어할 경우 관절마다의 이득을 조정하면 이 문제를 해결할 수 있다.

힘제어를 하는 목적은 팔의 힘을 가감하는 것이기 때문에 움직임을 완만하게 하고자 하는 경우가 자주 일어난다. 예를 들면 부드러운 것을 집을 경우 기대하는 반력을 얻기까지 세게 집으면 파괴된다. Kv를 작게 설정하면 목적을 달성할 수 있겠지만, Kv에 의존하는 방법을 적용할 경우 경도가 다른 물체를 집을 때는 Kv를 재설정할 필요가 있다. 팔이 움직이는 속도를 검지하여 속도가 빠를 때는 브레이크가 걸리게 해두면 경도가 다르더라도 대응할 수 있는 범위가 넓어진다. 이 외에도, 기계적인 댐퍼의 감쇠기능을 제어할 수 있는 방법이 있다.

속도를 검출하여 속도에 비례하는 양을 힘의 목표값과의 차이 정보를 이용하여 그리퍼(Gripper)는 물체를 집기 전의 접근 속도도 완만해지기 때문에 물체에 닿는 순간에도 속도가 느려져 상대를 훼손하는 것을 피할 수 있다. 또한 미분제어 루프 대신 속도 피드백 루프의 이득을 적당한 수치로 변경함(가변 이득 제어)에 있어서도 동일한 효과를 얻을 수 있다.

컴플라이언스제어(Compliance control)는 위치제어와 힘제어를 병용하여 가상적인 스프링을 만들어내는 것과 유사하다. 단일관절 링크에서 힘센서가 부착되어 있는 경우 정지되어 있는 링크에 외부로부터 힘이 가해졌다고 하고, 센서에 의해 검출된 토크 T_t에 비례하는 변위를 $\delta\theta_t = K_{comp} \times T_t$로 정의한다. 이 K_{comp}는 비례정수이고, $\delta\theta_t$의 방향은 T_t가 감소하는 방향이다. 위치제어의 경우 $D\theta_t$와 $\delta\theta_t$의 합을 목표값으로 하면 그 합이 되도록 모터가 구동된다. 주어진 $D\theta_t$는 모터를 구동해서 팔을 외력에 대항하여 구동하는데 외력으로 계산한 변위 $\delta\theta_t$는 팔을, 외력을 줄이는 방향으로 구동한다. 결국 팔 전제의 움직임으로는 외력에서 멀어지는 방향의 거동을 나타낸다. 즉, 팔을 약하게 밀면 약간 변위하다가 멈추고, 다시 세게 밀면 변위는 증가한다. 손을 떼면 링크는 지정하는 원래의 위치로 되돌아가도록 행동하는 것을 컴플라이언스 제어라고 한다. 외력에 순응하는 기능은 교시(teaching)의 경우 로봇의 목표 관절각도를 적당한 값에 고정해두고 작업자가 로봇팔의 선단을 잡아당겨 로봇을 원하는 자세로 만들거나, 보행 로봇이 다리를 착지 했을 때 착지충격을 완화시키기 위해 발 관절을 컴플라이언스 제어로 유연하게 착지할 때 이용된다.

1.2.4 운동학 좌표계의 정의

휴머노이드로봇을 제어할 때, 우선 중요한 것은 각부의 위치를 일관성 있게

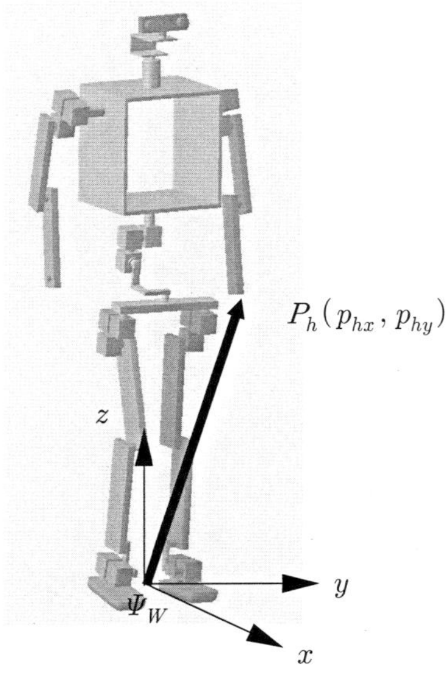

[그림 1.24] 전체좌표계, 초기상태의 로봇의 정중앙하부의 원점을 정함

chapter 1 서 론

정의하는 것이다. 그림 1.24와 같이 로봇의 초기상태에 하부에 있는 지면상의 점을 원점이라 하고, 전방을 x축, 좌측방향을 y축, 위 방향을 z축으로, 고정된 좌표계를 설정한다.

이 좌표계를 Ψ_W라고 명하고, 이것을 기준하여 로봇자신을 포함하는 전체요소들을 표현하는 것으로 하자. 이러한 좌표계를 전체좌표계라 한다. 단, 1개의 전체좌표계에서 로봇과 물체의 위치를 표현하면, 로봇의 손이 물체를 치거나 물체에 충돌하는 문제가 좌표계 위치의 계산으로 확인이 가능해진다.
전체좌표계에 표시한 위치를 절대위치라 하고 그림 1.24에는 손의 절대위치가 P_h의 3차원벡터로 표시된다. 마찬가지로 전체좌표계에 정의할 수 있는 것을 나타내 보이기 위해 절대방향, 절대속도라는 용어도 사용한다.

어깨의 회전에 의해 손의 위치 P_h가 얼만큼 변화하였는지를 알아내 보자. 이를 위해, 그림 1.25와 같이 W부터 표시된 로봇의 좌측 어깨의 위치를 P_a, 로봇의 어깨부터 손까지의 벡터 r을 추가한다.

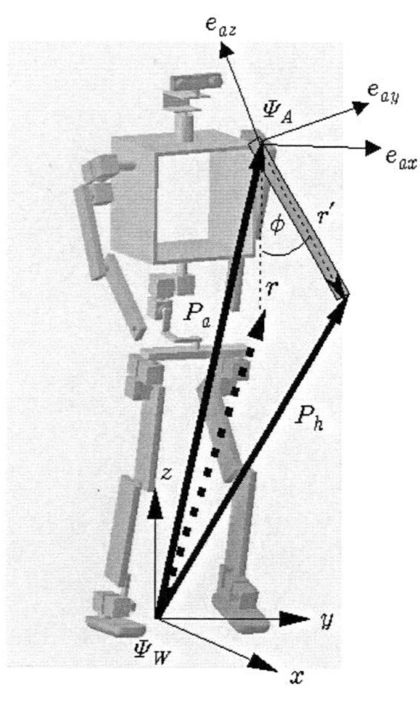

[그림 1.25] 전체좌표계 Ψ_W와 어깨의 지역좌표계 Ψ_a에 대한 손끝 위치벡터의 정의

그림에서 알 수 있는 바와 같이,

$$P_h = P_a + r \tag{1-1}$$

또한 그림 1.25와 같이 팔을 편 상태에서 어깨부터 손까지를 가리키는 벡터를 r'

라고 하면, 손끝의 위치벡터는

$$P_h = P_a + r' \quad (1\text{-}2)$$

로 표기된다. 어깨의 위치 P_a는 일정한 벡터 r가 r'만큼 회전하는 것에 의해 손이 움직인다.

여기서 그림 1.25와 같이 어깨에 고정된 지역좌표계 Ψ_A를 고려하자. 지면에 고정된 전체좌표계와 달리 지역좌표계는 로봇의 움직임에 따라 위치와 방향이 변화하는 '움직이는 좌표계'이다.

Ψ_A에서 어깨에 설정된 원점과 x, y, z축을 보여주는 단위벡터에 의해 구성한다. 3개의 단위벡터 e_{ax}, e_{ay}, e_{az}가 팔 아래 방향인 초기방향에서 Ψ_W와 평행이 되도록 설정한다. 로봇이 팔을 올리면 Ψ_A는 e_{ax}축을 중심으로 ϕ각도까지 회전시키게 된다.

팔의 회전각 ϕ와 Ψ_A의 관계는 다음과 같다.

$$\begin{aligned} e_{ax} &= [1\ 0\ 0]' \\ e_{ay} &= [0\ \cos\theta\ \sin\theta]' \\ e_{az} &= [0\ -\sin\theta\ \cos\theta]' \end{aligned} \quad (1\text{-}3)$$

x축 둘레의 회전에 의해 e_{ay}, e_{az}만 변화한다. 3개의 벡터를 정리하여 3 by 3 행렬 R_a를 다음과 같이 정의한다.

$$R_a = [e_{ax}\ e_{ay}\ e_{az}] \quad (1\text{-}4)$$

행렬 R_a을 이용하면 그림 1.25에서 r과 r'의 관계를 정의하면 다음과 같다.

$$r' = R_a r \quad (1\text{-}5)$$

즉, 행렬 R_a 변환된 벡터는 회전한다.

여기서 지역좌표계 Ψ_A를 기준하여 손의 위치를 p_h^a라 하면 윗첨자 a는 이 벡터가 A을 기준하여 정의되었음을 보여준다. 그림 1.25로부터

$$P_h^a = r \quad (1\text{-}6)$$

가 된다. 이 경우 Ψ_A와 좌측어깨전체는 통째로 회전하기 때문에 p_h^a는 일정하다.

마찬가지로 좌측 어깨의 손 위치를 표현하면

① 전체좌표계 Ψ_W부터 보이는 수선위치 P_h

② 지역좌표계 Ψ_A부터 보이는 수선위치 p_h^a

인 두 종류의 방법이 등장한다. 이 관계는 식 (1-1), (1-2), (1-5)로부터

$$P_h = P_a + R_a\, p_h^a \tag{1-7}$$

가 성립한다.

이 식으로부터 다음과 같이 표현하는 것도 가능하다.

$$\begin{bmatrix} p_h \\ 1 \end{bmatrix} = \begin{pmatrix} R_a & p_a \\ 0 & 1 \end{pmatrix} \begin{Bmatrix} p_h^a \\ 1 \end{Bmatrix} \tag{1-8}$$

여기에 행렬계산을 고려하여 계산한 결과가 식 (1-7)과 동일한 형태가 되고, 적당한 벡터와 행렬에 0과 1을 추가한다. 우변에 있는 4 by 4의 행렬은 어깨의 위치와 회전 $(p_a,\ R_a)$을 정의한 것으로 되어있다. 이것을

$$T_a = \begin{pmatrix} R_a & p_a \\ 000 & 1 \end{pmatrix} \tag{1-9}$$

로 정의할 수 있다. 이 경우의 행렬을 동차변환행렬이라 하고, T_a는 어깨의 지역좌표계에 표시된 점의 좌표를 전체좌표계로 변환시킨다.

$$\begin{Bmatrix} p \\ 1 \end{Bmatrix} = T_a \begin{Bmatrix} p^a \\ 1 \end{Bmatrix} \tag{1-10}$$

여기서 p^a에 관해 좌측 어깨 위의 임의의 점을 선정하면, 어깨의 위치와 방향의 정보는 동차변환행렬 T_a에 포함될 수 있다. 즉, 동차변환행렬 그것이 어깨의 위치와 방향을 표시할 수 있도록 보여줄 수 있는 것이 가능하다.

어떤 지역좌표계를 기준하여 각각의 지역좌표계를 정의할 수 있다. 그림 1.26에서 A를 기준하여 정의한 지역좌표계 B를 도시하였다.

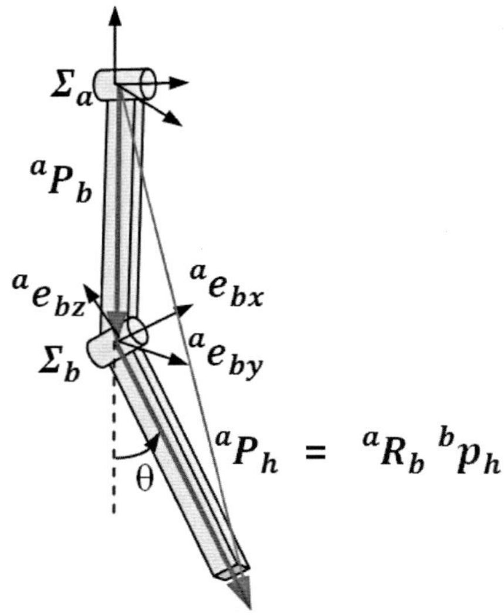

[그림 1.26] 어깨 좌표계 a에 기준한 팔꿈치 상대좌표계 b의 표현 관계

B는 위 팔부분과 연결되어 운동하는 지역좌표계 상에 위치하며, 팔꿈치를 곧바로 핀 상태에서 좌표계가 A와 평행하게 되는 것으로 설정할 수 있다. B의 x, y, z 방향의 단위벡터를 각각 e^a_{bx}, e^a_{by}, e^a_{bz} 팔꿈치의 회전각을 θ가 되면,

$$e^a_{bx} = \{\cos\theta \;\; 0 \;\; \sin\theta\}^T$$

$$e^a_{by} = \{0 \;\; 1 \;\; 0\}^T \tag{1-11}$$

$$e^a_{bz} = \{-\sin\theta \;\; 0 \;\; \cos\theta\}^T$$

팔관절이 y축 주위로 회전하면 e^a_{bx}, e^a_{bz}도 함께 변화한다. 또, 이러한 벡터는 A를 기준하여 정의하면 우측 위부분의 a첨자가 붙는다.

3개의 단위벡터를 정리한 행렬 R^a_b를 다음과 같이 정의한다.

$$R^a_b = [e^a_{bx} \; e^a_{by} \; e^a_{bz}] \tag{1-12}$$

B에서 보이는 p^b_h를 A부터 p^a_h로 변환한 식은 이전과 같은 방법에 기초하여 다음과 같이 된다.

$$\begin{bmatrix} p^a_h \\ 1 \end{bmatrix} = T^a_b \begin{bmatrix} p^a_h \\ 1 \end{bmatrix} \tag{1-13}$$

여기서, 동차변환행렬 T^a_b 을 다음과 같이 정의한다.

$$T_b^a = \begin{pmatrix} R_b^a & p_b^a \\ 000 & 1 \end{pmatrix} \tag{1-14}$$

여기서 p_b^a는 A에서 본 B의 원점이다.

식 (1-14)을 식 (1-13)에 대입하면, B에서 본 손위치를 전체좌표계에 관한 손위치로 변화한 식이 다음과 같이 얻어진다.

$$\begin{bmatrix} p_h \\ 1 \end{bmatrix} = T_a \quad T_b^a \begin{bmatrix} p_h^b \\ 1 \end{bmatrix} \tag{1-15}$$

우변에 있는 동차변환행렬의 연속항을 한 개로 묶어 T_b 로 하면,

$$T_b = T_a \, T_b^a \tag{1-16}$$

행렬 T_b는 B를 전체좌표계에 나타낸 동차변환행렬이 되고, 위 팔부분의 위치와 방향을 표시한다. T_a는 어깨의 회전을, T_b^a는 팔의 회전에 의한 변화를 나타내기 때문에, T_b가 그 방향의 영향을 받는 것을 명확히 표현해줄 수 있다.

앞에서 다룬 관계식으로부터 일반화가 가능하다. 좌표계 1부터 좌표계 N까지의 지역좌표계가 순서대로 연결된 메커니즘이 있다면, 인접한 좌표계 i와 $i+1$ 사이의 동차변환행렬이 T_{i+1}^i 로 표시되는 경우, 연속된 변환관계는 다음과 같이 표현된다.

$$T_N = T_1 \, T_2^1 \quad T_3^2 \cdots \; T_N^{N-1} \tag{1-17}$$

여기서, T_N는 전체좌표계에 표시한 N번째의 관절 위치와 방향을 표시하는 동차변환행렬이고, 링크의 끝단에 관절을 추가하면, 동차변환행렬을 오른쪽부터 나열하는 방식으로 구성된다.

이 경우 동차변환행렬을 순서대로 나열하여 통합하여 좌표변환을 계산하는 규칙을 연결법칙(chain rule)이라 하며, 연결법칙에 따라서 많은 관절이 연결된 복잡한 로봇의 운동학을 쉽고 명확하게 계산할 수 있게 된다.

1.2.5 제어시스템 개요

로봇은 링크와 조인트의 연결구조이며, 조인트의 회전을 구동하는 것이 모터 또는 액츄에이터이다. 일정 시점에서 조인트의 회전각도를 원하는 각도 또는 속도, 가속도로 유지시키거나 도달하도록 하기 위해서는 목표시점까지 각 시점에서

의 각도를 읽어 들이면서 모터 구동 전류(또는 전압)을 그에 맞게 변화시켜주어야 한다. 이러한 과정을 피드백 제어시스템(feedback control system)이라 하며, 센서, 액츄에이터, 제어대상, 입력장치의 통합된 시스템을 제어시스템이라 한다. 이러한 제어 시스템의 종류에 따라 수학적 또는 수치해석(numerical analysis) 적으로 모델링하여 제어 입력 값을 얻는 방법과 모델링하지 않고 입력과 출력 신호의 관계를 논리적으로 구성하여 제어 입력 값을 얻는 방식 등에 따라 많은 제어이론들이 발전되어 왔다.

일반적으로 피드백 제어시스템은 센서와 액츄에이터(구동기) 그리고 제어기로 구성되어 있다. 다수의 모터는 액츄에이터에 해당하며, 각각의 엔코더와 센서들은 센서시스템이 된다.

센서로부터 피드백 받아 적당한 제어입력을 결정하는 제어기는 H/W와 S/W로 구성되어야 한다. 제어하고자 하는 매니퓰레이터 또는 링크부는 작동부(end-effector)의 위치가 센서의 신호로부터 자동적으로 결정된다고 하면, 이 시스템은 센서로부터의 측정 결과로부터 결정되는 작동부의 위치와 이를 위한 6개의 각각의 모터 회전각도를 제어하는 시스템이 된다. 여기서 작동부의 위치좌표는 매니퓰레이터의 기구학적 관계식으로부터 산출된 역기구학 관계식을 풀거나 역자코비언 식을 통해 추가적인 모터 회전각의 변화를 얻어 내야 한다.

피드백 제어시스템이 아닌 오픈루프의 피드포워드 제어시스템이 되도록 한다면, 센서시스템의 정보는 단순히 사용자가 S/W와 연동하여 일정 모드로 동작시키기 위한 정보로 활용해야 한다.

H/W는 크게 모터제어기와 제어 S/W로 구성된다. 여기서 모터제어기는 모션컨트롤러라고도 하며, 제어 S/W는 메인컴퓨터 또는 실시간 OS 컴퓨터가 되기도 한다. 모터는 일반적으로 12V 또는 24V 이상의 전압과 모터의 사양에 따른 허용전류가 결정되어 있는 아날로그 회로이므로, 이를 디지털 마이크로 컨트롤러 또는 컴퓨터에서 제어를 하기 위해서는 전력변환 회로가 필요한데, 이러한 중간 역할을 수행하는 것이 모터제어기 H/W이다. 모터의 정확한 회전각을 제어하기 위해서는 모터와 일반적으로 일체형으로 장착되어 있는 엔코더 신호를 피드백 받아서 각각의 모터의 회전각을 마이크로 컨트롤러 또는 컴퓨터 S/W를 통해서 알아내야 한다.

모터제어기에는 엔코더의 디지털 펄스 신호를 계수(count)하여 각도(라디안 또는 도) 정보로 변환하고, 모터는 PWM(Pulse Width Modulation)에 의해 디지털 신호를 전류로 변환하기 위해 마이크로컨트롤러를 사용한다. 마이크로컨트롤러에는 다수의 디지털 출력포트 뿐 아니라 다수의 ADC 포트를 갖추고 있으므로, 6

개의 모터와 엔코더를 한 개의 마이크로컨트롤러로 처리 가능하다.

모터제어기와 연결되는 메인컴퓨터는 실시간 OS 프로그램 또는 GUI 로 구성되는 Visual 프로그램을 통해 사용자와 연결된다. 메인컴퓨터로 임베디드하드웨어를 이용하여 알고리즘을 포팅(porting)할 수도 있지만, 사용자에 의한 제어 폭이 좁다는 것이 약점이다.

메인컴퓨터와 모터제어기와의 통신은 RS-232 시리얼 통신 또는 CAN 통신 방식이 주로 사용되며, 엔코더, 센서 정보와 모터제어각 정보의 통신이 마이크로컨트롤러와 메인컴퓨터 간에 이루어지게 된다. 이러한 액츄에이터, 센서 그리고 통신을 위한 구조적 프로그래밍이 메인컴퓨터의 제어 S/W에 구현되어야 하며, 링크 구조의 특정 제어 모드를 위한 객체지향적 프로그래밍이 이루어지는 것이 바람직하다.

1.2.6 모터제어

일반적으로 서보 모터는 일반 모터와는 달리 빈번하게 변화하는 위치나 속도의 명령치에 대하여 신속하고 정확하게 추종할 수 있도록 설계된 모터를 의미한다. 서보 모터는 급가속 및 급제동에 대하여 대응할 수 있는 구조를 가지고 있어야 한다. 따라서 서모 모터는 큰 회전력(토크, Torque)을 가지면서, 회전자(Rotor)의 관성 모멘트가 작을수록 성능이 우수하다고 할 수 있다. 이러한 조건을 만족하는 것이 DC 모터이며, 큰 토크를 가지고 회전자 관성을 줄이기 위하여 회전자가 가늘고 긴 구조를 가지며 영구자석으로 여자속을 만들어 크기를 줄이고 작으면서도 큰 토크를 만들 수 있도록 하고 있다.

DC 모터는 브러시가 마찰에 의하여 마모되어 유지 보수가 필요하고 브러시의 마모에 의한 분진이 발생하며 브러시를 통하여 권선에 전류가 흐르게 됨으로 발생하는 전기적인 스파크와 노이즈로 인하여 여러 가지 문제점을 야기하는 단점이 있어, DC 모터의 특성을 가지는 AC 서보 모터를 많이 사용하고 있으며 AC 서보 모터는 DC 서보의 구조를 반대로 한 것과 같다고 하여 브러시리스 서보 모터(Brushless Servo motor)라고 한다.

(1) DC 모터

DC 서보모터의 구조는 고정자측 구성은 자로 및 기계적 지지를 목적으로 하는 원통형의 프레임과 프레임 내경에는 자석이 부착되어 있다. 회전자측 구성은 샤프트와, 샤프트 외경에 정류자 및 회전자 철심이 부착되어 있고 회전자 철심내에 전기자 권선(Coil)이 감겨져 있다. 전기자 권선에 정류자를 통하여 전류를 공급하는 브러시 및 브러시 홀더가 부착되어 있다. 브라켓과 플랜지에는 볼 베어링이 있어서 회전자를 받쳐주고 있다. 브라켓 뒷쪽에는 회전속도신호를 검출하는 검출기가 회전자와 연결되어 있는데 광학식 인코더 혹은 타코제너레이터를 많이 사용한다.

DC 모터의 토오크는 가해지는 전류에 비례하여 구동 방식은 트랜지스터에 의한 펄스폭 변조방식이 주류를 이룬다. 이 방식은 사용 주파수 전원을 정류하여 직류를 얻어 이 직류 전원이 모터에 인가되는 시간폭을 주파수의 반송파에 의해 변화되어 간변 전압을 만들어 모터의 속도 제어를 행한다. 이런 방식의 제어는 응답성이 좋고 부하 마찰 토오크가 국부적으로 변화하므로 다관절 로봇과 같이 자세에 의한 모터축 환산부하 관성이 크게 변하는 계에서도 충분히 안정된 제어를 행할 수 있다.

PWM 방식은 결과적으로는 구동전압을 바꾸고 있는 것과 같은 효과를 내고 있지만, 그 방법이 펄스폭에 따르고 있으므로 펄스폭 변조(PWM:Puls-e Width Modulation)라 부르고 있다. 구체적으로는 모터 구동전원을 일정 주기로 On/Off 하는 펄스 형상으로 하고, 그 펄스의 Duty비(On 시간과 Off 시간의 비)를 바꿈으로써 실현하고 있다. 이것은 DC 모터가 빠른 주파수의 변화에는 기계 반응을 하지 않는다는 것을 이용하며, 트랜지스터를 일정시간 간격으로 On/Off 하면 구동 전원이 On/Off 되는 것이다.

이 펄스 형상의 전압으로 DC 모터를 구동했을 때의 실제 모터에 가해지는 전압 파형은 그림 1.27과 같이 되며 평균전력, 전압을 생각하면 외관상 구동전압이 변화하고 있는 것이다. 여기서 중요한 기능을 담당하고 있는 것이 위의 회로도에 있는 다이오드이며, 일반적인 전원용 다이오드를 사용하지만 그 동작 기능에 의해 flywheel diode라 부르고 있다. 즉, 트랜지스터가 Off로 되어 있는 동안 모터의 코일에 축적된 에너지를 전류로 흘리는 작용을 한다(회생전류라 부른다). 이 플라이휠 효과에 의해 모터에 흐르는 전류는 트랜지스터가 Off로 되어 있는 동안에도 쉬지 않고 흐르고 있는 것처럼 보이게 되며, 평균전류도 On시의 전류와 이 회생전류의 합으로 결정된다.

ON시간이 길수록 모터에 가해지는 평균전압은 높아지게 되며, 주기 T 동안 펄스폭을 조절하여 모터에 가해지는 평균전압을 변화시킨다. DC 모터의 속도는 인가되는 전압에 비례하므로 PWM 방법으로 한 주기 내의 펄스 폭을 조정함으로써 모터의 속도를 제어하게 된다. 전원 전압이 V입력 일 때, 모터에 가해지는 평균 전압은 다음 식에 의해 결정된다.

$$V_{output} = V_{input} \times \frac{T_{on}}{T_{off}}$$

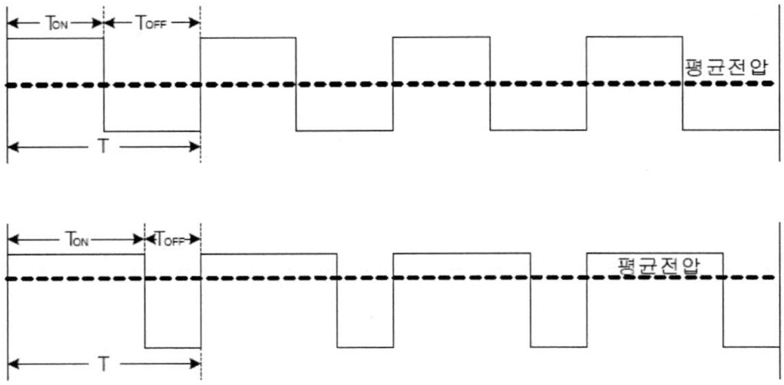

[그림 1.27] 듀티비 설정과 모터공급 전압

마이크로컨트롤러의 PWM 신호를 이용하여 모터를 제어하기 위해서는 적절한 전류증폭기가 필요하다. PWM 제어기에서 발생한 출력은 논리 회로의 출력으로 저전력이기 때문에 모터가 충분한 토크 및 속도를 발생할 수 없으므로 충분한 전류를 공급해 주기 위해서 모터 드라이브 회로가 필요하다. 다음 그림 1.28과 같이 모터 드라이브 회로는 H 브릿지 회로를 이용하여 구성하고, TR은 스위치 기능을 한다. H 브릿지 회로에서 스위치 1과 3이 ON, 스위치 2와 4가 OFF가 되면, 모터는 그림 처럼 정방향 회전을 하게 되고, 스위치 2와 4가 ON, 스위치 1과 3이 OFF이면 역방향 회전을 한다. DC 모터의 제어소자로 주로 사용되는 L298의 기능은 2개의 H 브릿지를 포함하고 있어 2개의 DC모터를 제어할 수 있다.

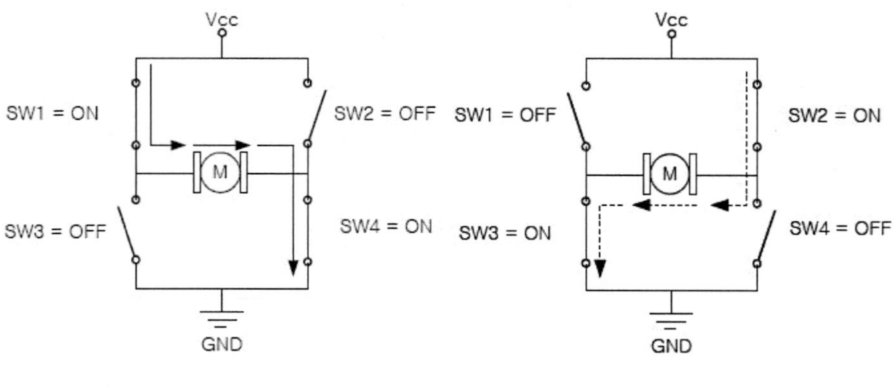

[그림 1.28] 모터의 정·역회전을 위한 구동회로

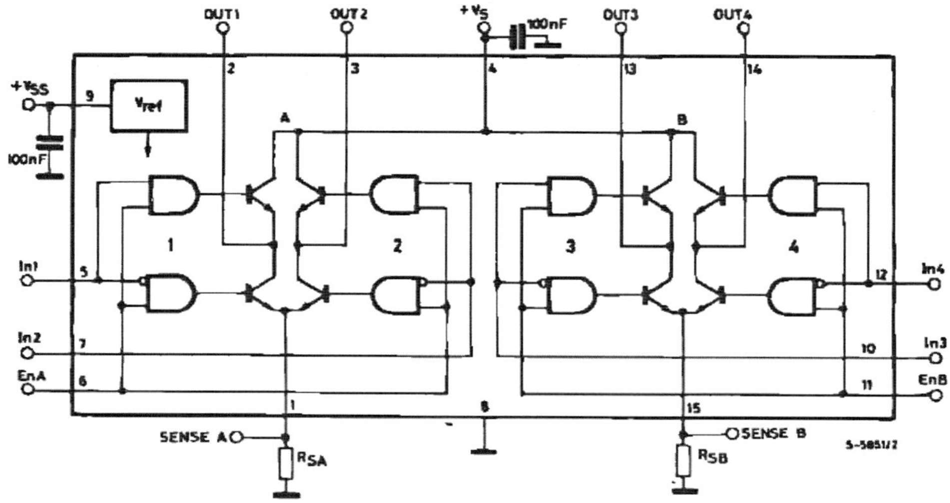

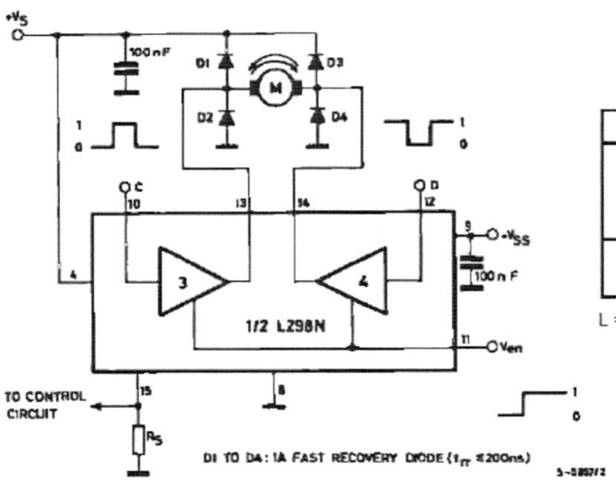

Inputs		Function
V_{en} = H	C = H ; D = L	Forward
	C = L ; D = H	Reverse
	C = D	Fast Motor Stop
V_{en} = L	C = X ; D = X	Free Running Motor Stop

L = Low H = High X = Don't care

[그림 1.29] L298N 회로와 DC모터의 연결관계

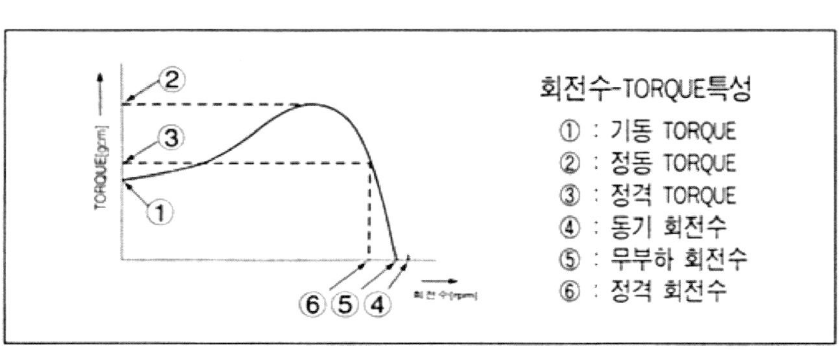

[그림 1.30] 모터의 회전수와 토크 관계

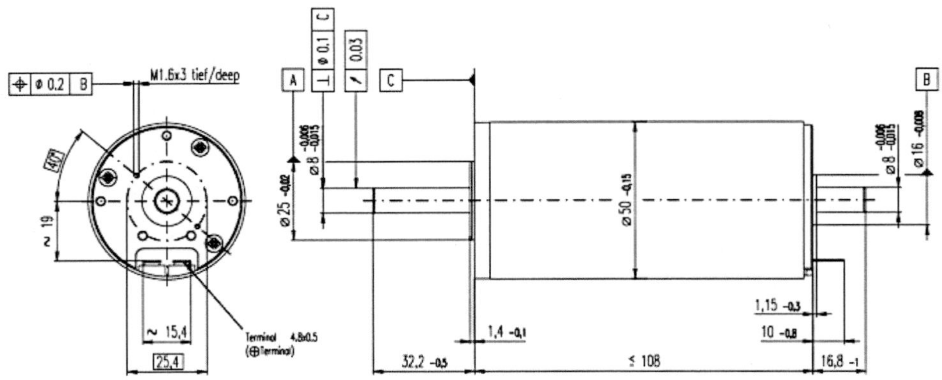

[그림 1.31] 지름 50mm, Brushes DC Motor, 200 W에 대한 제원표 예

Spec.	V	24	36	48	70
Nominal voltage	rpm	5778	5778	4865	2806
No load speed	mA	248	166	100	35
No load current	rpm	5538	5538	4615	2545
Nominal torque	mNm	349	349	356	380
Nominal current	A	9.04	6.03	3.88	1.63
Stall torque	mNm	8416	8416	6956	4091
Starting current	A	212	142	74	17
Max efficiency	%	93	93	93	91

모터는 전기를 공급받고 전력량에 해당하는 일을 한다. 이때의 일은 관성이 있는 링크를 회전하는 일을 하게 된다. 따라서, 공급하는 전력과 부하간의 관계에 의해 모터의 성능과 토크가 결정된다. 이를 단일화된 개념으로 이해하기 위해 전력과 운동량간의 상호관계에 초점을 두고 분석하자.

우선 전기시스템에 있어서 전력 $Power = VI$로 정해지며, 기계시스템의 운동량 $Power = Fv = T\omega$로 결정된다. 로봇의 관절은 최대 180° 범위 내에서 운동이 이루어지므로, 회전 방향이 바뀌는 등 회전속도가 일정하게 유지되지 않으며, 정지에서 일정 회전속도가 될 때까지 초기 기동토크가 가장 크므로 전력과 운동량의 관계는 복잡한 분석이 필요하게 된다. 우선 개념을 쉽게 이해하기 위해, 전기 시스템을 수력기계시스템과 연관하여 생각해보자. 전자를 물과 같은 유체로 전압을 수압으로 저항을 수로관의 단면적과 연계시켜보자. 전지는 펌프와 같이 수압을 높이는 역할을 하게 되고, 수압이 높은 물은 낮은 곳으로 이동하게 되며, 이동하는 통로는 관의 단면적에 의해 물의 이동량이 결정된다. 물은 관을 이동하면서 모터를 돌리는 역할을 하면서 일을 하게 되고, 일을 한 만큼 압력이 떨어지게 된다. 이때, 저항이 클수록 관의 단면적은 줄어들고, 흐르는 물의 양은 $A=\pi r^2$에 비례하게 되어, 전력 $P=pAv=Fv$의 관계가 성립한다. 즉, 전압은 일을 하는 유체의 평균 압력이 되고, 전류는 유체가 지나가는 관의 면적과 평균 속도에 각각 비례한다.

모터의 부하, 즉 모터에 걸리는 부하와 자체 관성이 얼만큼 큰지와 이때의 회전속도에 따라 흐르는 전류가 달라지게 된다. 모터의 회전토크는 모터에 흐르는 전류의 크기에 비례한다. 따라서 모터가 2개 이상 있을 때 전원의 용량은 중요하다. 일반적으로 전원의 용량은 전압과 최대전류량으로 표기되며, 예를 들어, 12V-10A인 전원의 용량은 12V의 전압에 최대 10A의 전류가 흐를 수 있는 용량임을 의미한다. 동시에 회전시켜야 하는 모터가 다수인 경우에는 전원공급기(power supply)의 허용전류값이 가능한 커야 하며, 개별 토크를 크게 내기 위한 모터의 사양은 정격전력(W)이 큰 모터일수록 좋게 된다.

(2) 브러시리스(Brushless) 모터

브러시리스 모터(BLDC)의 구조는 DC 서보 모터의 고정자(Stator)와 회전자(Rotor)측을 바꾸어 놓은 것과 같다. 고정자 측 구성은 기계적 지지를 목적으로 하는 원통형의 프레임과 프레임 내경에 원통형의 고정자 코어(Stator Core)가 있고 코어에 전기자 권선이 감겨져 있다. 권선 끝단에는 리드선이 나와 있어 전류와 전압, 즉 전력이 공급된다. 회전자(Rotor)측의 구성은 회전 축(Shaft)와 그 외경에 영구 자석이 붙어 있다. 따라서 DC 서보 모터와 같은 브러시가 필요없이 고정자측에 전력을 공급할 수 있다. BLDC 모터로써 널리 사용되는 브러시리스 서보 모터는 다음과 같은 장점을 가지고 있다.

- 기계적 구조가 간단하여 최대 속도가 높다.
- 권선이 고정자에 있어 용량을 크게 할 수 있다.
- 구조가 밀폐형으로 환경이 나쁜 곳에서도 신뢰성이 높다.
- 유지 보수의 용이성과 기계적 마찰이 없어서 소음이 작다.

즉, BLDC 모터는 DC 브러시 모터의 제어특성을 가지고 있으며 구조적으로 간단하고 견고한 구조를 가지고 있다는 것이 큰 장점으로 할 수 있다.

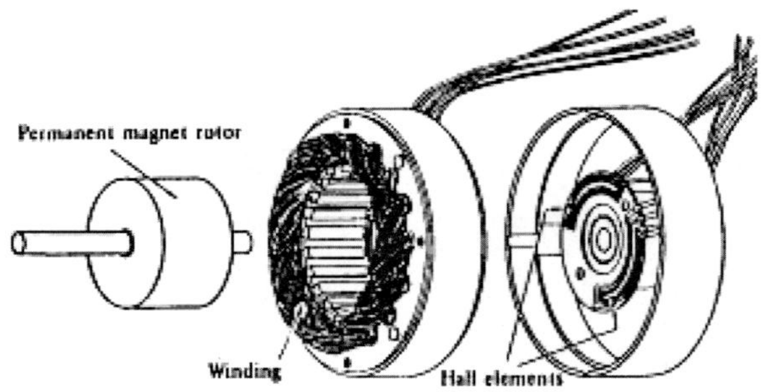

[그림 1.32] 브러시 DC 모터-엔코더 시스템의 구성

BLDC 모터의 구동시스템은 컨버터, 인버터와 제어기 그리고 서보 모터로 구성되어 있다. BLDC 모터는 DC 서보 모터와는 달리 고정자에 3상 전류를 회전자의 자극과 동기시켜 회전시키는 구동방법을 사용하고 있다. 따라서 센서는 서보 모터를 구동하기 위한 회전자의 위치를 검출하여 회전자의 현재 위치에 맞는 전류를 공급하기 위한 위치를 검출할 수 있는 엔코더(Encoder), 혹은 레졸버(Resolver)를 주로 사용한다. 그리고 속도를 검출하는 센서는 타코(Tacho)센서를 주로 사용하나 브러시리스 서보 모터에서는 회전자의 위치를 검출하여야 함으로 잘 사용하지 않고 내부에서 연산하여 검출한다.

최근에는 센서없이 모터에 흐르는 전류와 모터에서 검출되는 전압을 가지고 구동을 하는 센서없는 구동법, 즉 센서리스 제어방법에 의하여 센서없이도 서보 모터를 구동하기도 한다. 그리고 서보시스템에서는 서보 모터에 흐르는 전류를 제어하여 모터에서 발생하는 토크를 제어하게 된다. 그래서 전류를 검출하기 위한 전류 센서를 가지고 있다. 전류센서로는 홀센서 혹은 선간 저항에 의한 전압 차이를 검출하는 센서를 이용하기도 한다.

전압원 인버터는 입력된 DC전원을 이용하여 제어하고자 하는 대상에 주파수를 갖는 펄스 열로써 전압은 인가하여 펄스폭을 변조하여 제어하고자 하는 전압과 전류를 공급하여 줌으로 제어를 하게 된다. 이와 같이 모터에 3상의 전력을 공급하기 위해서는 6개의 스위칭소자가 필요하며 이러한 인버터를 3상 풀 브릿지(3-Phase Full Bridge) 인버터라 한다. 컨버터는 AC 전원으로부터 DC 전원을 만들어내는 전력 변환기로 정류회로를 지칭하며 서보 모터를 구동하기 위한 컨버터로는 단순히 입력 AC 전원을 DC 전원으로 변형하는 정류회로가 사용되며 출력되는 DC 전원의 전압을 제어하는 등의 복잡한 형태의 컨버터는 적용되지 않는다. 이러한 구성회로는 BLDC 모터 구동시스템의 주요 구성부로 제어기는 센서로부터 입력되는 속도, 위치, 전류의 데이터를 이용하여 제어기에 주어진 제어명령에 서보 모터가 가장 잘 추종하도록 제어하는 기능을 한다. 이와 같이 구성되어 제어되는 시스템을 서보 모터시스템이라 한다.

서보 모터를 구동하기 위하여 앞에서 설명한 바와 같이 서보 모터는 모터 단독으로 구동할 수 없으며 모터를 구동하기 위한 장치가 필요하게 된다. 이러한 구동장치를 드라이버(Driver)라고 부르며 모터를 구동하기 위한 서보 드라이버를 BLDC 드라이버라고도 한다. 모터를 제어하는 전압과 전류는 연속적인 물리량을 갖고 있다. 이러한 연속적인 물리량을 시간축에 대하여 끊어짐없이 연속적인 제어를 실시하는 것이 아날로그 제어방식이다. 즉, 아날로그 제어는 연속적인 물리량에 대하여 회로에 구성된 제어회로소자의 시간 지연만이 존재한다. 그러나 아날로그 제어는 제어기의 구성이 하드웨어에 준하여 구성되어 회로의 변경이 용이하지 않고 하드웨어적 연산을 실시하게 되어 회로가 복잡하여지고 제어계 전체에 외란(Noise)이 작용할 위험이 많다. 또한 제어기 입력 전압의 변동에 따라 모터 제어의 변수들이 변화되어 제어상태가 불완전한 요소를 상당부분 발생시킬 우려가 있다. 특히 서보 모터 드라이버의 경우 모터에 작용하는 부하의 변동에 따라 모터에 인가되는 전류의 변동이 심하고 모터를 제어하기 위한 인버터는 고전압의 DC 전원을 스위칭하여 PWM 제어를 하게 됨으로 노이즈가 많이 발생하게 된다. 그러므로 아날로그 제어방식을 사용하던 기존의 서보 모터 드라이버는 드라이버에 입력되는 전압의 변동 및 외부 환경에 민감하게 반응하는 사례가 많이 발생되어, 이를 개선하기 위한 방법이 개발 되었다.

최근 디지털회로 및 마이크로 프로세서의 발달에 따라 고속 고성능의 연산을 수행할 수 있게 되고 최근에 발표된 디지털신호 처리기(Digital Signal Processor, DSP)는 수치 연산을 고속으로 수행할 수 있게 되어 제어기의 디지털화가 가속되었다. 이에 따라 아날로그 제어의 문제점을 개선하여 외란에 강하고 소프트웨어에 의한 처리가 가능하여 짐에 따라 보다 다양하고 유연한 제어기를 구성할 수 있게 되며 복잡한 제어 알고리즘을 적용할 수 있게 되었다.

모터 제어의 경우 일반적으로 PID 제어 방법이 사용되며, 위치제어, 속도제어 모드가 주로 적용된다. 위치제어의 경우 모터의 각도가 일정각도만큼 변화한 후 정지함을 의미하며, 모터에 가해지는 평균전류(전압) 입력값이 목표각도와 현재각도와의 차이각을 반영하여 결정되는 것을 의미하며, 현재각도는 엔코더의 펄스 신호값을 환산하여 얻게 된다. 이러한 위치제어의 경우에 시간에 따른 속도와 가속도의 변화가 모터의 조인트에 연결된 링크부의 동적 모멘트 또는 관성을 최소화하도록 조절되는데, 이러한 과정을 그림을 나타낸 것이 다음 그림이다.

Acceleration	Velocity	Position
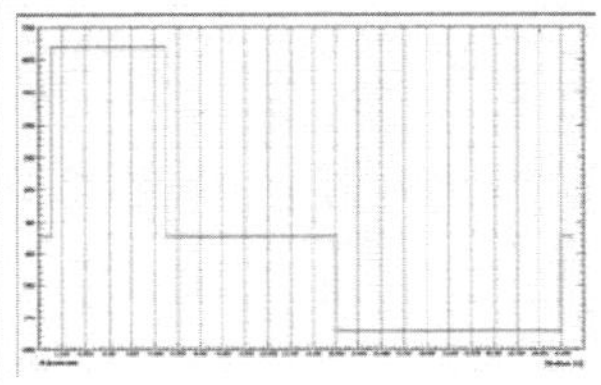	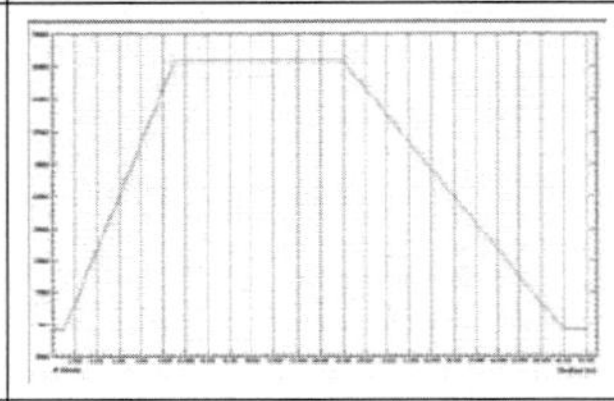	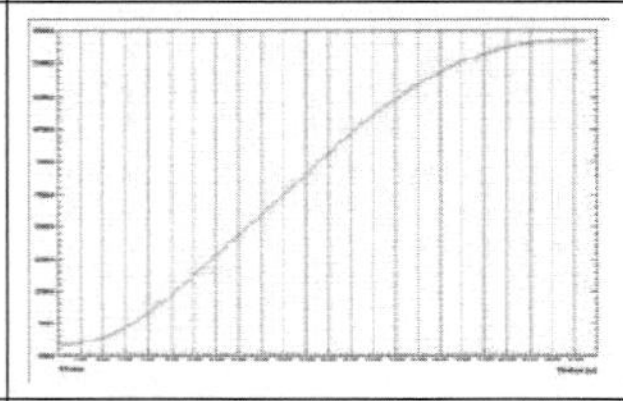
A_{max} = Profile acceleration A_{min} = Profile deceleration	V_{max} = Profile velocity	Absolute Movement: P_{end} = Target position Relative Movement: P_{end} = Position demand value + Target position

[그림 1.33] 모터의 위치·속도·가속도제어 profile 예

(3) RC 서보모터

RC 서보모터는 PWM(Pulse Width Modulation)으로 제어신호를 보내면 모터는 내부적으로 피드백제어를 하여 모터축이 특정 각도를 유지하는 모터를 말한다. 입력 단자에 제어신호를 보내는 시간 동안 서보모터는 그 각도를 계속 유지한다.

서보모터는 스텝모터나 DC모터와 같이 일반용도의 모터와는 달리, 회전각에 있어서 제한(보통 180도 미만)이 있으며, PWM신호의 펄스폭을 조절함에 따라 -90 ~ +90도 사이에서 움직인다. 서보모터는 일반적으로 3개의 선으로 구성되어 있으며, HES-288의 경우에는 각각 Vcc(빨간색), GND(갈색), PWM(주황색) 3개의 선이 있으며, Vcc와 GND 사이에는 보통 4~6V사이의 전원에서 동작한다.

예) 서보모터 HES-288 사양

- 토크 : 2.5kg/cm
- 속도 : 60도/0.2sec
- 크기 : 41×20×35mm(길이×두께×높이)
- 중량 : 42g
- 동작전압 : 4~6V
- PWM 동작 주파수 : 50Hz~100Hz(주기:10msec~20msec)

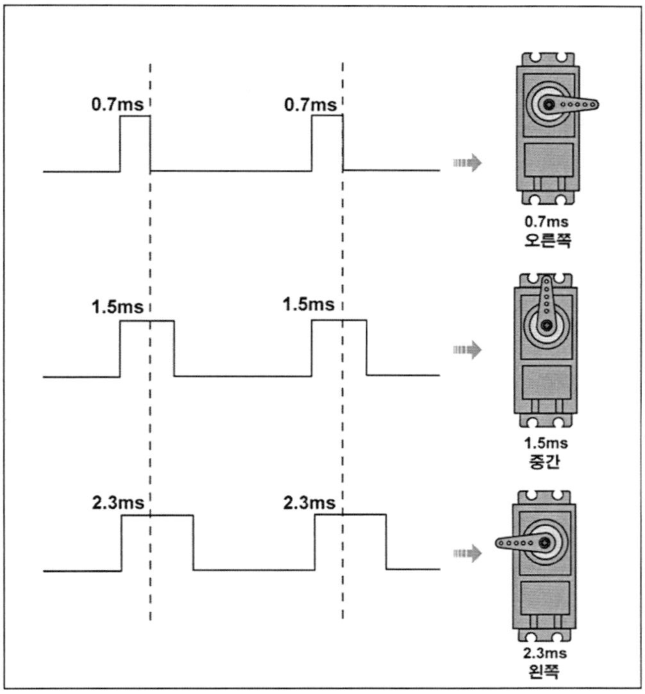

[그림 1.34] RC 서보모터의 입력펄스와 각도 관계

위 그림과 같이 PWM 파형의 ON time이 1.5msec일 때는 중심각도(0)를 유지하며, 0.7msec 일때는 오른쪽으로 90도, 2.3msec일때는 왼쪽으로 90도로 유지하게 된다. 서보모터로 현재의 위치를 계속 해서 유지하게 하기 위해서는 제어신호(PWM)를 10msec ~ 20msec 정도 반복해서 보내 주어야 한다. 신호를 받지 못한 상태에서는 이 시간이 지나면, 서보모터의 각도제어가 되지 않으며 정지토크가 없어지게 된다. 따라서 정해진 위치를 벗어나게 되어도 이를 자동으로 복구하지 못하게 된다.

(4) 엔코더

엔코더는 모터의 회전각도를 펄스형태로 검출하여 알아낼 수 있는 센서로서 일반적으로 모터의 뒷부분에 일체형으로 결합되어 있다. 홀센서(Hall effect sensor)가 내부에 사용되며, 1회전시 출력 펄스 개수는 채널의 개수와 홀의 개수에 따라 그 정밀도가 달라진다.

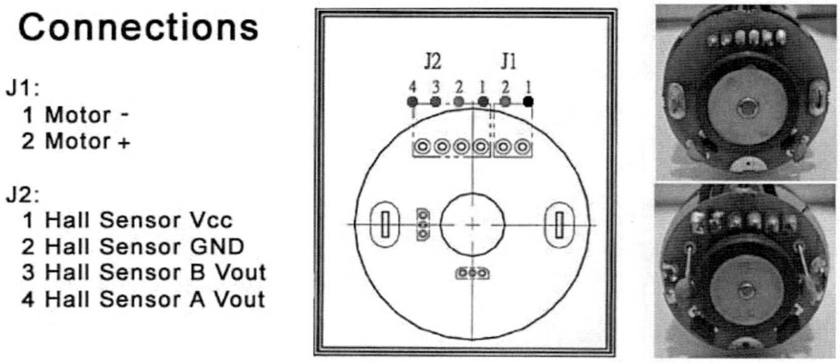

[그림 1.35] DC 모터에 결합된 엔코더 시스템의 예

위 그림과 같은 엔코더 시스템의 경우 모터 출력측 샤프트 기준 1회전시 3952펄스로 2개 채널을 사용하는 자기식 엔코더로서 모터의 후면 샤프트에 연결된 마그넷의 회전에 따라 자극이 바뀌는 것을 이용, 자극을 감지하는 ATS177 홀센서 소자가 해당 분해능의 펄스를 보낸다. 엔코더 출력 신호는 보통 HCTL2016과 같은 계수기(counter) 소자를 이용하여 디지털 출력값으로 변환하며, 이는 마이크로컨트롤러에 연결하여, 모터제어의 피드백신호로 이용된다.

1.2.5 전기전자회로

필요로 하는 전류, 전압과 전력 등이 다른 모듈 간 결합이나 통신이 이루어지도록 하기 위해서는 적절한 전자회로를 직접 구성하게 될 경우가 흔하다. 이러한 경우 전원, 저항, 컨넥터, 트랜지스터 등의 각종 전기전자 소자와 이를 구성하기 위한 전자회로원리 등 아날로그회로, 디지털회로 등에 대한 지식이 필요하다. 또한 직접 연습기판에 납땜으로 이를 구현하여 테스트하거나 전자캐드로 회로도를 구성, PCB 제작에 드는 외주 비용을 줄일 수도 있다.

회로도는 회로의 동작을 다른 사람에게 전달하거나 동일한 것을 만들 수 있도록 하기 위한 것으로 설계자의 의도를 표현한 것이다. 따라서 회로도를 볼 수 없다면 설계의도나 동작을 이해할 수 없게 된다. 전자회로를 조립하기 위해서는 부품을 탑재하여 배선할 필요가 있다. 프린트 기판(Printed Circuit Board: PCB)이라고 하는 것이 바로 그것인데, 손수 제작하는 전자회로의 경우는 프린트 기판을 그 때마다 만드는 것은 매우 번거로운 일이다. 그래서, 아래의 사진과 같은 유니버설 기판을 사용하는 방법이 있다. 유니버설 기판은 절연판(유리 에폭시, 종이 에폭시, 베이클라이트 등)에 0.1인치(2.54mm) 간격으로 약 1mm 정도의 구멍이 사방에 뚫려 있다. 기판의 뒷편에는 구멍을 중심으로 2mm 정도의 동박(랜드)이

프린트되어 있다. 사용법은 표면측에 부품을 탑재하고, 부품의 리드를 구멍을 통해 이면측(납땜하는 쪽)으로 내어, 이면측에서 배선을 하는 것이다.구멍의 간격이 0.1인치이므로, DIP 타입의 IC를 그대로 실을 수 있다. 사진에 보인 것은 유리 에폭시를 사용한 것으로, 녹색을 띠고 있다. 종이 에폭시는 베이지색, 베이클라이트는 묽은 갈색을 띠고 있다.

이 절에서는 로봇 제작을 위해 주로 접하게 되는 기본적 전원 회로에 대하여만 간단히 다루기로 한다.

(1) 채터링방지회로

채터링이란 접점이 붙거나 떨어질 때 기계적인 진동에 의해 실제로는 매우 짧은 시간 안에 접점이 붙었다가 떨어지는 것을 반복하는 현상을 말하며, 이는 회로에 나쁜 영향을 끼치므로 제거해야 한다.

주로 기계적인 전원스위치에서 발생하는 이러한 채터링 현상을 방지하기 위해 마이크로컨트롤러에 의한 전자식 전원개폐방식도 있지만, 수동으로 스위치 조작을 수행할 때, 이러한 채터링 방지 회로가 필요할 때가 많다.

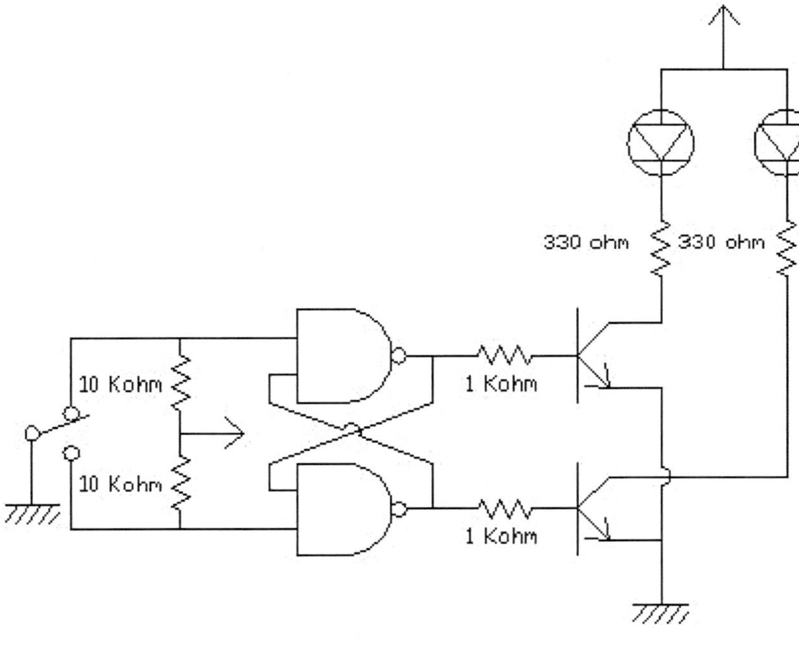

[그림 1.36] 채터링 방지 회로

(2) 정전압회로

주로 5V 저전력 소자인 반도체와 12V 또는 24V 이상의 전압에서도 구동하는 회로 등이 결합되어 있을 때에는 정전압회로를 구성해야 하는 경우가 많다.

정전압은 입력전압 출력 부하전류 그리고 온도에 무관하게 일정한 직류 출력 전압을 제공하는 회로로서 정전압 전원회로에 인가되는 입력 전압은 교류전압을 정류기를 통해 출력된 직류 출력이거나 건전지등을 이용한다. 정류과정과 평활과정을 통해 얻은 직류 출력전압은 부하의 변동 또는 입력전원의 변동에 의해 일정한 전압을 얻기란 어렵다. 이 문제를 해결하기위해 정전압회로가 필요하다. 그래서 정전압 회로를 안정화전원이라고도 한다.

정전압회로의 기준전압에 대한 경우로 출력 전압이 규정값인가의 여부를 판단하려면 기준전압을 설정해서 안정화 전원에 기준값으로서 안정한 전압을 이용한다. 정전압 전원회로에서는 출력 전압을 분압회로에 따라 분압하고 각각 기준 전압과 비교하여 출력이 변화하면 그 변화 부분만을 전압으로 나오게 하여 오차 증폭기의 입력신호가 되게 하기 위해서 비교회로가 필요하다. 따라서 정전압 정류회로와 일반 정류회로의 차이점은 평활회로를 사용한 일반 정류회로는 평활회로를 사용한다 해도 전원전압의 변동이나 부하 전류 또는 온도의 변화에도 출력 전압이 변동하여 안정화된 전원이 되지 못한다. 제너 다이오드나 트랜지스터를 정전압 정류회로 소자로 구성하면 부하 전류의 변화 전원 전압의 변동 온도의 변화에도 출력 전압의 변동을 자동적으로 방지하여 거의 일정한 직류 출력 전압을 얻는다.

정전압회로에 자주 이용되는 소자는 LM317로 3단자를 갖는 가변출력 정전압 회로로서, 외부의 저항 R1, R2를 연결하여 출력전압을 1.2V에서 37V 범위까지, 출력전류를 1.5A 이상까지 조절할 수 있다.

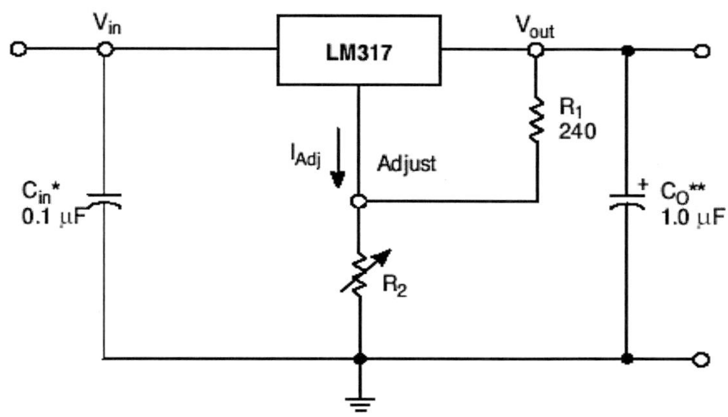

[그림 1.37] LM317 정전압 회로

위 회로와 관련된 식은 다음과 같다.

$$V_{out} = 1.25\,V\left(1+\frac{R_2}{R_1}\right)+I_{Adj}R_2$$

여기서 I_{ADJ}는 $50\mu A$ 이므로 R_1과 R_2에 의해 출력전압이 결정된다.

IC에 의해 구동되는 정전압회로로 78S 40도 일반적으로 많이 사용된다. 승압과 강압 및 반전이 가능하고 출력전압을 1.25V에서 40V까지 조절할 수 있으며, 외부의 소자연결 없는 상태에서 최대 1.5A가 출력된다. IC 정전압회로로 7800 계열 소자는 정전압 출력을 제공하는 대표적인 3단자 소자이다. 7805는 5V의 정전압 회로로서 12V를 5V로 강하하기 위해 DC모터와 MCU 간의 인터페이스 회로에 많이 사용되는 소자이다.

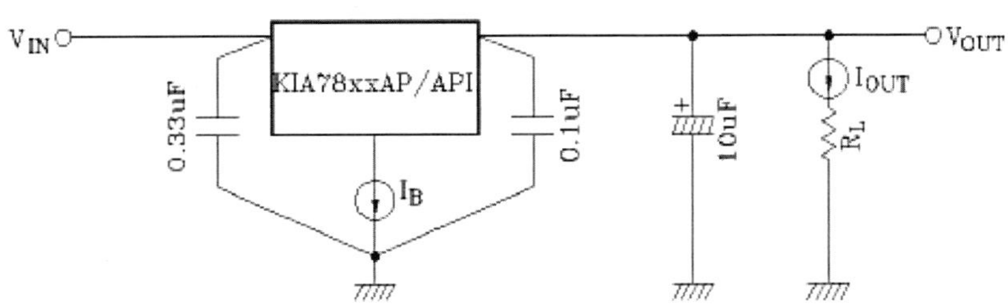

[그림 1.38] 78s40에 의한 정전압 회로

위 그림은 일반적인 7805의 정전압회로 형태이다. 입력측 커패시터는 전원공급장치에서 야기되는 불안정한 노이즈를 줄이기 위한 것이고, 출력측 커패시터는 일시적인 응답특성(transient response)을 개선하기 위한 필터역할을 한다. 출력 저항의 크기에 따라 출력전류 I_{OUT}은 1A 이상도 가능하며 이러한 경우 열이 많이 발생하므로 방열판이 필요하다.

1.2.6 마이크로컨트롤러

마이크로프로세서(MicroProsessor Unit, MPU)는 연산, 제어 및 레지스터(Register)라는 임시 메모리로 구성된 집적회로(Integrated Circuit, IC) 소자로 컴퓨터(computer)의 중앙처리장치(Central Processing Unit, CPU) 역할을 수행한다. 인텔(Intel)사에 의해 1971년에 4004라는 4비트(bit) 마이크로프로세서가 제작되었고 8088이라는 8비트 마이크로프로세서와 펜티엄(Pentium)이라는 32비트 마이크로프로세서를 거쳐 아이태니엄(Itanium)이라는 64비트 마이크로프로세서가 제작되고 있다. 현재는 인텔사 이외에도 모토롤라(Motorola), 자일로그(Zilog), AMD, IBM 등의 회사들이 주로 컴퓨터의 중앙처리장치용으로 다양한 마이크로프로세서를 제작하고 있다. 컴퓨터는 중앙처리장치의 연산기능을 이용하여 문서 작성, 그래픽 작성, 전자회로 설계, 물리현상 분석, 기상 현상 분석 등 다양한 분야에서 범용적인 용도로 활용되고 있다.

이에 반해, 마이크로콘트롤러(MicroController Unit, MCU)는 연산, 제어 및 레지스터 이외에도 ROM(Read Only Memory), RAM(Random Access Memory)과 같은 메모리와 입출력(Input/ Output) 장치로 구성된 집적회로 소자로 특수한 목적의 기기를 제어하는 역할을 수행한다. 인텔사에 의해 1980년에 8051이라는 8비트 마이크로콘트롤러가 제작되었고 80151, 80251이라는 기능이 향상된 8비트 마이크로콘트롤러와 8096, 80196, 80296이라는 16비트 마이크로콘트롤러가 제작되고 있다. 현재는 인텔사 이외에도 모토롤라, 자일로그, 필립스(Philips), 마이크로칩(Microchip), 아트멜(Atmel) 등의 회사들이 특수한 목적의 기기 제어용으로 다양한 마이크로콘트롤러를 제작하고 있다.

인텔사에서 개발한 8051 마이크로콘트롤러는 연산, 제어 및 레지스터 이외에도 프로그램 메모리인 ROM, 데이터 메모리인 RAM, 입출력 포트, 타이머/카운터(Timer/Counter), 직렬통신을 위한 UART(Universal Asynchronous Receiver and Transmitter) 및 인터럽트(Interrupt) 처리기 등을 포함하고 있다. 또한, 8051 마이크로콘트롤러는 프로그램 및 데이터 메모리를 확장하기 위해 외부 메모리를 접근할 수 있는 버스(bus) 기능도 있는데 프로그램과 데이터에 대한 버스를 분리하여 사용하는 하버드 구조(Harvard Architecture)로 구성된다. 이와 같이 8051은 마이크로콘트롤러의 기본 기능을 수행하기 위한 모듈(module)을 모두 가지고 있어 마이크로콘트롤러의 기본 구조를 형성하는 계기를 마련하였고 현재도 많은 회사에서 8051 마이크로콘트롤러의 기능을 개선한 8051 호환 마이크로콘트롤러를 생산하여 판매하고 있다.

인텔에 이어서 마이크로칩사에서 PIC이라는 8비트 마이크로콘트롤러를 제작하게 되었다. 인텔의 8051 마이크로콘트롤러는 CISC(Complex Instruction Set Computer) 구조로 구성되어 있는데 반해 마이크로칩사의 PIC은 RISC(Reduced Instruction Set Computer) 구조로 구성되었고 프로그램 메모리를 OTP(One-Time Programmable) ROM을 사용하는 저가의 마이크로콘트롤러로 제작되어 많은 분야에서 활용되고 있다.

여기서, CISC 구조는 복잡하고 다양한 명령어 집합을 가지고 있어서 고급언어(C, Pascal, Basic 등)를 어셈블러(Assembler) 즉, 기계어(Machine Language)로 번역해주는 컴파일러(Complier)의 구현이 간단하지만 명령어(기계어)를 번역하고 실행하는 하드웨어(Hardware)의 구현이 복잡하게 되고 누산기(Accumulator)라는 레지스터만을 사용하는 연산장치로 구성되어 있어 연산을 수행할 때 누산기에서의 병목현상이 발생하게 되는 문제가 있다. 또한, 실제로 마이크로프로세서에서 자주 사용되는 명령어의 수는 적다는 것이 알려지면서 RISC 구조가 탄생하게 된다. RISC 구조는 자주 사용하는 최소한의 명령어 집합으로 구성하여 명령어(기계어)를 번역하고 실행하는 하드웨어의 구현이 간단하고 거의 모든 레지스터가 연산장치에서 사용될 수 있는 레지스터 중심의 구조로 구성된다. 하지만, RISC의 경우에는 적은 수의 명령어 집합으로 구성되어 있으므로 고급언어에서 기계어로 번역해주는 컴파일러의 구현이 어렵다. 그러나, 최근에는 다양한 RISC 구조의 마이크로프로세서와 마이크로콘트롤러가 제작되면서 거기에 대응하는 다양한 컴파일러의 제작도 병행되고 있다.

마이크로칩사에 이어서 플래시 메모리(Flash Memory) 제작 회사로 유명한 아트멜사에서 AVR이라는 8비트 마이크로콘트롤러를 제작하게 되었다. AVR 마이크로콘트롤러는 하버드 구조와 파이프라인(pipeline) 기술을 기반으로 하는 RISC 구조로 구성되어 있고 프로그램 메모리는 플래시 메모리를 사용하고 데이터 메모리는 EEPROM(Electrically Erasable Programmable ROM)과 SRAM(Static RAM)을 사용하고 있다. 또한, 지금까지는 롬라이터(ROM Writer)를 이용하여 마이크로콘트롤러에 프로그램을 저장하고 EVA 칩(chip)이라는 별도의 집적회로 소자로 구성된 에뮬레이터(Emulator)를 사용하여 프로그램을 개발하는 방법을 사용하여 왔다. 그러나, 아트멜의 AVR 8비트 마이크로콘트롤러는 ISP(In-System Programming)이라는 방식을 이용하여 컴퓨터에서 직접 마이크로콘트롤러로 프로그램을 다운로드(Download)하여 저장할 수 있게 하였고 JTAG(Joint Test Action Group) 기술을 마이크로콘트롤러에 적용하여 컴퓨터에서 JTAG ICE(In-Circuit Emulator)를 이용하여 직접 마이크로콘트롤러로 프로그램을 다운로드하여 저장할 수 있고 실시간으로 프로그램에 대한 디버그(Debug)를 수행할 수 있다. 그리고, 아트멜사에서 AVR Studio라는 어셈블러 및 프로그램 다운로드 개발 툴을 무료로 제공하고 있고 AVR-GCC라는 C 컴파일러가 무료로 배포되고 있다. 이와 같이 AVR 마이크로콘트롤러를 이용한 개발 환경 구축이 쉽고 비용도 거의 들지 않기 때문에 다른 마이크로콘트롤러와 더불어 많은 다양한 분야에서 활용되고 있다.

현재 국내에서 광범위하게 응용되는 로봇 제어 컨트롤러로서 ATmega 패밀리가 있다. ATmega 패밀리의 주요 특징은 내부 프로그램 메모리(플래시 메모리 : 4~128kByte), 내부 데이터 메모리(EEPROM : 256~4096Byte, SRAM : 512~4096Byte), 아날로그/디지털 변환기, 아날로그 비교기, 직렬통신용 USART, 8비트 및 16비트 타이머/카운터, 워치독 타이머, 펄스폭 변조 파형 발생기, 내부 RC 발진기, 인터럽트 처리기, 곱셈기(Multiplier), 컴퓨터에서 프로그램을 다운로드하여 저장할 수 있는 ISP 기능을 가지고 있다. ROM(Read Only Memory)은 컴퓨터의 판독전용 기억장치를 말한다. 전원이 끊어져도 정보가 없어지지 않는 불휘발성(non-volatile) 기억장치이다. 문자 패턴 발생기나 코드 변환기처럼 행하는 처리가 일정하고 다량으로 사용되는 것은 기억할 정보를 소자의 제조와 동시에 설정하기 때문이다. 따라서 롬은 정보를 소자의 구조로서 기억하고 있으므로 바꾸어 쓸 수가 없는 것이다.

이에 반해 RAM(Random Access Memory) 기록과 해독의 두 회로가 있어서 정보의 기록, 해독이 가능하고 컴퓨터나 주변 단말기기의 기억장치에 널리 쓰인다. 장점으로는 염가, 소형, 낮은 소비전력, 고속호출, 비파괴성 해독 등이며, 단점으로는 전원이 나가면 기억되어 있던 모든 데이터가 지워진다는 점이다. 종류로는 전원이 연결된 상태에서 일정한 주기마다 리프레시(refresh) 조작을 해주어야만 정보가 지워지지 않는 DRAM과 전원만 연결되어 있으면 정보가 지워지지 않는 SRAM이 있으며 고밀도 집적회로를 사용하여 소형, 대용량화되고 있다. 이와 같이 전원이 끊어지면 정보가 상실되는 것을 휘발성 메모리(volatile memory)라 하고, ROM(read on-ly memory)과 같이 전원이 끊어져도 정보가 지워지지 않는 것을 비휘발성 메모리라 한다. 스태틱램은 다른 집적회로와 접속하기 쉬운 이점이 있는 반면 다이내믹램과 같은 기억용량으로 하려면 3～4배의 소자가 더 필요하므로 그만큼 복잡하고 가격도 비싸다. 롬라이터(Rom Writer)는 롬, 플레시롬, 원칩의 내부롬 등에 BIN, HEX 파일을 쓰기위한 장비이다.

프로그램한 언어, 즉 C나 Assembly어 등에 의한 소스파일은 작성자 측면에서는 구현과 이해가 어렵지 않은 구조이지만, 컴퓨터가 수행하기 위해서는 순차적인 단순한 명령으로 변환해 주어야 하며 이렇게 소스내용을 기계가 이해할 수 있는 언어로 바꾸어 주는 과정을 '컴파일링'이라고 하며, 이때 사용하는 소프트웨어 툴을 '컴파일러'라고 한다. 이렇게 작성자가 오류검색 및 수정과정, 즉 디버깅(debugging)과정을 거치면서 최종적으로 완성된 소스파일을 컴파일러 나 어셈블러와 같은 툴을 사용하여 기계어 코드로 만들어 타겟이 동작되도록 만들어 주는데, 이 기계어 코드는 BIN, HEX, Motorola S 등 다양한 기계어 포맷이 있고, 이러한 데이터를 롬에다 써넣는 기계가 '롬라이터'이다. Build 단계에서는 소스파일을 어셈블하여 Hex, Lst, Obj, Rom 등의 파일을 생성한다.

마이크로컨트롤러에서 사용하는 C 컴파일러는 일반적으로 사용되는 터보C나 볼랜드C 등의 범용컴파일러가 사용되는 것이 아니라 개별적인 MCU에 맞춰 예를 들어, 입출력관계, 인터럽트 서비스루틴, 레지스터 제어 등, 특별하게 제공되는 라이브러리 함수를 포함하는 C컴파일러를 사용한다.

Keil C(8051), GCC, IAR(Embeded Work Bench), ICC(CodeVision) 등이 있으며, 이에 따른 상업용 통합소프트웨어가 존재한다. 컴파일러는 표준 C에서 지원하는 라이브러리 일부와 자체적으로 제공하는 함수를 활용할 수 있으며, 어셈블리어보다 인간이 이해하기 쉽고 프로그래밍하기에 상호적으로 친화적인 고급언어 C언어를 사용하여 소스프로그램을 작성하게 된다. 이 작성된 소스를 기계어로 변환하는 과정을 컴파일이라고 하며, 컴파일하는 실행프로그램이 컴파일러이다. AVR 계열의 MCU는 회사에서 AVR studio를 제공하며, 기본적으로 오픈소스인 GCC를 제공하고 있다.

다운로더는 기계어인 Hex 파일을 MCU의 프로그램메모리(데이터메모리)에 기억시키기 위한 하드웨어 장치와 구동프로그램을 의미한다. 일명 롬라이터라 부르는 다운로더는 PonyProg 등이 있으며, 롬라이터는 일반적으로 개인적으로 사용하기에는 가격이 비싸므로 ISP(In System Programmer)는 CPU 내부메모리에 전용롬라이터 없이 프로그램을 입력하는 회로시스템이며, 일부 MCU에 ISP 기능을 갖출 때에 가능하다.

1.2.7 비주얼 프로그래밍과 실시간 OS

C나 C++에 의한 프로그램은 처리방식이 이벤트 처리방식이 아니라 순서대로 처리되는 절차적 프로그래밍 방식이다. 단순한 기능의 순차적 운동 루프를 반복적으로 운용하는 시스템의 경우에는 이러한 C/C++ 프로그램 방식으로 처리할 수 있지만, 휴머노이드 로봇과 같은 다양한 기능과 동시에 많은 동작, 그리고 동작 중에 접하는 많은 상황에 즉각적으로 대처하기 위해서는 고성능 컴퓨터의 운영체제에 의한 동작이 이루어져야 한다. 이러한 목적으로 산업용 용도로 실시간성을 부각시킨 각종 Real Time Operating System(RTOS) 운영체제가 개발되었다. 이는 Windows, Linux 시스템에서 동작하는 RTOS 뿐 아니라, VxWorks, ecos, μOS 등 수십가지의 상용 시스템들이 각종 로봇에 적용되고 있다.

휴머노이드 로봇에 실시간 OS를 적용시킨 사례는 많지만, 비용과 안정적인 운용을 위해서는 오랜 개발시간과 고가의 장비들이 필요하므로 일반적으로 개발 단계에서는 사용자가 이벤트 기반으로 동작 루틴을 구성하고, 테스트할 수 있는 Visual GUI 인터페이스 방식을 이용한다. 이를 위해 사용되는 Visual Studio 프로그램은 각종 로봇의 제어를 위해 광범위하게 응용되고 있다.

Visual Studio에서 Visual C++은 주로 win 32 API(Application Programming Interface)를 기반으로 생선된 클래스 라이브러리인 MFC(Microsoft Foundation Class)를 사용하여 GUI와 이에 따른 함수를 구성하며, GUI 개체를 통해 특정 함수를 사용자가 동작시켜, 이벤트 처리방식으로 각각의 동작 및 기능모드를 실현하면서 완성된 기능을 구축하게 된다. AFX(Application Framework)클래스는 MFC를 사용하여 윈도우 응용 프로그램을 작성하는 데 필요한 가장 기본이 되는 클래스이다. 이는 윈도우 프레임을 관리하고 기본적 틀을 제공하는 CFrameWnd(메인 프레임 클래스), 데이터를 내부적으로 저장하고 관리하는 CDocument(도큐먼트 클래스), CDocument 클래스가 관리하는 데이터들을 시각적으로 보여주는 CView(뷰 클래스)와 C언어의 main 함수와 같이 프로그램을 시작시키고, 메인프레임클래스, 도큐먼트 클래스, 뷰 클래스를 생성하고 관리하는 CWinApp(응용프로그램 클래스)로 나뉘어 진다.

MFC 응용 프로그램 마법사는 위 4개의 AFX 클래스의 상속을 받는 파생클래스를 생성해준다. MFC는 사용자와의 인터페이스로 윈도우(Window), 대화상자(Dialog box), 메시지 박스(Message Box), 컨트롤(Control) 등의 시각적 객체를 사용한다. 또한 사용자가 마우스를 클릭하거나, 키보드로 입력하는 등의 이벤트 발생에 따라 각각에 해당되는 처리를 수행하는 방식의 이벤트처리방식을 이용한다. 이벤트가 발생하면 윈도우는 이벤트를 표준화된 메시지로 만들어지고 이때의 특정 함수(메시지 핸들러)를 호출하게 된다.

마이크로컨트롤러에 사용되는 일반적인 C/C++ 소스와는 달리 visual 프로그래밍은 프로젝트 단위로 소스작업을 수행하며, 여러 개의 다른 역할로 분리된 파일들을 서로 연결하여 전체 기능을 수행하게 되므로 소스 구성 단계에서 반복된 기본 훈련에 의한 프로그래밍 사고의 틀이 필요하다.

MFC 프로그래밍의 일반적 단계는 다음과 같다.

1) MFC 응용프로그램 마법사로 프로그램의 뼈대를 만든다.
2) 도큐먼트 클래스에 프로그램에 필요한 멤버변수를 선언한다.
3) 뷰 클래스에서 정의된 멤버변수를 사용하여 보여주는 작업을 한다.
4) 메뉴, 상태바, 대화상자 등 사용자 인터페이스를 설정한다.
5) 메시지 처리를 연동시킨다.

MFC 라이브러리에 포함된 거의 모든 클래스 중 가장 기초적인 CObject 클래스는 다음과 같은 주요한 클래스들을 파생시킨다.

- CCmdTarget : 사용자 명령을 처리할 수 있는 클래스
- CWinApp : 애플리케이션 클래스
- CDocument : 애플리케이션이 사용하는 데이터를 관리하는 클래스
- CWnd : 일반적인 윈도우 메시지를 처리할 수 있는 GUI 오브젝트에 대한 기본 클래스
- CFrameWnd : 애플리케이션의 메인 윈도우 클래스
- CView : 애플리케이션에 저장된 데이터를 화면에 나타내는 클래스

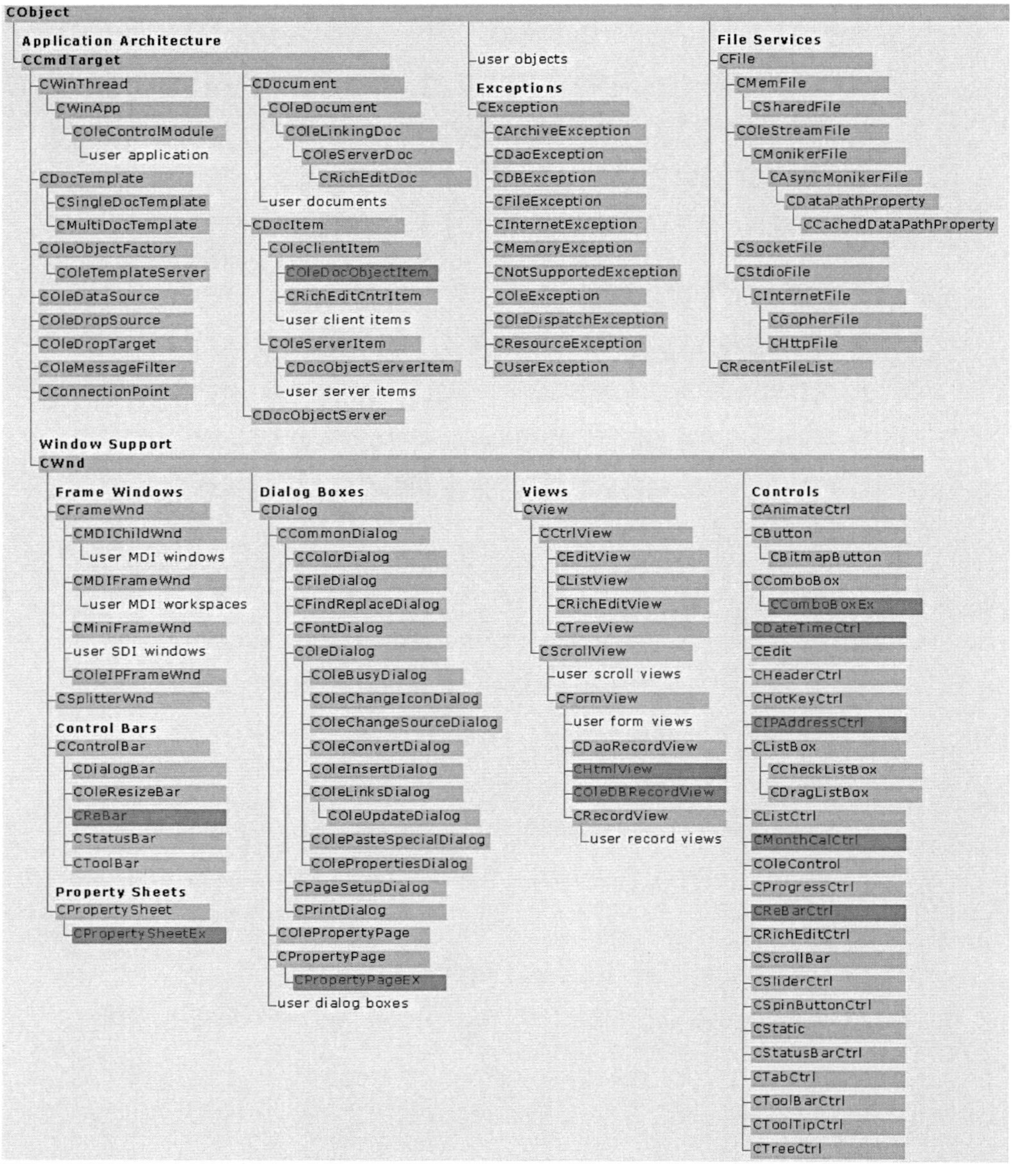

[그림 1.39] MFC 계층도 일부

거의 모든 Visual C++ 프로그램의 소스와 헤더 파일들을 위의 클래스들을 파생시켜 이름을 바꿔서 내부 처리와 이벤트 처리 등을 연관시키고 있다. 휴머노이드 로봇의 동작 제어를 위한 프로그래밍 작업에 있어서도, Dialog 방식 GUI 윈도우 안에 있는 각종 컨트롤 객체에 연결된 컨트롤 멤버변수와 멤버함수를 연결시켜 주는 소스 파일들과 특정 동작 명령에 연동되는 모터 제어 소스 파일을 분리하여 프로젝트를 구성하며, 각 파일들에는 관련 클래스들이 체계적으로 연결되도록 하는 것이 좋다.

Chapter

2

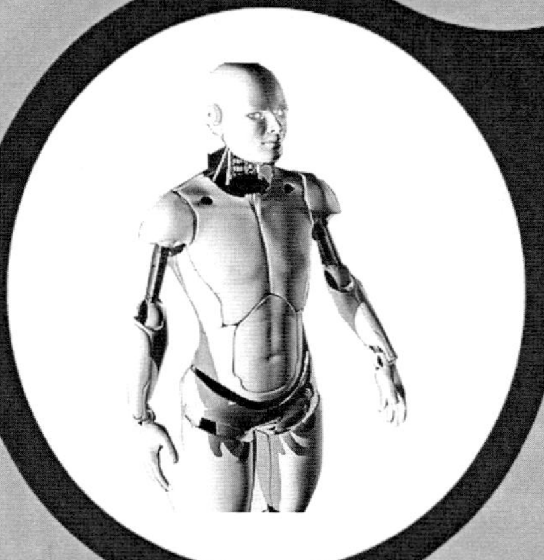

휴머노이드 로봇의 보행

2.1 이족보행 기술

2.1.1 이족보행 개요

이족보행은 신체가 직립인 상태로 두 다리 만을 이용하여 이동하는 것을 말한다. 두 다리를 이용함으로써 두 손이 자유로와지고, 보행 시에 지면으로부터 몸체와 뇌에 전달되는 충격의 횟수 또한 줄어들고 좁은 공간에서 방향을 바꾸기가 용이한 등의 장점 때문에 생물학적으로 가장 진보된 형태의 이동 기술로 평가받고 있다. 하지만 이족보행은 중력에 대하여 두 다리만으로 신체를 지지하면서 이동해야 하기 때문에 4족, 6족 등에 안정성 면에서 떨어지는 단점이 있다.

우리가 개발하고자 하는 휴머노이드로봇 또한 이러한 단점을 극복해야 하며, 휴머노이드로봇의 이족보행 안정성 확보를 위해서는 앞에서 언급하였듯이 역학적 안정성의 확립과 이를 실제의 보행 환경에서 유지하기 위해서 환경 인지 능력 및 처리 기술 그리고 이동 지능을 함께 갖추어야 한다.

사족보행을 하는 동물들의 경우 정지 상태에서는 4점지지, 보행 중에는 2점지지를 하므로 공간상에서 몸체 중심의 균형 유지가 이족보행에 비하여 상대적으로 안정하다. 다만, 앞의 두 발과 뒤의 두 발이 교대로 전·후진 운동을 할 때, 몸체가 앞뒤로 요동하는 경향, 즉 피치방향의 요동이 크다. 또한 다리의 왕복 각도가 커서 지면과 접촉하는 발바닥 부분 또한 각도 변화가 심하므로 말굽과 같이 발부분이 축소되어 있다. 이는 이동 중의 심한 각도 변화에 의해 발목토크의 발생이 오히려 전진에 방해가 되는 것을 줄이면서 도약력을 증강시키기 위한 것이라 할 수 있다.

인간의 보행 과정에서 가속, 감속이나 도약 과정에서 중요한 역할을 하는 것은 발이며, 발의 힘은 발목을 중심으로 '아킬레스건'이라 명하는 힘줄에 의해 발휘되며, 이 아킬레스건은 종아리 근육과 연결되어 순간적인 큰 힘을 발휘할 수 있도록 되어 있다.

하지만 사족보행 동물의 경우에는 발과 연결된 근육이 거의 없이, 다리 윗부분의 근육에 의하여 다리 관절의 작용에 의해 지면에 대하여 가속, 감속 및 도약력을 발휘하는 메커니즘을 이용한다. 사족보행의 이러한 다리와 발의 구조의 장점은 장시간에 걸친 이동에도 다리 하부와 발에 소모되는 근육 에너지가 적다는 장점이 있는 반면 유연한 근육으로 덮여 있는 인간 다리와 발의 구조에 비하여 지면으로부터의 충격이 몸체에 전달되는 정도가 크다는 것이 단점이 된다.

즉 인간의 보행은 보행 과정이 상대적으로 느리더라도 지면에의 접촉을 유연하게 유지하면서 몸체 및 두뇌에 전달하는 외부적 힘 또는 충격력을 가능한 적도록 하는 동적 메커니즘을 유지하고 있다.

이러한 사실로부터 우리가 모방하고자 하는 휴머노이드로봇의 보행 제어에 관한 중요한 목표 성능을 얻을 수 있는데, 인간의 사고를 맡고 있는 뇌와 감각기관을 지면으로부터 전달되는 충격력과 진동을 최소화하는 것과 마찬가지로 휴머노이드로봇의 보행 메커니즘을 중앙제어장치, 인터페이스 회로, 시각시스템 등이 장착되어 있는 몸체부와 머리부에 충격력과 진동이 적게 전달되도록 제어 하는 것이다.

조류의 경우 때로 이족보행을 하지만, 다리가 짧고, 몸체 중심의 동적 모멘트 평형을 유지하기 위한 팔의 동작이 어려워서 보행 시에 앞뒤 요동이 크다. 사족보행을 하는 동물의 경우와는 다르게 발 부분이 큰 것은 지면과의 접촉 지점을 많게 해서 몸체의 균형을 유지하는 것이 주요한 기능이 된다.

휴머노이드로봇이 원활하게 이동하기 위해서는 안정된 이족보행이 필수적이다. 이족보행은 두 다리로 걷는 일부 동물들과 인간이 이동하기 위한 방식이며, 휴머노이드로봇은 특히 인간의 보행과 같은 이족보행의 구현을 목표로 하고 있다. 수많은 골격과 근육 조합 그리고 섬세한 신경들에 의해 이루어지는 인간의 자연스러운 보행을 목표로 딱딱한 알루미늄 프레임과 모터로 연결된 기계구조의 로봇에게 그 기능을 구현하기는 불가능하다.

또한, 인간이 시각과 귀 속에 있는 전정기관, 반고리관 등의 섬세한 신경기관들을 이용하면서 태어날 때부터 수많은 시행착오를 통해 갖추게 되는 보행, 달리기와 순간적인 직립 균형 자세를 유지하는 능력은 한정된 기능을 가진 몇 개 안되는 센서를 이용하여 피드백 제어 알고리즘으로 구현하기에는 어렵다.

하지만, 단순한 '쇠막대의 연결 구조물'을 중력을 극복하면서 지면 위에 똑바로 세우고, 걷는 모양새를 만들면서도 균형을 잃지 않는 두 가지 목표에 한정하면, 로봇이 걸어다니는 것을 구현할 수 있는 이론의 도출이 가능하다. 뉴턴 역학의 기본 이론과 물체를 질점 또는 강체로 이상화하여 로봇의 보행 과정에 도입함으로써, 안정된 보행 조건에 관한 일반적인 관계식 또는 조건식을 도출해 내는 것이다.

이족보행 로봇의 개발 역사를 거슬러 올라가자면, 미국의 George Fallis가 1888년에 발명한 '걷는 인형'으로 볼 수 있다. 이는 인형과 같이 사람의 뼈대를 단순화한 구조로 진자의 흔들림 구조로 경사면 위에 올려놓았을 때, 중력에 의해 한

발씩 교차로 흔들면서 경사면 아래로 걷는 형상을 구현했다. Fallis가 창안한 이 수동 보행 인형의 경우 구동기가 없어 동력을 사용하지 않는다는 의미로 '수동'이 된다. 이 로봇은 보행시에 항상 지면과 접촉을 유지하는 지지영역의 내부에 무게중심이 존재한다. 이는 무게중심이 간혹 지지영역을 벗어나는 동적 보행과 다른 점이다. 약 10년 후 McGeer(1990)는 Fallis의 창안 모델에 기반하여 인간의 보행 메커니즘과 유사한 수동동보행 모델이 피드백제어가 없이도 동적 보행이 가능하다는 것을 증명했다.

능동적 이족보행 메커니즘에 대한 첫 번째 이론적 접근은 약 30년전부터 이루어졌다. McGhee, Vukobratovic, Frank에 이어 와세다대학의 Kato 등은 능동적 보행을 구현하기 위한 연구를 선도한 학자들이다. 하지만, 초기의 모델은 정보행 형태를 따르고 1980년대 후반에야 실험적으로 테스트되기 시작했다.

최근의 가장 주목받는 이족보행 로봇은 Honda의 ASIMO(무게 43Kg, 높이 1.2m, 이동속도 0.44m/s)와 Sony 사의 SDR-3X(무게 5Kg, 높이 0.5m, 이동속도 0.25m/s)로 인간의 동작을 모방할 수 있도록 24개의 자유도를 가지고 있다.

휴머노이드로봇이 최종적으로 추종해야 할 이족보행의 목표를 인간의 보행에 기준하여 다음과 같은 대표적 특성을 가지고 있다.

① 이족보행은 인간만의 체계적으로 진화된 기능이다.
② 걸음은 경로를 따라 에너지를 최소로 사용하기 위하여 무게중심을 이동하는 것이다.
③ 바닥에 쓰러지지 않도록 위험을 최소화하는 방식으로 각 관절의 움직임이 정의된다.
④ 중앙제어계에서 각 관절의 움직임을 통합적이면서 개별적으로 동시에 조절한다.
⑤ 보행은 제어에 의한 움직임과 지면과의 상호작용에 의한 상호조절과정이다.
⑥ 능동적 동보행은 안정성을 유지하면서 실시간으로 피드백 제어되어야만 가능하다.

주로 학술적인 연구테마로 연구실과 실험실에서 이루어졌던 시작품 실험을 통해 발표되었던 이러한 다수의 이론들은 수십년에 걸쳐 통일된 몇 개의 이론과 접근방식으로 분류해 볼 수 있는데, 이번 장에서는 크게 ZMP 조건과 수동동보행 조건으로 나누어 소개하고, 추가적으로 차후의 휴머노이드로봇이 갖추어야할 3차원 공간에서의 전신 모멘트 평형 조건을 언급하기로 한다.

2.1.2 ZMP 보행 이론과 적용

(1) ZMP 보행 이론

힘과 물체와의 상호작용을 다루는 역학의 범주는 크게 정지된 물체와 힘의 관계를 다루는 정역학(Statics)과 움직이는 물체와 힘의 관계를 다루는 동역학(Dynamics)으로 나뉜다. 정역학에서 중요한 개념인 평형(Balance)이란 한 물체에 작용하는 두 개 이상의 힘이 서로 상쇄되어 그 결과인 합력(Total force)이 0이 되는 것을 의미한다. 이는 즉, 힘이 물체에 작용하더라도 작용하지 않는 것과 같은 효과를 야기하는 것과 동일한 의미이다. 힘과 물체와의 관계를 논할 때에 질점과 강체의 차이는 모멘트의 개념의 등장과 직결된다. 주로 질점은 실제 물체의 모든 질량이 무한소의 영역인 한 질점에 집중되어 있다고 가정하고, 힘에 의한 그 질점의 위치, 속도, 가속도를 분석하게 된다. 하지만, 모든 물체는 질량이 분포되어 있고, 따라서 모든 물체는 한 개의 질점으로 등가화 되어 표현될 수 없으므로 새로운 개념인 강체(Rigid Body)로서 물체를 이상화(Idealization)하게 된다. 강체는 무한의 강성(Stiffness)을 지닌 가상의 물체로서 그 물체를 이루는 공간 내의 임의의 두 질점 사이의 거리가 어떠한 외력에도 불구하고 변하지 않는 성질을 가진다. 이 강체에 두 개 이상의 힘이 작용할 때, 그 상호 작용 성분의 합이 방향이 반대이고 크기가 같지 않는 한, 작용점의 불일치로 인하여 회전 작용을 일으키게 되고, 강체에는 모멘트가 발생하게 된다. 정지하고 있는 물체에 모멘트가 작용할 경우, 그 벡터로서의 합력은 0이고 병진운동(Translation)을 일으키지 않으나, 비록 그 물체에 회전을 지탱하는 고정축이 없더라도 물체가 회전하게 되며 회전속도 및 회전가속도는 강체 내의 어느 점에서도 동일하다. 모멘트가 물체를 회전시키는 작용은 회전방향과 함께 힘의 크기와 두 힘 사이의 수직거리(모멘트의 팔)와의 곱에 의해 결정된다.

ZMP 분석을 위하여 일반적으로 휴머노이드로봇은 단순 역진자 모델(Inverted pendulum)로 단순화 된다. 휴머노이드로봇의 발이 지면과 닿은 상태에서 ZMP는 몸체 중심과 발의 지지점을 잇는 가상의 강체 모델이 회전모멘트가 0이 되는 성질을 의미하고 ZMP는 발의 지지점 자체를 의미한다. 다음 그림은 ZMP와 단순 역진자 모델의 모멘트 평형 관계를 분석하기 위한 자유 물체도이다.

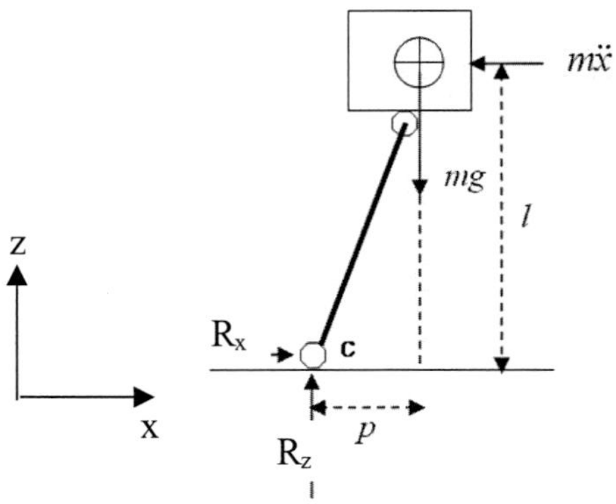

[그림 2.1] ZMP와 단순 역진자 모델의 모멘트 평형 분석(ZMP and moment balance analysis of simple inverted pendulum model)

여기서 R_x와 R_z는 각각 지면과 발바닥 사이의 마찰에 의한 추력과 반력 성분을 나타내고, ZMP는 c점이 된다. 발목 및 발바닥과 발가락의 순차적 회전모멘트 발생에 의해 로봇은 지면과의 상호작용에 의한 추력을 얻게 된다. 이때의 추력을 R_x라고 하고 자유물체도로 분석하면 다음과 같이 세 개의 방정식이 구성된다.

$$\sum F_x = 0\,;R_x - m\ddot{x} = 0,\, R_x \leq \mu R \tag{2-1}$$

$$\sum F_z = 0\,;R_z - mg = 0 \tag{2-2}$$

$$\sum M_y = 0\ ;\ l \cdot m\ddot{x} - p \cdot mg = 0 \tag{2-3}$$

식 (2-1)에서 식 (2-3)까지 순서대로 x축 방향의 평형, z축 방향의 평형, y축 방향의 모멘트 평형을 의미한다. ZMP를 구하기 위한 조건은 모멘트 평형 조건식에서 결정된다. 질량 중심이 받는 관성의 방향에 관해서는 다음 그림에서와 같이 부분 분석을 통해서 이해될 수 있다.

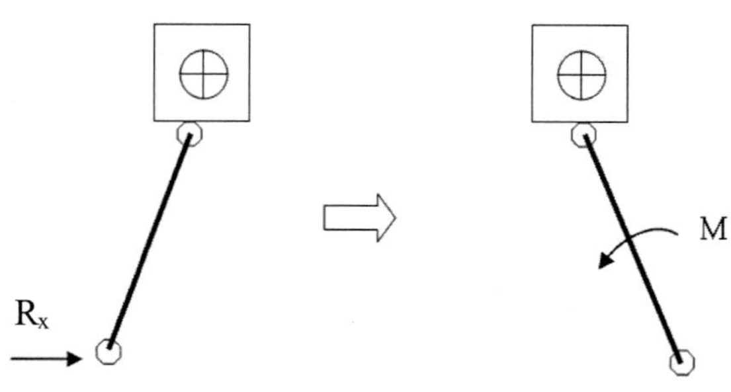

[그림 2.2] 추력 발생에 의한 모멘트 생성(Generation of moment by pushing force on the contact)

즉, 강체의 특성 상 모멘트가 발생 시 어느 지점에서도 모멘트는 동일하게 유지되므로 발이 바닥을 미는 힘에 의해 추력이 반대로 작용하고, 이에 의해 모델은 반시계방향의 모멘트를 받게 된다. 따라서 이를 질량 중심에의 관성력 항으로 등가 변환하고 x축 방향의 힘 평형 관계를 만족하도록 설정된다.

(2) ZMP와 상반력

산업용 로봇은 보통 기저부분이 바닥면에 고정되어 있지만, 휴머노이드로봇의 발바닥은 바닥면에 접촉만 하고 있을 뿐 고정되어 있지 않다. 이 때문에 산업용 로봇은 관절가동범위내의 임의의 동작을 행하는 것이 가능한 반면, 휴머노이드로봇은 발바닥이 바닥과 접촉을 유지하도록 하는 어려운 조건이 있기 때문에 동작시키기가 쉽지 않다. 여기서, 주어진 로봇의 동작에 대한 발바닥이 바닥면과 접촉을 유지할 수 있는지를 판정하고, 혹은 접촉을 유지할 수 있는 로봇의 동작을 계획하도록 할 필요가 있게 된다. 이를 위한 목적에서 ZMP 개념이 탄생하였다.

① ZMP의 정의

1972년 Vukobratovic는 Stepaneko와 휴머노이드로봇의 제어를 위한 논문에서, 다음과 같은 ZMP를 정의하였다. ZMP에 관한 의논의 모든 것은 여기서부터 시작되었다.

그림 2.3은 발 부위에 있는 힘의 분포를 나타낸 것이다. 무게는 접촉면 전체에 동일한 방향이고, 발바닥의 경계 내부에 존재하는 점에 작용하는 등가의 힘 R로 정리한다. 힘벡터 R가 통과하는 작용점을 영모멘트 점, 즉 ZMP라 부른다.

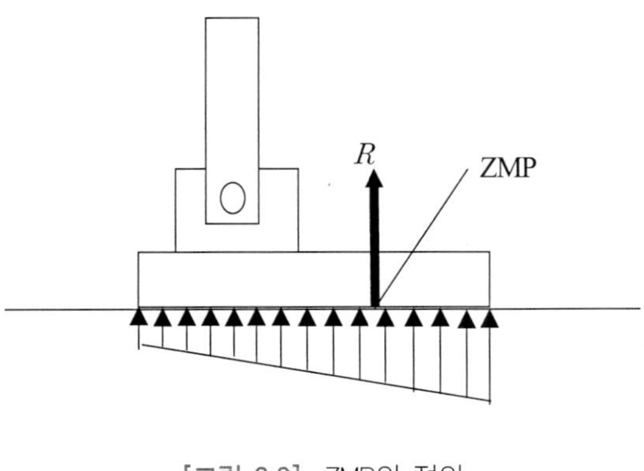

[그림 2.3] ZMP의 정의

② 지지다각형과 ZMP

ZMP와 관련되는 또 하나 중요한 개념인 지지다각형에 관하여 설명한다. 로봇이 바닥면에 접촉하고 있는 점 모두를 포함한 외곽 폐곡선에 의해 둘러쌌을 때의 영역을 지지다각형(support polygon)이라 한다. 수학적으로 지지다각형은 로봇과 지면의 접촉점집합이 작용하는 최소의 합집합을 의미한다. ZMP와 지지다각형의 관계는 다음과 같다. 즉 ZMP는 항상 지지다각형의 내부에 존재한다.

ZMP는 무게중심을 중력방향으로 수선의 발을 내려 지면과 만나는 점을 무게중심투영점이라 하고, 이 점이 항상 지지다각형 내부에 존재하게 된다. 사람이 서 있을 때에는 무게중심투영점이 지지다각형 내부에 존재하지만, 한 발 지지 상태로 어떤 행동을 취하는 것과 같이 운동을 하고 있을 때에는 무게중심투영점이 지지다각형 외부에 존재하는 경우가 있다. 하지만 이러한 경우에도, ZMP는 지지다각형의 외부로 벗어나진 않는다.

각 발바닥마다의 ZMP 위치벡터를 p_R , p_L라고 하고, 센서에 의해 f_R, f_L의 Z축 성분이 측정된다면, 각 발을 고려한 ZMP를 계산할 수 있다. ZMP의 위치는 다음 식과 같이 구할 수 있다.

$$p_x = \frac{p_{Rx} f_{Rz} + p_{Lx} f_{Lx}}{f_{Rz} + f_{Lz}}$$

$$p_y = \frac{p_{Rx} f_{Rz} + p_{Lx} f_{Lz}}{f_{Rz} + f_{Lz}}$$

실제 로봇의 ZMP를 구하기 위해 $C_i = [x_i \;\; y_i \;\; z_i]^T$를 3차원 공간상에서의 ZMP라고 정의하고 각각의 관절로 연결된 로봇의 몸체를 이루는 1에서 n까지의 모든 구조물에 대하여 회전관성 I, 회전 각속도 ω와 회전 각가속도 α를 고려하면 수평한 지면상의 ZMP 좌표는 다음과 같이 표현된다.

$$p_x = \frac{\sum_{i=1}^{n} m_i \{(\ddot{z}_i + g)x_i - (z_i - p_z)\ddot{x}_i\} - \sum_{i=1}^{n} I_{iz}\alpha_{iy}}{\sum_{i=1}^{n} m_i(\ddot{z}_i + g)} \tag{2-4}$$

$$p_y = \frac{\sum_{i=1}^{n} m_i \{(\ddot{z}_i + g)y_i - (z_i - p_z)\ddot{y}_i\} - \sum_{i=1}^{n} I_{iz}\alpha_{ix}}{\sum_{i=1}^{n} m_i(\ddot{z}_i + g)} \tag{2-5}$$

3차원 공간의 ZMP는 관성력과 중력의 모멘트 합의 수평면 성분이 0이 되는 지면바닥 위의 점이라고 정의되는데, 이는 지면과 마찰력을 유지하고 있는 상태와도 밀접히 연관되고, 모멘트가 지면위에 서 있는 몸체 구조로 영향을 미치게 됨을 의미한다.

식 (2-4), (2-5)에서 1개 질량과 관성이 없는 링크로 연결된 단순 역진자 모델로 단순화하면 다음 식으로 표현될 수 있다.

$$p_x = x - \frac{(z - p_z)\ddot{x}}{\ddot{z} + g} \tag{2-6}$$

$$p_y = y - \frac{(z - p_z)\ddot{y}}{\ddot{z} + g} \tag{2-7}$$

식 (2-6), (2-7)에서 x와 y는 각각 무게중심 투영점의 지면상 좌표점을 의미하므로 ZMP는 무게중심이 관성을 지니고 있을 때, 즉 일정 방향으로 가속도가 존재할 때에는 지지발의 위치가 항상 무게중심 투영점보다 후방에 존재하게 된다. 또한 일정방향의 가속도가 존재하지 않을 때, 즉 무게중심이 힘이나 모멘트를 받고 있지 않을 때에는 무게중심 투영점과 ZMP는 일치한다는 성질도 의미하게 된다.

보행 안정성과 관련하여 ZMP 이론의 내용은 ZMP가 지지다각형 내부에 존재할 때 보행이 안정하다는 것이다. 여기서 지지다각형(Support polygon) 이란 지지하고 있는 발의 접촉면의 최외곽 연결 다각형을 의미하며, 한 발 지지 상태의 경우는 지지한 발바닥의 접촉 영역이 되고, 두 발 지지 상태의 경우 두 접촉 영역의 최 외곽 연결 영역이 된다.

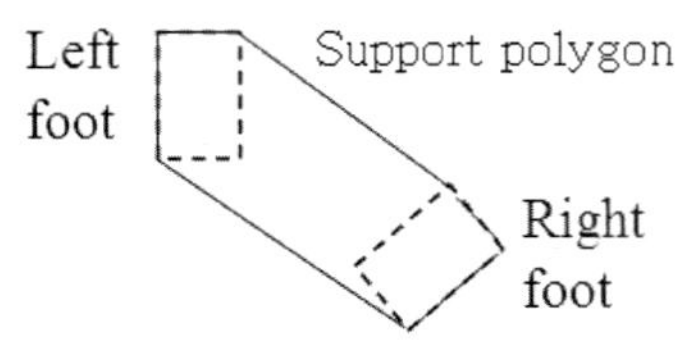

[그림 2.4] 지면상의 지지다각형(Support polygon on the ground)

지지다각형은 정적 평형 상태에서 질량 중심 또는 무게 중심의 바닥으로의 수직 투영점을 포괄하는 합집합 영역을 의미한다. 인체는 유연하고, 수많은 관절 및 근육에 의해 지지다각형 내의 모든 영역에 무게 중심 투영점이 위치하도록 움직일 수 있지만, 로봇의 경우 기구적 한계에 의해 자유도가 한정되어 있으므로 엄밀한 의미에서의 지지다각형은 불가능하다. 즉, 지지다각형의 의미는 한 발로 체중을 지탱하거나 두 발로 선 상태라도 어느 한 발에 체중을 더 많이 실은 상태로 지지하고 있는 것과 같이 정역학적 평형 상태로서 모멘트가 발생하지 않음을 의미한다. 이러한 ZMP의 물리적 의미와 지지다각형의 개념으로부터 휴머노이드로봇의 보행 중 두 가지 형태인 정보행과 동보행이 정의된다.

2.1.3 ZMP의 측정

휴머노이드로봇의 발에 취해진 부가적인 각종 센서로 실제적인 ZMP의 위치를 계측하는 방법에 관하여 설명한다. 이족보행로봇에 관하여 ZMP를 계측하는 경우, 계측대상에 대하여, 어느 쪽인지 한쪽의 발바닥의 바닥반력의 중심을 구하는 각 발바닥의 ZMP와 양쪽의 발바닥에 작용하는 반력을 고려하는 ZMP를 계산하는 문제로 구성된다.

이때, 바닥면과 접하고 있는 물체에서 동시에 다른 쪽 방향의 물체에 가해지는 힘과 모멘트가 복수의 점에서 측정된다. 이것은 휴머노이드로봇의 발 구조를 가상으로 고려해 볼 수도 있다. 즉, 로봇이 운동할 때, 발이 바닥면에 펴져 닿게 되면, 발에 부착된 힘, 토크 센서에 출력신호가 발생된다. 이 센서정보에서 ZMP의 위치를 계산할 수 있다.

두 발의 발바닥에서 측정한 반력은 충격흡수 판 사이에 삽입되어 있는 센서마운트에 전달된다. 센서마운트에는 6축 힘센서가 부착되어 있고, 이것을 로봇의 발목과 본체 등에 삽입하여 전달되는 힘을 측정한다. 일반적으로 작은 변화량은 측정되지 않으므로 ZMP의 계산에는 작은 영향을 무시할 수 있다.

단일의 6축 센서 이외에 복수개의 센서로 ZMP를 측정할 수도 있다.

압력저항체소자 즉, FSR(Force Sensing Register) 필름을 발바닥에 충격흡수재(소르보탄)와 함께 여러개 부착하고 측정 시, 이의 합력을 계산하여 ZMP를 계산하게 된다.

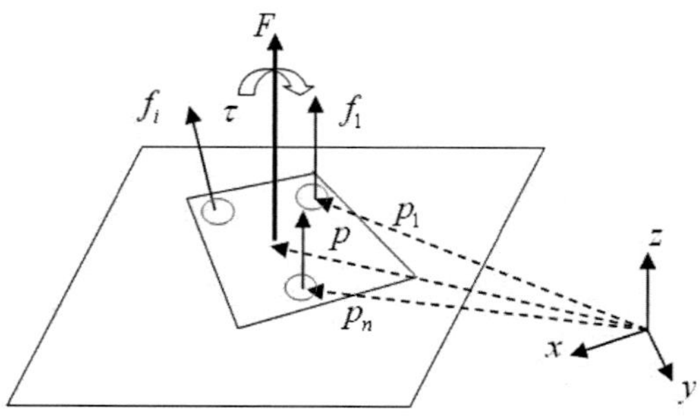

[그림 2.5] 지지발의 압력센서로부터 ZMP 결정(Calculation of ZMP from force sensors under the supported foot)

ZMP의 위치는 휴머노이드로봇이 한 발로 지지하고 있을 때는 그 발의 바닥면 영역 내부에, 두 발로 지지하고 있을 때에는 각각의 발의 압력 중심점 사이의 균형점으로 결정된다. 앞에서도 살펴본 바와 같이 정지하거나 관성이 생기지 않도록 서서히 움직이고 있는 상태에서 ZMP는 압력중심점(Center of pressure) 또는 무게중심점(Center of gravity, Center of mass)과 일치한다[33].

휴머노이드로봇의 경우 ZMP의 측정은 발바닥의 압력 센서로 측정된다. 발바닥의 압력 센서의 위치벡터를 p_1, p_2, p_3라고 하고, 각 센서에 가해지는 힘을 f_1, f_2, f_3라고 할 때, 다음과 같이 합력 f와 압력 중심점 P가 결정된다.

$$f = \sum_{i=1}^{n} f_i \tag{2-8}$$

$$\tau(p) = \sum_{i=1}^{n} (p_i - p) \times f_i + \tau_i \tag{2-9}$$

$$P = \frac{\sum_{i=1}^{n} p_i f_{iz}}{\sum_{i=1}^{n} f_{iz}} \tag{2-10}$$

그림 2.6과 그림 2.7은 각각 정보행과 동보행 시 ZMP의 궤적을 나타낸 것이다. 정보행의 경우, 무게중심의 궤적이 ZMP의 궤적이 되고, 동보행의 경우, 무게중심의 궤적은 ZMP 궤적보다 전방에 위치하게 된다.

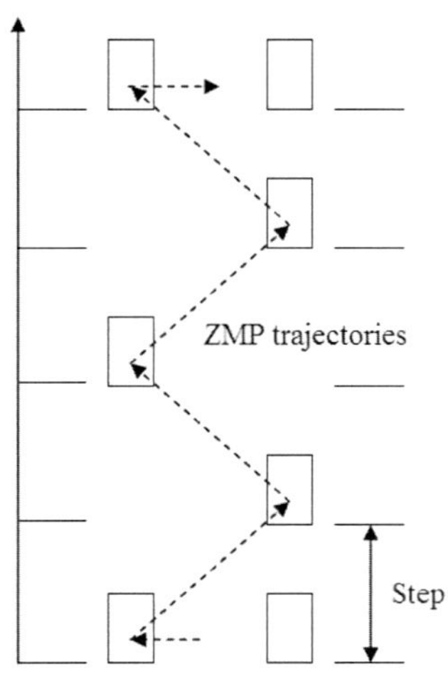

[그림 2.6] 정보행 시 ZMP 궤적(ZMP trajectories in static walks)

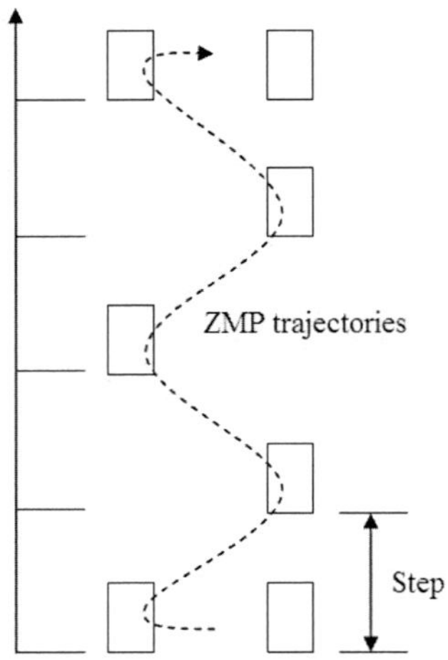

[그림 2.7] 동보행 시 ZMP 궤적(ZMP trajectories in dynamic walks)

2.1.4 ZMP에 의한 보행

ZMP 이론이 휴머노이드로봇, 즉 두 발로 로봇이 쓰러지지 않고 안정을 유지하는 데 있어서 중요한 역할을 하는 것은 정역학에서 동역학 평형까지 적용되는 광범위성을 지녔기 때문이다. 앞에서 언급하였듯이 보행은 정보행과 동보행으로 구분되는데, 이의 구분 기준은 무게중심 투영점이 지지다각형 영역 내에 존재하는지의 여부이다.

정보행의 경우, 로봇의 움직임은 정지되거나 관성이 발생하지 않도록 서서히 움직이는 보행이 된다. 처음 멈춰있는 상태에서 오른쪽 발로 보행을 시작하기 위해서는 다음과 같은 단계별 움직임이 필요하다.

① 몸체의 무게중심을 좌측 발로 이동한다. (양발 지지 상태)
② 우측 발을 공중에 일정 높이로 올린다. (한발 지지 상태)
③ 우측 발을 전방의 일정 지점에 착지시킨다. (한발 착지 상태)
④ 몸체의 무게중심을 좌측 발에서 우측 발로 선형으로 평행하게 이동시킨다. (두발 지지 상태)
⑤ 좌측 발을 일정 높이로 올린다. (한발 지지 상태)
⑥ 좌측 발을 전방의 일정 지점에 착지시킨다. (한발 착지 상태)

위와 같은 반주기의 보행이 좌우측 발에 번갈아 이루어지면서 한 주기의 보행이 완결된다. 모든 단계에서 정역학 평형이 이루어지며, 모멘트가 발생하지 않아

무게중심의 가속도도 존재하지 않는다.

여기서 주목해야 할 사항은 두 가지인데, 첫 번째는 일반적인 인간의 보행과 다른 부자연스러운 점이 존재하고, 두 번째는 실제 로봇에 적용하기에 에너지 소모가 크면서 관성모멘트가 발생하는 점이다.

첫 번째 측면에서 보면 우선 발바닥이 지면과 수직으로 접촉하고, 수직으로 떨어지게 된다. 인간의 발은 발뒤꿈치, 발바닥에서 발가락까지 순차적인 접촉으로 지면을 밀어내는 작용을 한다. 또한 부자연스러운 대표적인 이유는 다리의 기구적인 한계에 의해 공중에 띄운 발을 전방에 착지시키기 위해서는 지지한 발을 굽혀야만 하는 점이다.

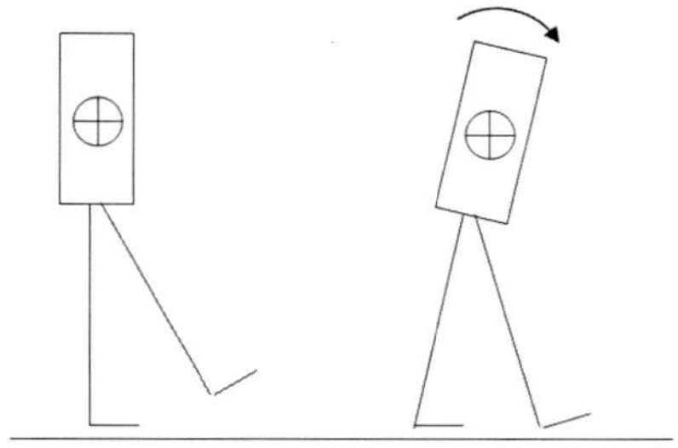

[그림 2.8] 기구적 한계에 의한 모멘트 발생(Generation of moment by kinematical limit)

그림 2.8에서 정역학 평형을 유지하면서 다음 착지점으로 발을 이동시키기 위해서는 다리를 움직일 때 발의 최대 가능 위치와 전방 위치와의 거리 차이로 인하여 발의 착지 때까지 중력에 의한 모멘트가 발생하게 된다. 모멘트 발생은 ZMP를 만족하는 보행이 될 수 없다. 또한, 중력 모멘트에 의한 지면 접촉 시까지 착지 발의 속도가 증가하고 바닥에 발이 닿으면서 충격도 발생하게 된다. 따라서, 기구적 한계에 의한 정보행은 착지발이 지면에 완전히 닿을 때까지 몸체 중심을 낮추면서 지지 다리를 굽혀야 한다. 이후 앞에서 언급하였듯이 착지 발에서 지지 발까지 몸체의 무게중심이 서서히 이동하여 보폭만큼 전진하게 된다.

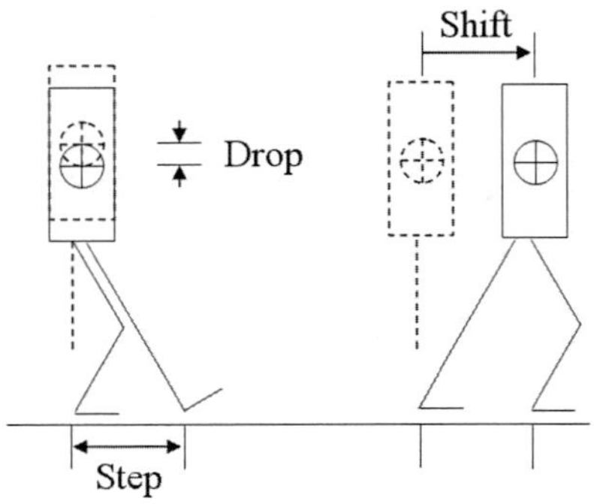

[그림 2.9] 기구적 한계에 의한 정보행(Static walk by the limit of mechanism)

그림 2.9와 같은 정보행은 외관적으로 조심스럽고 서서히 움직이는 형상이 되며, 무릎을 항상 굽혀야만 하기 때문에 일반적인 인간의 보행과는 다른 부자연스러운 면이 있다.

두 번째 측면에서 보았을 때, 무릎을 굽혀서 이동하는 것은 무릎 관절의 연결 링크의 중력에 의한 모멘트가 항상 반시계방향으로 작용하게 되므로 관절 상에 역모멘트 저항이 필요하다는 것이다. 이는 모든 보행 시간에 걸쳐 에너지가 필요하다는 것이 되고, 일반적으로 인간의 보행이 최소 에너지를 사용하는 사실과는 다르다[34]. 단순 역진자 운동에서 보행 시 지지다리는 몸체 무게와 동일한 각속도로 움직이고 이때의 회전모멘트는 존재하지 않는다. 하지만 착지할 다리를 전방으로 이동시키기 위해서는 몸체와 다리와의 관절부는 회전모멘트를 발생해야 한다. 즉 정지 상태의 착지 다리가 일정한 회전 각속도로 움직이기까지 회전각가속도가 발생하게 된다. 흔들림 다리의 모멘트 생성에 의한 몸체의 동력학 영향 현상은 Wisse 등[34.35]의 연구 중의 내용에서도 확인할 수 있다.

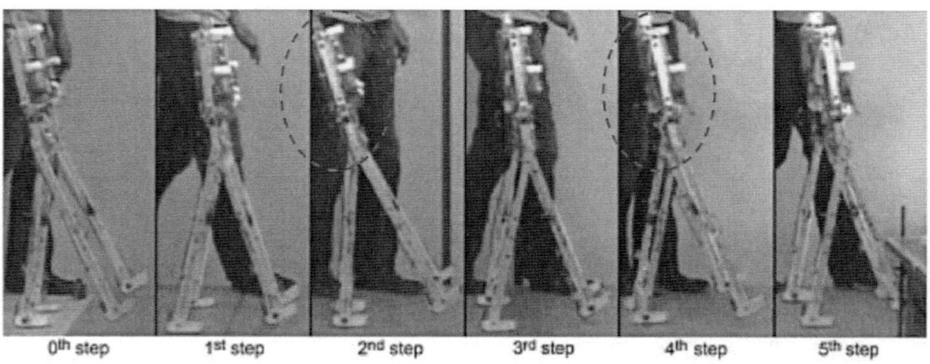

[그림 2.10] 흔들림 다리의 모멘트 발생에 의한 몸체의 회전(Rotation of body by moment generation of swing leg)

그림 2.10은 수동동보행의 실험에서 찍은 사진 자료이다[35]. 이 일련의 순간 사진들에서 흔들림 다리의 운동에 의해 몸체가 뒤로 젖혀지는 현상이 타원형 점선으로 표시된 영역에 나타나 있다. 단, 몸체의 중량이 클수록 관성모멘트 또한 커져서 회전효과는 적어질 수 있으며, 흔들림 다리에 의한 모멘트를 상쇄시키기 위한 팔의 동작이 없다면, 몸체 중량 또는 골반 부위의 중량이 커야지만 보행 중 불균형을 완화시킬 수 있다.

위 현상에 대하여 휴머노이드로봇의 구성 요소를 중심으로 분석하면 다음과 같다. 몸체와 지지다리, 지지발과 지면은 서로 연결 조건이 고정상태(Fixed condition)가 아니므로 모든 관절 부위에서는 반작용에 의한 역모멘트가 발생한다. 공중에 있는 흔들림 운동에 의해 몸체는 반시계방향의 모멘트를 받게 된다. 일반적으로 휴머노이드로봇에 이용되는 전기 모터에 의한 모멘트 반작용도 모터의 고정부가 몸체와 연결되므로 그 효과는 동일하다.

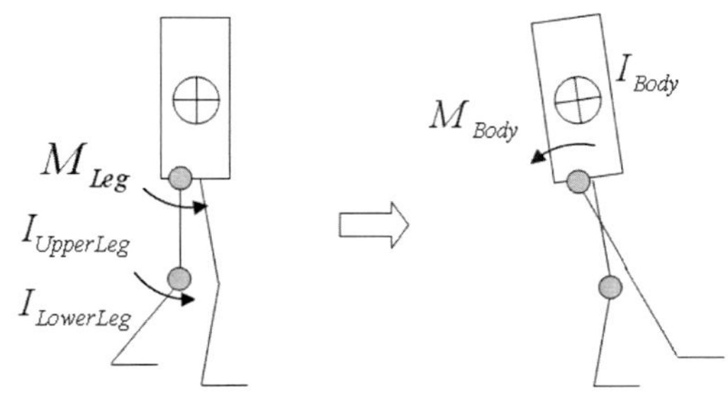

[그림 2.11] 착지 다리의 흔들림 운동에 의한 모멘트 발생(Moment generation of swing motion of the contact leg)

이때, 회전모멘트 평형 조건에 의해 다음과 같은 관계가 성립한다.

$$M_{Body} = M_{Leg} \quad (2\text{-}11)$$

$$I_{Body} \cdot \alpha_{Body} = I_{Leg} \cdot \alpha_{Leg} \quad (2\text{-}12)$$

일반적으로 몸체의 관성모멘트는 다리의 관성모멘트보다 크므로 회전각가속도는 몸체의 회전각가속도가 더 작게 된다. 이러한 관계로부터 모든 관절에서의 회전운동은 회전모멘트를 발생하게 되고, 이와 연결된 모든 링크 구조물은 회전운동을 하게 되어, 이러한 모멘트 상호작용에 의한 회전각가속도 발생과 회전각속도에 의해 몸체는 정보행 시에도 흔들리게 된다. 이는 일반적으로 알려져 있는 정보행의 안정성에 결함으로 작용하게 된다.

정보행과 달리 동보행은 몸체 중심의 가속도가 존재하는 상태에서 보행이 이루어진다. 앞에서 분석한 바와 같이 동보행의 경우 몸체 중심의 가속도가 존재하고 이는 지지 발에서의 추력에 의한 효과이다. 만약 지지 발에서 지면과의 마찰에 의한 추력 발생이 없다면, 중력에 의한 전방으로의 회전 모멘트가 점점 커져서 앞으로 쓰러진다. 이때의 모멘트는 전방으로 기울어질수록 크기가 커지므로 회전각가속도의 크기도 커지는 운동이다.

$$I \cdot \alpha = - mg \cdot L\cos\theta \tag{2-13}$$

$$\alpha = \frac{- mg \cdot L\cos\theta}{I} \tag{2-14}$$

힘을 고려하지 않고 무게 중심의 운동을 중심으로 분석하면, 한 발 지지에 의한 동보행 상태는 다음 그림과 같이 표현될 수 있다.

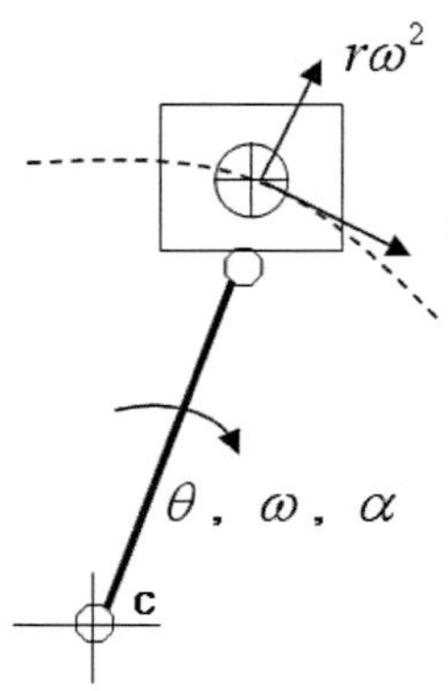

[그림 2.12] 회전관성에 의한 무게중심의 운동학 분석(Kinetic analysis of center of gravity by inertia moment)

그림 2.12는 회전관성과 각가속도의 관계를 운동학적으로 분석하기 위한 것이며, 각가속도 α가 존재하면 접선가속도 성분 $r\alpha$와 원심 가속도 성분 $r\omega^2$의 벡터합에 의해 전방 선가속도가 존재하는 성질과 동일함을 알 수 있다. 즉, ZMP를 중심으로 추력에 의한 회전모멘트가 가해지고, 무게중심 중력에 의한 역 회전 모멘트가 존재하여, 질량중심이 일정한 가속도를 갖게 될 때, 전체 모델의 모멘트 평형이 성립하게 된다. 즉 몸체 중심의 속도 성분이 항상 일정하도록 유지하고자 하는 것이 ZMP 안정성의 주요 사항이라 할 수 있다.

발바닥을 지면에 댄 상태에서 발목의 회전모멘트에 의해 몸체중심을 전방으로 이동시키고, 다음 착지발을 내딛을 때, 도립진자(Inverted pendulum) 모델의 몸체가 지지발 ZMP를 기준으로 자유 낙하에 의한 모멘트 발생을 억제하도록 하기 위하여, 먼저 착지발을 지면에 접촉시킨 후, 무게중심투영점이 지지다각형 내에서 부드럽게 이동할 수 있도록 움직이기 때문이다. 이때, 양 발의 길이 한계, 즉 운동학적 제한 조건 때문에 평상시 인간의 보행처럼 무릎을 펴고 걷기 어렵게 된다.

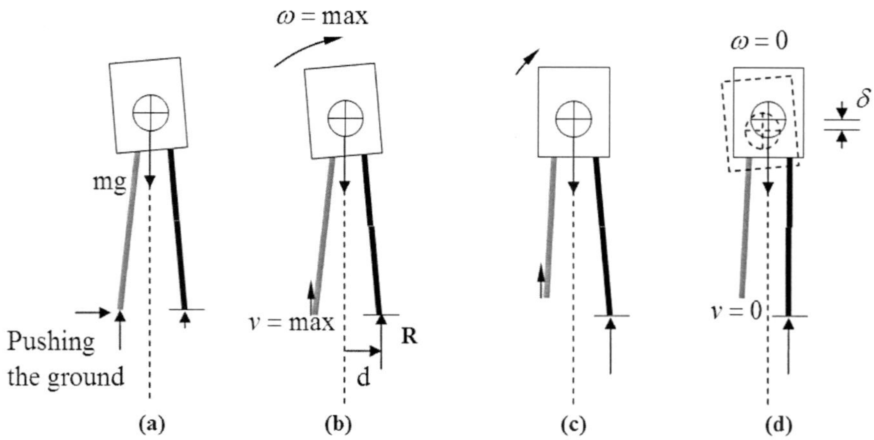

[그림 2.13] 보행 시 전면의 동역학 분석(Dynamics analysis of frontal plane when walking)

그림 3.12에서 보행 시 지지발의 추력 발생에 의하여 몸체 무게중심의 위치가 상승하고, 상승운동을 시작하기 직전에 최대의 속도를 가짐을 알 수 있다. 그림 (a)에서는 양 발 지지 상태에서 뒷 발에 의해 추력이 발생하고, 그림 (b)에서는 지면에서 떨어지기 직전 최대 상승 속도를 가진다. 이때까지의 모멘트 발생에 의한 각가속도를 구하면 다음과 같다.

$$T_0 = 2d \cdot F - mg \cdot d = I \cdot \alpha_0 \tag{2-15}$$

$$\alpha_0 = \frac{2d \cdot F - mg \cdot d}{I} \tag{2-16}$$

몸체가 이 속도에 의해 최대 높이 지점으로 상승하는 동안 중력에 의한 모멘트를 반대 회전 방향으로 받게 된다. 마찬가지로 이 기간 동안의 각가속도를 구하면 다음과 같다.

$$\sum M = -mg \cdot d = I \cdot \alpha \tag{2-17}$$

$$I \cdot \alpha = -mg \cdot L\cos\theta \tag{2-18}$$

$$\alpha = \frac{-mg \cdot L\cos\theta}{I} \tag{2-19}$$

구해진 각가속도에 의해 일정 시간이 지난 후의 회전각을 구하려면 다음 식을 통해서 얻을 수 있다.

$$\theta_t = \theta_0 + \omega_t \cdot t \tag{2-20}$$

$$\omega_t = \omega_0 + \alpha_t \cdot t \tag{2-21}$$

$$\theta_t = \theta_0 + (\omega_0 + \alpha_t \cdot t) \cdot t = \theta_0 + \omega_0 \cdot t + \alpha_t \cdot t^2 \tag{2-22}$$

위치에너지와 운동에너지와의 관계를 통해서 최대속도 또는 각속도를 측정한다면, 최대 상승 변위도 구할 수 있다.

$$mg \cdot \delta = \frac{1}{2} I\omega^2 = \frac{1}{2} mv^2 \tag{2-23}$$

로봇의 제어관점에서 볼 때, 동보행 시에는 최대 상승 변위가 착지다리의 지면에의 수직 위치 상태까지 유지되는 것은 불안정할 수 있다. 따라서 최대 상승 변위 지점보다 낮도록 제어 목표 값을 설정한 후, 이에 따른 한계 최대 속도 또는 각속도까지만 유지되도록 추력 생성을 조절해야 한다.

추력 생성 발의 z축 방향의 추력 F의 크기는 지지다리가 지면과 수직일 때, 즉 $\theta = 90$ 일 때, $\omega = 0$과 $\alpha = 0$을 만족하는 것이다. 하지만 F의 정확한 조절은 지면 조건과 보행 속도 등에 따라 변화하므로 수직일 때 $\omega = 0$과 $\alpha = 0$이 되지 않을 수 있다. 이때에는 발목 추가적인 모멘트 작용에 의해 조절되며, 수직이 되기 전에 $\omega > 0$이면, $\alpha < 0$인 역모멘트를 주고, $\omega < 0$이면, $\alpha > 0$인 순모멘트를 가함으로써 추력에 의한 조절 작용을 돕는다.

ZMP에 의한 보행은 일반적으로 발의 궤적을 설정하고 이후 각 다리 관절의 제어각이 역운동학(Inverse kinematics) 해에 의해 결정된다. 하지만, ZMP에 의한 균형유지가 목적인 보행패턴의 형성으로 실제 로봇의 보행 시 부자연스러운 면이 있으며, 보행 속도 면에서도 아직 인간 보행 속도의 반 정도에 미치는 등 많은 한계를 가지고 있다. 일본의 로봇들은 다른 나라의 휴머노이드로봇에 비해 그 움직임과 보행 안정성이 높지만, 인간과의 친화성 측면에서 볼 때, 보행 모습의 조심스러움과 부자연스러움 그리고 느린 보행은 아직 개선할 여지가 많음을 보여준다. 다음 장에서는 최근 인간의 보행과 근사한 '혁신적'인 보행이라 평가받는 수동동보행(Passive Dynamic Walking) 이론과 적용에 관하여 살펴본다.

2.2 수동동보행 이론과 적용

ZMP에 의한 보행은 일반적으로 발의 궤적을 설정하고 이후 각 다리 관절의 제어각이 역운동학(Inverse kinematics) 해에 의해 결정된다. 하지만, ZMP에 의한 균형유지를 목적으로 한 보행패턴의 형성으로 실제 로봇의 보행 시 부자연스러운 면이 있으며, 보행 속도 면에서도 아직 인간의 보행 속도의 반 정도에 미치는 등 많은 한계를 가지고 있다. 일본의 로봇들은 보행 안정성이 높지만, 인간과의 친화성 측면에서 볼 때, 보행 모습의 조심스러움과 부자연스러움 그리고 느린 보행은 아직 개선할 여지가 많음을 보여준다. 또한 환경이 달라지는 경우나 지면이 고르지 않는 등의 불확실한 상황에서 보행이 불안정해 지는 어려움이 존재한다.

이러한 기존의 ZMP 보행 이론과 달리 인간이 보행을 할 때, 소요되는 에너지를 최소화하는 방식과 근접한 보행 방식을 사용하는 수동동보행(Passive Dynamic Walking)에 관하여 소개하고 이를 분석해 본다. '가장 진화된 방식'으로 평가받는 수동동보행은 아직 계단이나 비평탄 면 등에 적용할 수 없는 초기 단계이지만, 평지에서 만큼은 빠른 속도와 자연스러운 보행 동작으로 많은 연구자들에 각별한 인상을 주고 있다. 이러한 이유는 ZMP 보행과 달리 관성을 최대한 이용하면서도 무게 중심 위치의 수직 또는 수평 변화가 최소화하도록 하여 안정성을 높인데 있다고 볼 수 있다.

2.2.1 수동동보행 이론

인간의 보행에 관한 연구는 장난감 인형과 같은 단순 구조를 보행시키기 위한 시도에서 다각적으로 이루어졌다. Weber 등[36]의 연구와 Mochon과 McMahon[37]의 연구에서 다리는 몸체에 달린 진자가 앞뒤로 흔들리는 운동과 같다고 하였고, Ralston[38]은 에너지 관점에서 최적의 보행 속도는 5km/h라고 하였다. 초기의 장난감 인형 제조자들은 고유주파수를 갖는 단순 반복 메커니즘으로 인형의 보행을 구현하기도 하였다.

McGeer[39]는 이러한 보행의 단순 반복 메커니즘을 수동동보행 이론으로 발전시켰다. 우선, 그는 보행의 진행원리는 바퀴가 돌아가면서 이동하는 것과 유사하다고 가정하고, 이를 원형테 없는 바퀴의 이동으로 구현하여 관련 식을 구성하였다. 바퀴가 지면과 접촉하면서 움직이기 위해서는 바퀴 중심부 축을 회전시킬 수 있는 모터와 같은 구동기(Actuator)가 필요하다. 원형테 없는 바퀴 보행 모델은 이와 같은 모터가 없어 회전 모멘트를 공급받을 수 없으므로, 이 실험에서는 경사진 지면을 사용하여 중력 모멘트에 의해 모멘트를 생성하는 메커니즘을 이용하였다.

이후에 바퀴 살 중 두 개만을 남겨두고, 연결된 원형 테의 일부를 남겨놓은 모델로 보행의 모습을 근사화하게 된다. 여기서 두 바퀴 살은 다리 기능을 하고, 원형테의 일부는 발의 기능을 하며, 원형 바퀴와 같이 연속적으로 지면에 구름접촉을 하면서 다음 다리와 접촉을 교대하게 된다. 질량은 대부분 중심축에 집중되어 있고, 미세한 질량이 다리 끝 원형테에 분포함으로써 중력에 의한 흔들림 운동을 하게 된다. 여기서 바퀴가 굴러가는 형상과 같은 두 바퀴살의 보행 운동은 초기 속도에 관계없이 동일한 질량의 진자 주기의 약 2/3가 되는데 이는 경사면과 질량, 그리고 보폭의 크기에 의해 결정되는 값이라 할 수 있다[40].

순수한 수동동보행의 경우 흔들림 운동을 하는 중간 단계에서 지면과 부딪히는 기구적 한계가 존재하므로 이후의 연구에서 그는 스크류 메커니즘과 무릎 관절 등을 추가하면서 일시적으로 흔들림 다리의 길이를 줄여줌으로써 지면 끌림(Foot scuffing) 문제를 해결하였다.

일련의 선도적인 수동동보행 이론에 힘입어 Wisse와 Linde는 공압식 구동기에 의해 흔들림 운동을 발생시키는 구조의 하체 모델 Baps 모델을 제작하여 보행시 하체 구조의 동역학 거동 분석을 수행하였고, 모델명 Mike에서는 상체를 일부 추가한 후 앞으로 넘어지지 않도록 하는 설계에 대하여 연속적으로 연구를 수행하였다. 이후 모델명 Denise에는 단순한 막대구조의 팔과 머리구조를 장착하고, 측면 안정성에 대하여 연구하였다[35]. Daan Hobbelen은 모델명 Flame을 통하여 세부적인 안정성 문제와 에너지 효율 면에서 인간의 보행과 유사한 메커니즘을 구현하였다[41].

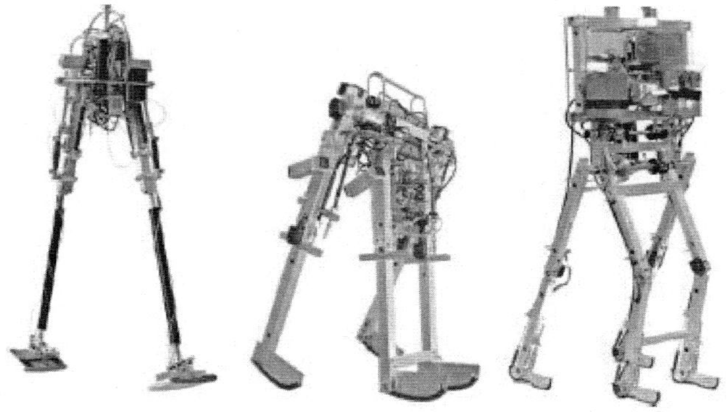

[그림 2.14] 수동동보행 시작품 모델(Prototype model of passive dynamic walker)

플레임은 7개의 모터, 균형 수단, 고수준의 안정성을 보장하는 다양한 알고리즘들을 포함하며, 잠재적으로 넘어지는 것을 방지하기 위해 센서에 의해 발을 좀 더 멀리 디디도록 할 수 있다.

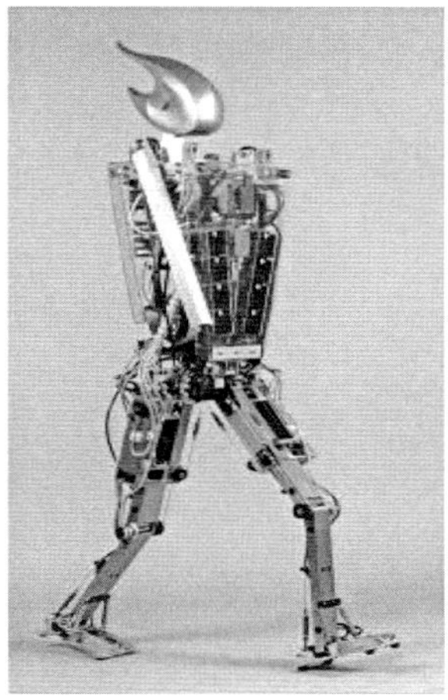

[그림 2.15] 델프트 공대의 플레임(Flame of the Delft University)

2.2.2 수동동보행 적용

수동동보행 이론의 핵심은 전방낙하(Falling forward) 방식으로 지면이 아래로 경사진 상황이나, 질량 중심을 다리의 수직상태에서 보다 전방으로 배치함으로써 전방 회전방향으로의 중력 모멘트를 생성시키는 것이다. 이때 넘어지기 전에 충분히 빨리 지지발 앞의 너무 멀지 않은 지점에 흔들림 다리의 발을 착지시키면 안정한 보행이 유지된다[35].

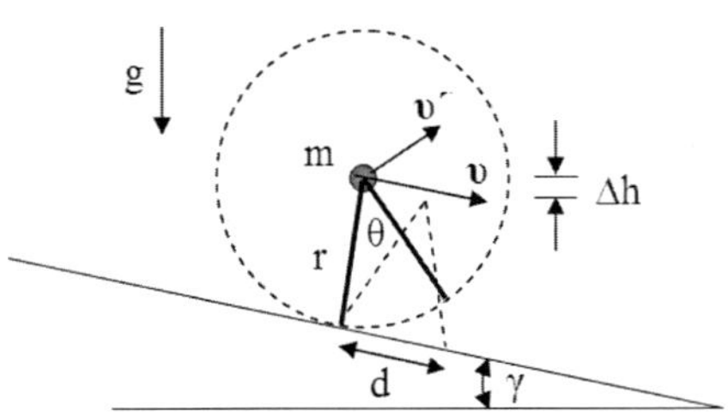

[그림 2.16] 수동동보행 이론의 운동학 분석(Kinematics analysis of passive dynamic walking)

그림 2.16에서 바퀴모델의 무게중심이 다음 바퀴살의 착지에 의한 위치 하강은 다음 식과 같다.

$$\Delta h = d \cdot \sin\gamma = r \cdot \theta \cdot \sin\gamma \tag{2-24}$$

이를 역학적 에너지 보존법칙을 이용하여 위치에너지의 손실에 의한 운동에너지의 증가 관계는 다음 식을 구성한다.

$$\frac{1}{2}mv'^2 - \frac{1}{2}mv^2 = mg \cdot r \cdot \theta \cdot \sin\gamma \tag{2-25}$$

이때, $v' = v \cdot \cos\theta$ 이고, 수렴률(convergence rate)은 다음과 같다[25].

$$v_{n+1} = v_n \cdot \cos^2\theta \tag{2-26}$$

바퀴로 등가화한 모델의 구름 운동을 경사면이 아닌 평지에서의 보행으로 고려하면, 두 다리의 주기적 왕복 흔들림 운동은 일정 속도로 회전하는 바퀴와 같이 단지 단순한 운동이 되고, 보행 운동은 결국 무게중심의 평균선속도 값이 결정된 후, 이 값과 보폭 설정에 따라서 상부다리의 운동(속도, 가속도, 각도)이 결정되고 지면과의 접촉, 추진력 발생, 운동학적 제한조건에 의해 무릎이하 움직임이 동기적으로 결정되는 과정으로 이해될 수 있다. 이때 무릎이하 다리의 역모멘트 작용은 고려하지 않는다. 이를 도해적으로 표시하면 다음 그림과 같다.

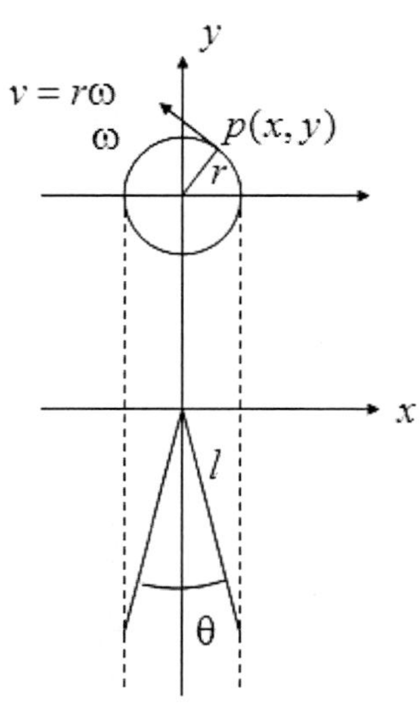

[그림 2.17] 바퀴 회전과 다리의 진자 운동 비교(Comparison between wheel rotation and pendulum motion)

회전하는 원 상의 임의의 점을 p라고 하면

$$p(x,\ y) = (r \cdot \cos\omega t,\ l \cdot \cos\theta) \tag{2-27}$$

와 같이 정의되고, 다리의 사이각은 다음 식과 같이 계산된다.

$$\theta = \sin^{-1}\left(\frac{r}{l}\cdot\cos\omega t\right) \tag{2-28}$$

이를 시간에 대한 각도변화로 나타내면 다음 그림과 같다.

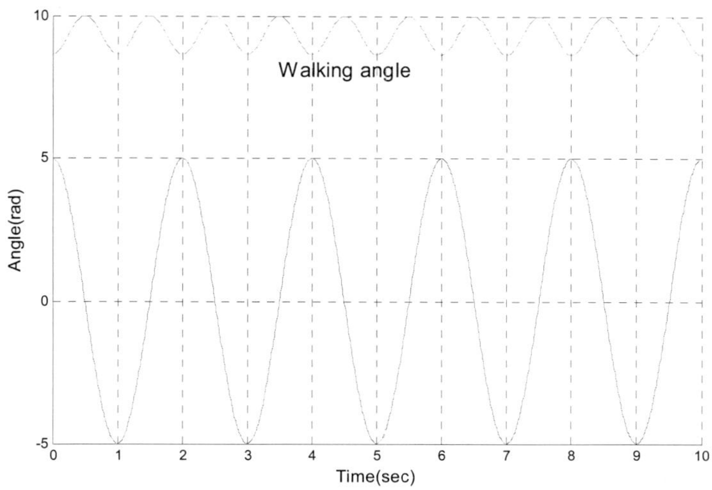

[그림 2.18] 바퀴 회전과 다리의 진자 운동의 시간에 대한 각도 변화(Angular response of wheel rotation and pendulum motion)

하체분석을 위한 모델 Mike 실험[35]에서 흔들림 다리에 의한 질량 중심의 상승 효과를 해석하는 데 있어서는 에너지 관점에서 위치에너지가 상승하여 착지 상태에서 충격에 의한 에너지 손실을 보상한다고 한다. R. Selles 등[42]은 인간의 흔들림 다리는 주기가 일정한 진자의 움직임보다 순간적으로 빠르게 움직인다고 하였다. Pratt 등[43]의 최고 보행 속도는 흔들림 다리의 회전 속도에 의해 결정된다고 하였다. 또한 인간의 흔들림 다리의 속력은 보행 에너지를 증가시키기 위해 증가한다고 가정하고 이러한 보행 에너지의 증가는 착지 발의 지면과의 충격 에너지를 줄여 준다고 한다.

Wisse 등[35]은 흔들림 다리의 속도 증가 이유는 외란에의 강인성을 향상시키는 효과가 있다고 주장하였다. 예를 들어 인간이 보행 중에 갑자기 돌부리에 걸렸을 때, 공중에 있는 흔들림 다리를 전방으로 빠르고 크게 휘두르게 되는 이유는 전방으로 넘어지지 않도록 하는 목적이 있는 것이다[3].

3) 흔들림 다리의 속도 증가 이유는 모멘트 평형을 위한 동작으로 이해될 수 있다. 돌부리에 갑자기 걸림으로써, 지면에의 추력이 없는 상태에서 바닥으로 쓰러지려는 시계방향 중력 모멘트를 흔들림 다리의 역모멘트 생성으로 상쇄시켜 몸체 중심의 평형을 유지하려고 하기 때문이다.

2.3 전신 모멘트 평형화 이론과 적용

이 절에서는 앞에서 살펴 본 ZMP 이론과 수동동보행 이론에 기초하여 휴머노이드로봇의 유연하고도 안정적 보행에 필수적인 조건을 전체 구조의 동역학 측면에서 접근하여 기술하고자 한다. ZMP 이론은 주로 몸체 무게 중심의 중력에 대하여 지면의 반작용력을 이용한 정적 평형 관점에서 보행의 안정성에 접근한 데 비하여, 수동동보행 이론은 무게 중심의 속도가 일정하게 유지되면서 무게중심의 수직하방력에 의한 회전 관성을 최대한 이용하는 메커니즘적인 측면에서 안정성을 다루었다. 이 두 가지 이론의 공통점은 지면에 지지한 발에 대한 회전 모멘트 평형과 밀접한 연관이 있다. 이러한 관점에서 앞의 두 가지 기본적인 조건을 만족시키면서 3차원 구조의 휴머노이드로봇에 전신 모멘트 평형 조건을 적용하여 동적인 동작과 보행 등에 대한 이해를 확실히 하고자 한다.

2.3.1 전신 모멘트 평형화 이론

인체의 보행 시 팔의 동작이 없을 때에는 균형을 유지하기 위하여 다리의 움직임에 맞춰 어깨와 가슴, 허리 등이 움직여야 한다는 것을 알고 있다. 또한 팔의 동작이 다리의 동작과 대칭적으로 번갈아 이루어지지 않고, 동일한 방향으로 움직인다면, 몸의 방향이 정면을 유지하기가 힘들고 이동하는 데 에너지가 많이 소모된다. 뿐만 아니라 가슴, 허리, 어깨와 골반에 이르기까지 보행 중에는 신체의 많은 부분이 함께 주기적으로 움직이고 있음을 알 수 있다. 이러한 전신의 움직임은 결과적으로 몸체 중심선, 머리에서 양 다리의 중앙부에 이르는 가상의 선이 보행 중에도 항상 안정적으로 위치의 평형이 이루어짐과 동시에 이 중심선의 진행 방향 속도가 일정하도록 하기 위함이다.

이러한 전신 모멘트 평형(Whole body moment balance)은 모든 동물의 보행에도 적용되며, 모든 동물들은 무게 중심이라 할 수 있는 몸체 중심이 동역학적 평형에 의한 안정 상태를 유지하도록 전신의 움직임을 불수의적으로 조절하고 있다.

[그림 2.19] 이족 동물의 보행을 위한 전신 운동(Whole body motions in biped animals)

예를 들어, 보행 중에 머리를 앞뒤로 흔드는 비둘기, 닭의 경우는 흔들림 다리가 전방으로 내딛을 때마다 머리를 앞으로 움직인다. 유연하게 조절되는 목 근육에 의해 머리는 흔들림 다리가 전방에 착지할 때까지 정확히 전방 앞까지 움직였다가 멈추며, 착지 후에 지지다리에 의해 몸이 전진할 때는 목에 힘을 빼, 자연스럽게 머리가 뒤쪽으로 젖혀지게 된다. 이후 다시 다른 쪽 다리의 흔들림 운동이 시작되면서 전방으로 내딛을 때에는 목에 의한 머리의 빠른 전진이 이루어진다. 이러한 현상은 몸체 중심의 모멘트 평형을 이루어 속도 방향과 크기를 일정하게 유지하면서 전진하고자 하기 위함이다.

목이 움직이지 않도록 하기 위해서는 몸체의 다른 부위의 추가적인 움직임이 필요하다. 목이 긴 거위나 오리의 경우 머리가 움직이지는 않지만, 몸체 뒷부분이 심하게 움직이게 되고, 펭귄과 같은 경우에도 서서 걷는 경우 물갈퀴 기능을 하는 팔은 좌우 균형을 유지하는 데에 쓰이고, 다리와 인접한 몸체 부위가 크게 요동치게 된다. 일반적으로 목이 움직이지 않는 조류의 경우는 물에서 생활하는 경우가 많으므로 보행이 효율적으로 이루어지지 않는 상태이다. 캥거루 같은 경우는 팔이 작으면서도 머리를 움직이면서 걷지 않으므로 보행이 어렵게 되고, 대신 발달된 꼬리와 두 발의 탄력을 이용하여 뜀뛰기로 이동한다.

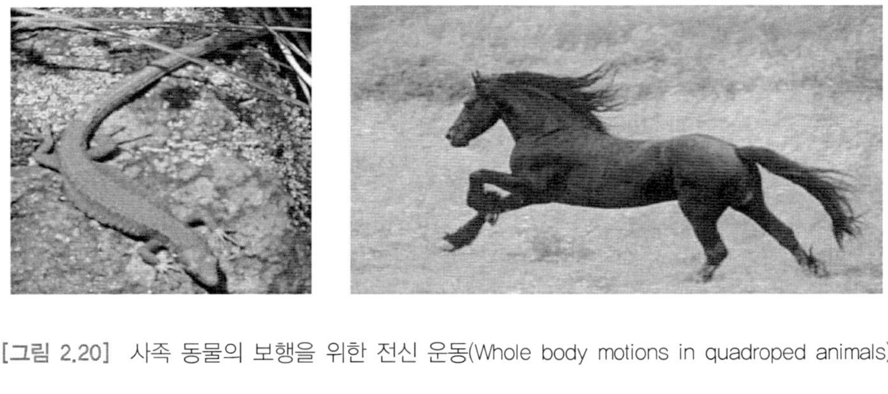

[그림 2.20] 사족 동물의 보행을 위한 전신 운동(Whole body motions in quadroped animals)

사족보행을 하는 동물의 경우에도 전신 모멘트 평형은 중요하다. 그림 2.20에서 기어 다니는 도마뱀의 경우 꼬리의 좌우 요동은 대각으로 교차된 다리의 교차 회전운동에 의한 몸체 중심의 모멘트 불균형을 평형화하기 위한 것이며, 말이 달릴 때, 전방 다리들의 앞으로 펴짐과 동시에 후방 다리들이 뒤로 펴짐으로써, 몸체 중심의 모멘트 평형에 의해 안정을 유지하도록 한다. 일반적으로 사족 동물의 경우는 이족 동물보다 보행 시 안정성이 있지만, 상대적으로 지면과의 접촉에 의하여 몸체와 머리 부분에의 충격 전달이 더 빈번하다.

2.3.2 전신 모멘트 평형화 보행의 적용

전신 모멘트 평형화 보행의 목적은 몸체 무게중심의 안정과 전진 속도를 일정하게 하고자 하는 데 목적이 있다. 이는 생물학적으로 주변 상황을 인지하는 감각기관, 예를 들어 시각과 평형과 관성을 감각하는 귀 속의 전정기관, 달팽이관 등은 보행 시에 항상 안정적으로 유지되도록 하는 것이 중요하기 때문이다. 또한 인체의 사고 능력은 뇌의 동역학적 안정이 중요한 역할을 하며, 직립 보행이 다른 보행 방식에 비하여 뇌의 안정에 기여했다는 연구 결과를 통해서도 알 수 있다[55]. 앞에서 언급하였던 비둘기의 보행을 동역학 모사실험에 의해 분석하면 다음과 같다.

[그림 3.21] 육상 조류의 보행 시 머리에 의한 전신 모멘트 평형화(Whole body moment balancing by head motion of land bird)

그림 2.21은 MSC™ 사의 Working Model에 의한 동역학 모사실험 결과이다. 비둘기의 머리와 몸체 무게를 실제 무게와 유사한 조건에서 다리와 목에 의한 모멘트를 시행착오(Trials and errors) 방식으로 결정한 결과 몸체 중심의 속도의 변화가 최소인 값이 되도록 동역학 모사실험을 수행하였다. 목 관절 부위의 시계방향 모멘트와 흔들림 다리 관절 부위의 반시계방향 모멘트에 의하여 몸체의 무게중심

부위에서 모멘트가 평형이 되고, 착지다리에 의한 추진력과 중력에 의한 모멘트 또한 평형이 되어, 전체적으로 동역학적 평형 상태가 유지된다.

평형 상태는 앞에서도 언급하였듯이 합력과 합모멘트가 0이 됨으로써, 힘과 모멘트가 작용하지 않는 것과 같은 효과가 발생하게 되므로 몸체 중심의 초기속도는 계속 유지된다. 이때, 목 관절을 중심으로 목과 머리부위가 함께 관성모멘트 역할을 하므로 운동 속도와 가속도의 빠른 변화와 상대적으로 부피와 질량이 적은 다리 부위의 관성 효과를 고려할 때, 목부위와 머리는 그만큼 가벼워야 함을 의미한다. 이러한 관절 부위의 모멘트 효과를 휴머노이드로봇의 임의의 관절 축에 적용해 보면, 각속도와 각가속도의 시간에 대한 결과는 다음 그림과 같이 표현될 수 있다.

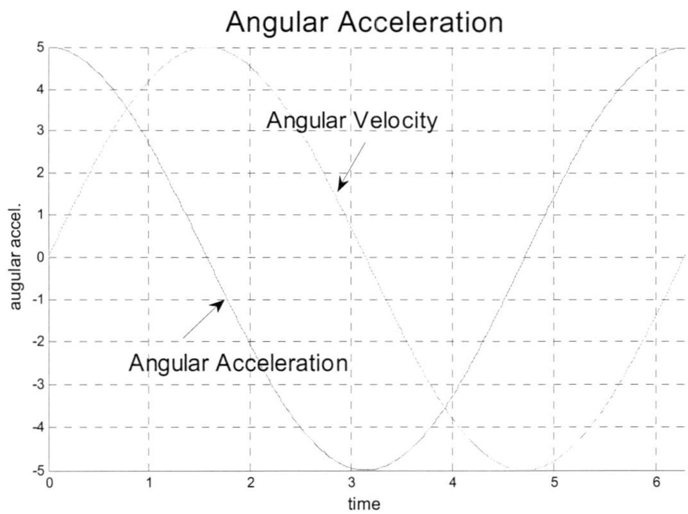

[그림 2.22] 회전 속도와 회전 각가속도의 관계(Rotational velocity and rotational acceleration)

그림 2.22에서 주기가 π인 회전속도를 유지하는 관절축 모터에 의해 링크 구조물이 동일한 회전속도로 회전하고 있다고 하면, 이 회전운동에 의한 회전각가속도는 초기시간과 반주기, 주기시간 때에 최대 또는 최소값을 갖게 된다. 모멘트는 회전각가속도에 비례하므로 회전각가속도가 최대 또는 최소가 될 때, 가장 큰 순방향 모멘트와 역방향 모멘트가 된다. 즉, 몸체에 가장 큰 모멘트가 전달되는 순간은 관절축의 회전방향이 바뀌는 순간이다.

인간의 보행은 다리와 팔의 반대방향의 흔들림 운동과 좌측과 우측의 반대방향의 흔들림 운동이며, 좌측 다리가 앞으로 흔들림 운동할 때, 우측 다리는 뒤로 흔들림 운동을 하고, 이 순간 좌측 팔은 뒤로, 우측 팔은 앞으로 흔들림 운동을 한다. 이는 전면을 x축 방향, 좌측면을 y축 방향 그리고 윗면을 z축 방향으로 3차원 공간상에서 정의했을 때, 세 축 상의 모든 모멘트를 평형화시키는 운동이 된다.

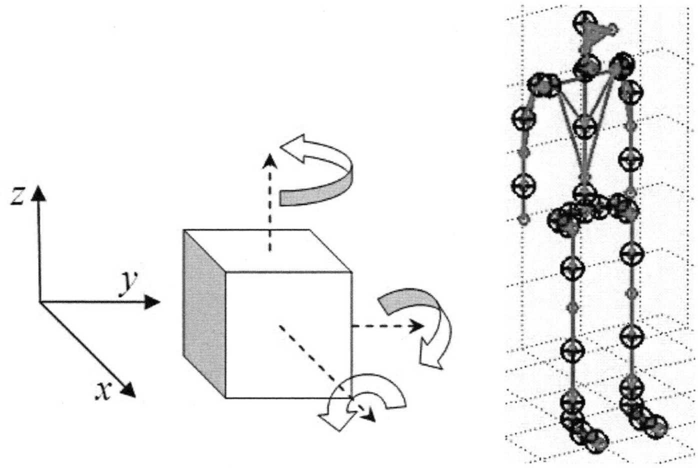

[그림 2.23] 3차원 공간상의 로봇 모델 기준 좌표(3D spatial coordinate based on the robot model)

90도 위상에서 속력이 가장 커짐으로써, 회전운동에너지는 가장 커지게 되며, 양 끝점인 0도 위상과 180, 360도 위상에 이를 때에는 속력이 급격히 바뀌고, 가속도의 방향이 바뀌게 되어, 그림과 같이 회전 모멘트는 가장 커지게 된다. 이는 회전가속과 감속이 가장 큰 양 끝점 부근에서 각가속도 절대값이 최대이고, 이 관절축에 연결된 각각의 회전관성모멘트의 크기에 반비례한다. 즉 다음과 같은 관계가 성립한다.

$$\frac{\alpha_1}{\alpha_2} = \frac{I_2}{I_1} \tag{2-29}$$

인간의 보행 시 다리의 각도 변화를 통계학적으로 종합한 결과는 전신 모멘트 평형화 보행의 분석을 위해서 유용하다. 다음 그림은 Rose 등[44]에서 인용한 자료이다.

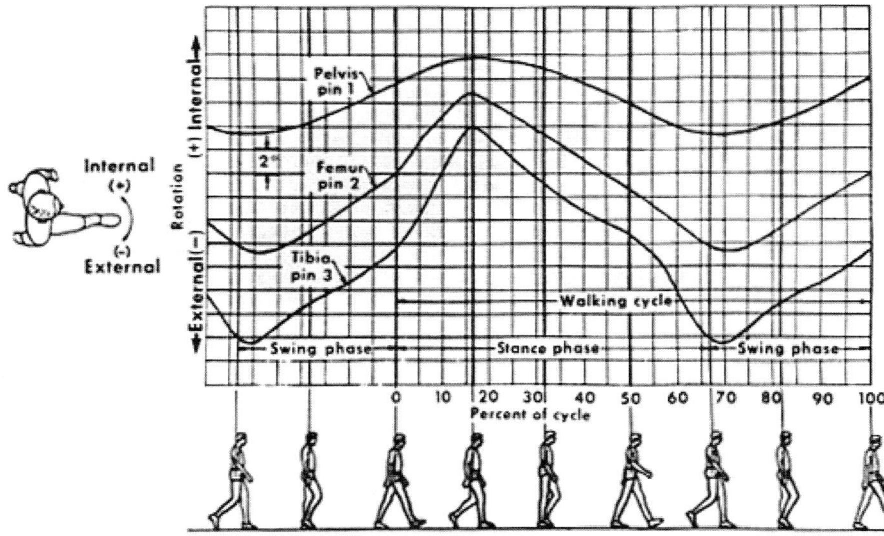

[그림 2.24] 인간의 보행 시 골반 부위(골반, 허벅지, 무릎)의 각도 변화(Angular changes in pelvis part during human walks)

20대 남성 칠백명의 보행 시 골반, 허벅지, 무릎의 z축 각도 변화를 통계적으로 평균화한 값을 보행 단계 좌표 상에서 도해화 한 것이다. 이 그림에서 볼 때, 몸체 중심이 아랫배 부위라고 할 때, 무릎에서 허벅지, 골반으로 올라갈수록 각도 변화가 부드럽게 변화되어 감을 확인할 수 있다. 또한 다리의 움직임과 같은 방향으로 골반도 따라서 움직이면서 회전모멘트를 전달하고 있다. 그림 2.24에서 확인할 수는 없지만, 골반까지의 회전은 허리와 아랫배 부위에서 모멘트 평형을 이루며, 이는 상체의 어깨와 팔의 역 모멘트 생성에 의한 결과이다.

보행은 일련의 주기적인 반복 운동이다. 평상시 인간은 최소의 에너지가 들도록 또한 보행시 필요한 근육은 인간이 의식적으로 제어할 필요가 없도록 불수의적으로 운동하고 있다. 다만, 지면 정보, 방향, 보폭, 속도 등의 변수가 일정 목표값을 갖도록 의도적으로 제어하는 것은 운동에 대한 예상 및 의도적 제어라 할 수 있는데, 로봇의 경우 센서피드백제어방식에 의해 해결한다. 발뿐만 아니라 힙, 척추, 팔, 어깨와 머리 등 모든 임간의 몸 부위는 이러한 보행 환경에서 평형조건을 만족해야 한다. 이를 '나눠서 정복하기(Divide and conquer)'로 하면 전체적인 보행 메커니즘을 쉽게 분석할 수 있으므로 각 조인트의 움직임 별로 구분하여 분석하는 것이 필요하다[45].

① 보행의 첫 단계는 한 발이 앞으로 뻗을 때부터 시작한다. 발의 위치는 최전방의 지점이 되고, 이때부터 몸의 무게중심이 전방의 착지발로 이동하기 시작한

다. 발과 다리는 몸을 앞으로 추진시켜 주는데, 초기 정지 상태에서 갑자기 발에 모멘트가 가해지면, 뒤로 젖혀지게 되어 불안정해지므로, 서서히 무게중심을 앞으로 옮기면서 중력에 의한 관성모멘트가 발생하기 시작할 때 발에 모멘트를 가하게 된다.

② 몸의 무게중심이 전방착지발로 이동되기 시작하면서 무릎은 굽혀지고 바닥으로부터의 충격을 흡수한다. 이는 다리가 다시 굽혀지는 운동을 하기 시작함을 의미하고, 보행 시 몸체의 높이가 가장 낮은 지점이 되는 순간이다. 이때는 첫 보행의 반주기가 되는 때이다. 몸체가 전방으로 움직이면서 무릎은 다시 펴지고, 몸체의 높이는 보행 중의 가장 높은 지점까지 올라간다. 이때를 교차점이라고 명명한다. 이후, 공중에 뜬 다리가 흔들림 운동을 통해 지지다리를 지나게 된다.

③ 몸체는 앞으로 더욱 이동하게 되고, 무게를 지탱하고 있는 지지발의 뒤꿈치는 지면과 떨어지기 시작한다. 이때에는 몸체가 전방낙하 운동을 하기 시작하고, 지면과 접촉하기 위해 공중에서 진자와 같은 흔들림 운동을 계속 한다. 공중에 뜬 다리가 지면과 접촉하기 시작하고, 이는 전체 보행 주기의 반주기에 해당하는 시점이 된다. 다른 쪽 다리의 운동을 이와 거울반사면 행동과 같이 정확히 반대의 행동이 되며, 두 운동이 서로 차이가 발생할 때 절름발이 보행이 된다.

④ 몸의 무게 중심은 골반에 있다. 모든 평형운동은 골반 지점에서 시작하고, 이는 몸의 다른 부분의 운동에도 동일하게 적용된다. 보행 시, 골반의 운동을 두 개의 개별적이면서 중첩인 운동으로 분리하여 생각해야 하는데, 첫째로 척추축을 중심으로 한 회전왕복운동 즉, 다리를 앞으로 나가게 하고, 다른 다리는 뒤로 나가게 하는 운동이다. 오른쪽 다리가 앞으로 나아갈 때, 오른쪽 골반도 마찬가지로 앞으로 나아가며, 왼쪽은 반대로 뒤로 진행하므로 회전운동이 발생한다. 둘째로는 교차점에서 공중의 흔들리는 다리가 골반을 중심에서 밖으로 당겨서 위치가 이동하게 하는 것이다. 이러한 두 운동은 척추에서 어깨까지 전달되고, 몸 전체의 동적 평형에 영향을 끼치게 된다.

⑤ 발이 최대로 펴졌을 때, 골반은 척추축(z축) 중심으로 회전해야만 한다. 모멘트 평형을 유지하기 위해 어깨는 그 반대 방향으로 회전을 해야 한다. 앞에서 볼 때, 척추는 상대적으로 곧은 상태이지만, 위에서 볼 때 어깨와 골반은 서로 반대방향의 회전운동을 하고 있게 된다. 이는 척추축의 모멘트 평형을 위한 인위적인 행동이라 할 수 있다.

⑥ 전방에서 보았을 때 교차점에서는 골반의 위치가 흔들림 다리의 무게에 의해 밑으로 쳐져 있음을 확인할 수 있다. 이는 어깨의 회전운동과 반대작용이 되

며 위에서 보았을 때는 두개의 위치가 동일한 각을 유지하고 있다. 흔들림 다리가 뻗쳐져, 전방에서 본 골반과 어깨가 다시 평행이 되면, 위에서 본 모습은 상호 반대방향으로 회전운동을 하게 된다.

인간이 팔을 사용하지 않더라도, 일반적으로 팔은 몸 옆에서 느슨하게 매달려 있는 상태이다. 이런 경우에 골반과 어깨의 운동을 지연시키는 부차적인 질량관성인 진자 운동을 하게 된다. 일반적인 보행의 경우, 머리는 항상 평행한 수준이 된다.

인간보행 시 상체 중심부의 평형 균형 유지를 위한 팔동작의 역할은 중요하다. 휴머노이드의 보행 시 상체의 평형을 유지하기 위한 모멘트를 계산하여 양쪽 팔의 상호교차적인 작용을 보행에 적용하면 보다 자연스럽고 빠른 보행이 가능해 진다. 하지만 휴머노이드로봇이 광범위한 서비스 기능을 수행할 수 있도록 하기 위하여 보행 시에 팔 동작을 할 수 없는 상황이 있으므로, 이와 같은 팔동작의 억제 상황에서 상체에서 모멘트를 생성시킬 수 있는 메커니즘이 필요하다. 이는 2자유도 이상의 골반 또는 허리 구조와 제어시스템의 추가 필요의 이유가 된다.

ZMP 보행패턴의 생성과 비교하여 전신 모멘트 평형 보행패턴은 앞에서 언급한 내용을 토대로 다음과 같이 정리할 수 있다.

전진보행과정에서 소요 에너지를 최소화하기 위해 몸체 무게 중심의 앞방향으로의 관성을 이용한다. 이때, 몸체 무게 중심의 관성은 지면과의 접촉점을 중심으로 한 회전관성과 직접 연관되며, 발바닥과 지면과의 접촉 기간 동안 필수적인 마찰력 생성과 충격흡수 및 감쇠작용에 의해 회전모멘트가 점점 감소하게 되므로 이 에너지 감소분을 보충하기 위해서 지면에 대한 발의 추력 발생에 의해 몸체 무게 중심에 대한 회전모멘트를 일정시간동안 추가적으로 발생시켜야 한다. 발바닥과 지면과의 작용반작용 효과를 야기하는 발목과 발가락부분의 토크발생은 지면에 대한 작용시간 동안 0에서 시작하여 최대로 증가하였다가 다시 0으로 감소하는 형태가 되며, 양발지지단계가 되는 기간동안에 소실된 에너지와 로봇 전체적으로 각 관절에서 소실되는 미세한 에너지를 포함한 에너지양과 이론적으로 동일하다. 이러한 과정을 그림으로 표현하면 다음과 같다.

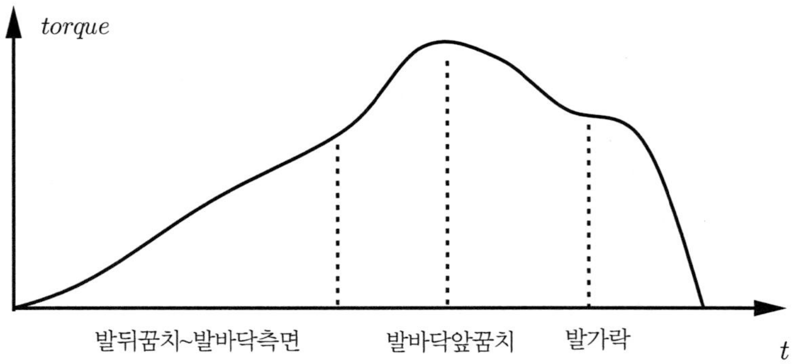

[그림 2.25] 한발지지상태의 추진단계 중 주요접촉부분과 발의 토크 변화

2.3.3 전신 모멘트 평형화 보행의 안정성 확보 고찰

앞에서 이족보행의 안정성 확보를 위한 주요 이론들을 살펴보았다. 우선 ZMP 이론과 수동동보행 이론 그리고 전신 모멘트 평형화 보행에 대하여 분석하였다. ZMP는 지지발의 위치를 중심으로 몸체의 움직임이 역학적으로 항상 모멘트가 없도록 해야 하는 조건을 의미하고, 이 조건은 정보행과 동보행의 경우에 일괄적으로 적용될 수 있다. 수동동보행의 경우에는 인간의 보행은 마치 바퀴가 굴러가는 운동으로 단순화가 가능하며, 이에 운동학적인 제한 조건을 보정하면서 보행 중의 에너지 소모를 보충해 준다면 몸체 중심의 연속적이고 부드러운 이동을 실현할 수 있다. 이때의 에너지 소모는 착지 다리와 지면과의 충격에서 대부분 발생되며, 에너지의 보충은 질량을 전방에 배치하여 중력 모멘트를 얻는 방법, 흔들림 다리의 속도 증가에 의한 운동에너지 발생 방법, 지지다리의 길이 확장을 통한 추력 발생 방법 등이 이용되었다[35][53]. 마지막으로 전신 모멘트 평형은 몸체 중심의 속도의 위치와 방향을 최대한 안정하게 유지할 수 있도록 몸체 중심을 기준으로 한 상하, 좌우의 회전 모멘트가 상호 평형을 유지해야 하는 이론이다[7][54].

이족보행의 안정화를 위하여 위의 이론들은 통합적으로 운용되어야 할 필요가 있다. 보행의 목적이 몸체 중심의 안정에 있고, 이는 동역학적으로 가속도 또는 회전각가속도가 발생하지 않도록 유지한다는 데 공통점이 있기 때문이다. ZMP는 중심 속도의 안정을 위한 모멘트 평형을 의미하고, 수동동보행은 ZMP 조건을 만족시키면서 에너지 측면과 기구적 측면에서 단순하고 이해가 쉽도록 구현하고자 하는 측면에 중점을 두고 있으며, 3차원 보행을 위해 전신 모멘트를 평형화함으로써 보행의 안정성을 확보할 수 있다.

지면과의 접촉은 보행 패턴을 결정하는 중요한 변수이다. 무게를 지지하면서 지면과의 마찰에 의해 추력을 발생하는 역할도 있기 때문이다. 이는 흔들림 다리의 기구적 제약 조건을 해결하는 문제와 연계되어, 자연스럽고 부드러운 보행을 위한 요소가 된다. 따라서 보행의 단계는 일반적으로 발의 지지 조건을 기준으로 나누는 것이 보통이다. 하지만 앞에서 언급한 보행 안정화 확보를 위한 관점에서 지면 접촉력과 무게지지 그리고 다리와 발의 기구적 적합성을 기준으로 다음의 사항들을 고려해야 한다.

① 후방 지지다리의 각도와 전방 지지다리의 최대 각도는 다르다. 이는 다리의 흔들림 모멘트에 의한 몸체 중심의 모멘트 평형화로 전방 속도를 일정하게 유지하기 위함이다.

② 추력발생이 없어지면 지지발이 지면과 떨어지기 시작한다. 착지 발은 뒤꿈치부터 닿고 발바닥의 점차적인 접촉 증가에 의해 다리의 속도 증가와 지면과의 충격을 방지해 준다.

③ 지지발이 최대로 전방으로 굽혀졌을 때는 추력이 없어지기 직전이며, 이때의 전방 착지 다리의 상방 다리는 전방으로 최대의 각도가 된다.

④ 지지발이 지면과 떨어지기 시작하면서 착지 다리의 하방 다리가 전방 다리와 동일한 각도가 되도록 펴진다. 이때의 속도는 상방 다리의 펴지는 속도보다 빠르다. 지지발의 발가락도 펴지면서 지지다리의 무릎도 굽혀지기 시작하며, 이때에는 전방 착지다리의 발전체가 지면과 닿게 된다.

위의 사항들을 고려하여 MATLAB/Simulink/SimMechanics™ 상에서 1주기의 보행 모사 실험을 수행한 결과는 다음과 같다.

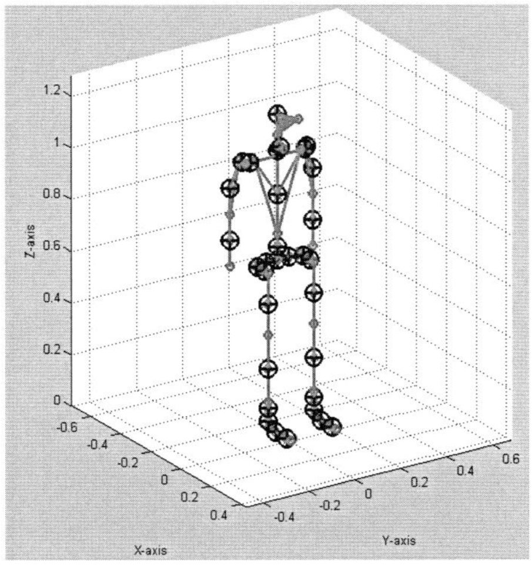

[그림 2.26] MATLAB/SimMechanics™에 의한 모사실험 모델(Simulation model in MATLAB/SimMechanics™)

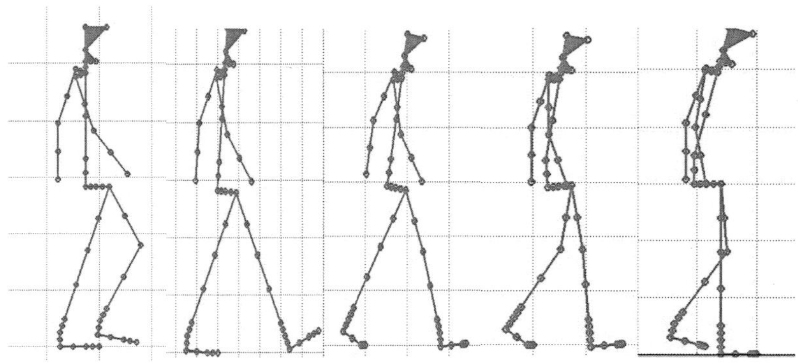

[그림 2.27] 기구적 한계와 지면 접촉을 고려한 보행 모사 실험 결과(Simulation results of walking considering kinematic limits and contact on ground)

지면에 접촉을 유지하면서 몸체 무게를 지지하는 동안에 흔들림 다리의 운동은 기구적 한계를 고려하여 운동하게 된다. 또한 지지다리의 x축 방향 각도와 흔들림 다리의 x축 방향 각도는 대칭적이지 않다. 이는 흔들림 다리의 모멘트 발생 순간에 몸체와 지지다리가 함께 강체와 같이 동작하고, 이는 접촉력과 지지다리에 걸쳐 분포하는 무게 하중 때문이다. 그림 2.28과 같은 보행은 인간의 보행과 유사하고 자연스러우며, 바닥 충격을 줄이면서 몸체 중심 속도의 방향과 크기가 일정하게 유지되는 안정성이 있다.

전신 모멘트 평형이 몸체 중심의 일정 속도 유지를 목적으로 한다면, 역으로 가속과 감속의 경우 순방향 모멘트와 역방향 모멘트가 생성되어야 함을 알 수 있다. 보행의 정지 상태에서 정상 보행 속도에 이르기까지 순방향 모멘트가 계속 작용하게 되고, 멈추기 위해서는 역방향 모멘트가 작용한다. 또한 이러한 모멘트의 발생은 보행 과정에서 연속적으로 이루어지는데, 보행 상황에 따른 방향 전환, 보폭 변경, 경사면 또는 계단 이동, 지면상태의 변경에 따라서 지면과 접촉하여 모멘트의 작용과 반작용이 이루어지는 발바닥과 발에서 이루어지게 된다.

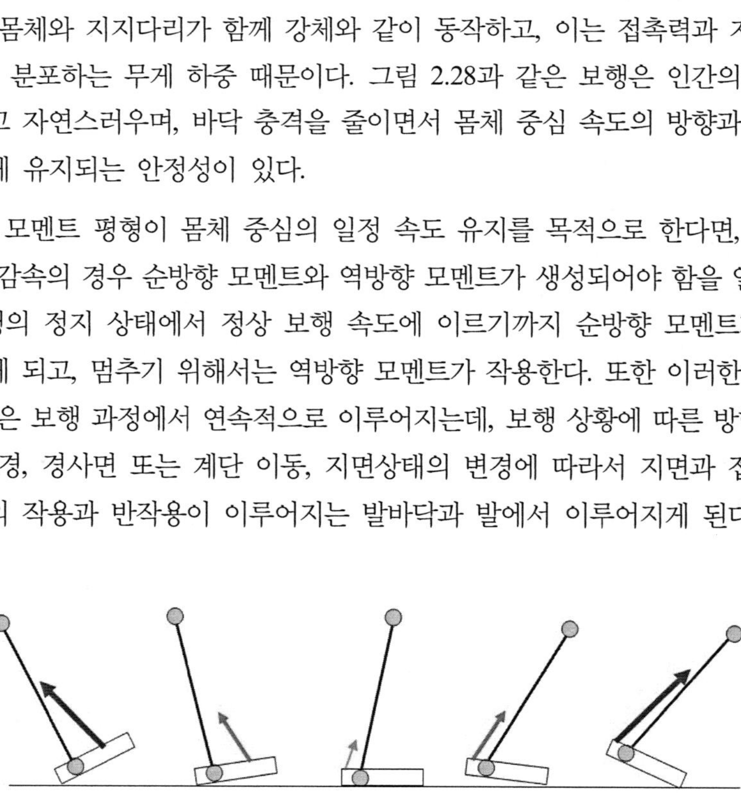

[그림 2.28] 지면과 지지 발의 상호작용(Force interaction between support foot and ground)

발바닥의 작용은 모멘트의 발생 뿐 아니라, 지면과의 충격 전달 완화와 상체로의 급격한 요동을 방지하는 역할도 하게 된다. 지지발이 지면과 접촉하기 시작해서 떨어질 때까지의 무릎 관절부의 시간에 대한 궤적을 연결하면 발의 작용이 없는 경우에 비하여 부드럽고 직선형에 가깝게 변경됨을 확인할 수 있다[44].

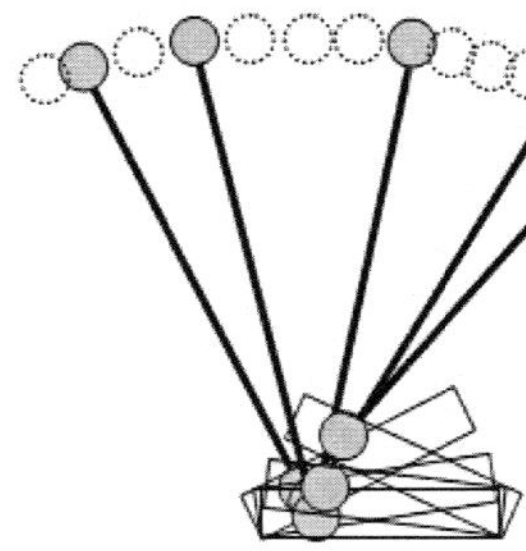

[그림 2.29] 지지 발의 움직임과 무릎 관절 부의 궤적(Knee joint trajectory by support foot motion)

무게중심점은 횡방향($x-y$ 평면)에서 분석할 때 한 쪽 다리지지 순간에 하중의 지지다리 방향으로 변위가 이동하며, 이때, 보폭이 커질수록 그 변위도 커지게 된다. 이때 무릎의 롤자유도를 추가하면 좁은 가로 방향 변위의 보행을 가능하게 할 수 있다[44].

지면이 경사진 경우에는 발바닥 부위 또는 몸체 중심 상의 기울기 센서에 의해 자동적으로 조절하도록 설정할 수 있다. 다음 그림은 각 다리부위의 각도분석을 위하여 다리 링크와 관절각도의 관계를 표현한 것이다.

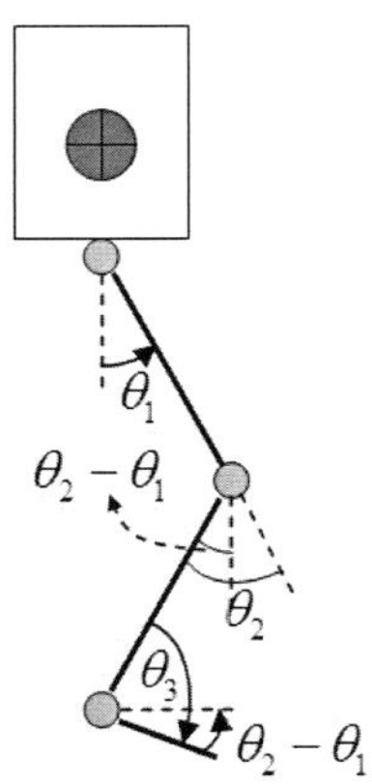

[그림 2.30] 경사면에서의 다리구조 운동학 분석(Kinematics analysis of leg on the slope)

지면위에 일정한 압력을 유지한 채 지지하고 있는 발의 경사각도는 지면의 경사각도와 동일하다. 이 경사각을 δ라고 하고, 하반부 다리와 발과의 각도를 θ_3라

고 하면,

$$\delta = \theta_3 - (\theta_2 - \theta_1) \tag{2-31}$$

이 되고, 관절 각도의 제어 관점에서

$$\theta_3 = \delta + (\theta_2 - \theta_1) \tag{2-32}$$

가 된다. 이 관계를 이용하여 발목 관절의 각도를 제어한다면 경사진 지면 상에서 몸체의 무게 중심을 중력 방향과 항상 평행하게 유지하면서 평형을 유지할 수 있다.

무게를 지지하는 다리와 발의 역학 조건이 충족되면서 지면 바닥과의 접촉력과 반력을 고려하고 보행 시의 다리의 기구적 한계와 모멘트 평형을 이루는 보행은 안정하다. ZMP 조건을 충족시키면서 각 몸체 부위의 흔들림 운동을 전신 모멘트 평형 관점에서 주기적, 대칭적으로 구성하고, 점진적으로 자유도를 확장시키면 인체의 보행과 같은 자연스럽고 효율적인 보행을 구현할 수 있을 것이다. Jessica Rose 등[44]은 무릎과 골반 자유도의 추가가 골반 중심부의 상하 변위를 줄여주면서 부드럽게 변화하게 해주는 효과를 기존 연구의 인용을 통해 확인하였다.

초기 지지발은 몸체의 중앙부에서 전방에 위치하고, 이후, 몸체가 전방으로 이동하면서 상대적 위치가 후방으로 이동되는데, 전방에서 중앙부로 1/3 되는 지점까지 뒤 지지발에 의해서 지면을 미는 힘이 가해져야 한다. 즉, 전방 지지발 지지점(뒤꿈치)을 기준으로 몸 전체에 시계방향 모멘트가 일어날 수 있도록 토크가 작용해야 한다. 이를 뒤 지지발이 발바닥과 지면과의 상호작용을 통해 추력을 발생시키기 되는데, 이는 순차적으로 발목과 발바닥(발가락)의 시계방향 토크에 의해 발생한다. 물론, 이러한 순차적인 토크는 몸체가 전방으로 진행하면서 기구적으로 지지다리도 전방으로 향하여 지면과 멀어지게 되므로 이러한 상황에서 지면에 대하여 추력을 계속 발생할 수 있도록 하기 위함이다.

이를 위해 Wisse 등[35]은 발바닥을 원형 테두리 고리의 일부만 남긴 고정 발 구조를 사용하였으며, 이는 발목과 발바닥의 추력발생 메커니즘을 사용하지 않고, 지면에 대하여 추력을 자연스럽게 가해질 수 있도록 구현한 구조라 할 수 있다. 물론, 이 구조는 자체적인 추력발생 메커니즘이 없으므로 언덕을 내려갈 때의 중력에너지를 이용하고, 무릎부분이 직선적으로 구현되어 있어, 다리길이가 늘어나고 줄어드는 구조를 통해, 시계방향 모멘트를 유지하는 메커니즘이다.

다시 보행 메커니즘으로 돌아가서, 뒤 지지발의 발목의 회전과 그 다음 연속적으로 이루어지는 서보모터의 회전 모멘트 발생 후, 즉 발등에 위치한 서보모터의 회전이 모두 이루어진 후에는 무릎이 다리 안쪽으로 굽어지기 시작함으로써, 전방으로의 흔들림 운동을 시작하게 된다. 다리와 발의 길이가 다음 보폭에 의한 전방 지점 착지를 위해 흔들림 운동을 통해 전방으로 움직이기 위해서는 길이가 줄어들어야 하는데, 그렇지 않으면, 흔들림 운동을 하는 동안 지면 바닥에 닿게 됨으로써 몸체의 전방 이동에 저항을 받아 정상적인 전방 보행을 할 수 없게 된다.

다리가 흔들림 운동을 하기 위해 기구적으로 무릎이 다리 뒤쪽의 안쪽으로 굽어지면서 발목과 발가락도 원래의 초기 각도로 복귀한다. 이때, 발목과 발가락의 초기각도 복귀 시간은 동적인 충격이 전달되지 않도록 부드럽고 천천히 이루어지되, 허벅다리 상부 y축 관절각이 전방 회전각 끝까지 도달할 때까지 끝나야 한다. 이는 자연스러운 연속적 보행의 주기적 운동을 위해 필요하다.

전방보행을 위한 다리 운동은 크게 허벅다리 상부관절, 무릎관절, 발목관절, 발바닥의 네 부분의 순차적인 회전운동으로 이루어진다. 다리 운동의 동역학적 메커니즘에서 중요한 사항은 동역학적 평형 효과를 발생하는 운동과 그렇지 않은 부분이다. 즉, 동역학적 평형 효과는 주요한 관절을 통해 연결된 두 부위의 연결부위 링크구조가 관절축 상에 위치한 회전모터의 회전방향 변화와 이에 따르는 회전각가속도 변화 그리고 회전모멘트 발생으로 연결된다. 한 관절축에서 발생하는 한쪽 연결부 링크에서 다른쪽 연결부 링크로의 회전모멘트 발생효과는 몸체상단부로 전달되어 결국 몸체 중심점의 운동방향 및 운동가속도에 영향을 주게 된다.

동역학적 평형 효과를 발생하지 않는 운동은 주기적 보행걸이 운동에서 주관절이 아닌 부관절의 회전 중에 유지되어야 하는 조건이다. 이때 주관절과 부관절을 구분하는 조건은 몸체의 전진을 위한 지면과의 상대적 힘을 주고받는지 여부에 의해 결정된다. 즉, 지면과 추력발생을 위해 힘 및 모멘트의 상호작용을 받는 관절회전 운동은 주관절이 되며, 그렇지 않은 운동인 흔들림 운동 시의 무릎과 발목, 발가락의 원상복귀 회전운동은 부관절 운동이다. 이러한 부관절 회전운동은 최대한 몸체에 회전모멘트를 추가적으로 발생시키지 않도록 최대한 부드럽고 천천히 회전운동을 해야 하며, 이는 3차원 공간에서 전체 팔과 다리의 동역학적 평형 효과를 발생하는 주관절의 운동 및 몸체 중심의 동적 평형에 외란으로 작용하는 것을 방지하기 위함이다.

전기 DC 모터의 제어 측면에서 볼 때, 주관절의 회전각 제어와 부관절의 회전각 제어는 그 방법이 상이하다. 주관절의 회전각 제어는 양 끝 각을 기준으로 반복왕복의 추종 운동을 하며, 이 중간의 제어 목표각은 고려하지 않는다. 즉 PD

제어기에 의한 회전각 제어를 할 때, 목표각인 한쪽 끝 각도를 추종하는 데 있어 어느 시점의 현재각도와 목표각도와의 차이 즉 오차항이 클수록 이에 비례하는 제어력이 발생하고, 따라서 DC 모터의 회전속도는 그만큼 커지게 된다. 이는 양 끝점에서 속도가 0이고 중간지점, 즉 주기 0도 위상과 180도 위상의 중간지점인 90도 위상에서 가장 속력이 커지게 된다. 90도 위상에서 속력이 가장 커짐으로써, 회전운동에너지는 가장 커지게 되며, 양 끝점인 0도 위상과 180, 360도 위상에 이를 때에는 속력이 급격히 바뀌고, 가속도의 방향이 바뀌게 되어, 그림과 같이 회전 모멘트는 가장 커지게 된다. 이는 회전가속과 감속이 가장 큰 양 끝점 부근에서 각가속도 절대값이 최대이고, 이 관절축에 연결된 각각의 회전관성모멘트의 크기에 따라 서로 반비례한다.

2차원 평면상에서의 이러한 지속적 회전모멘트 발생메커니즘에 의한 전방향 보행을 $x-z$평면, $y-z$평면, $x-y$평면상에서 모두 분석할 때 3차원 공간상에서의 동적 평형이 이루어지고, 실제 실험에서 휴머노이드의 보행 시 안정성을 유지할 수 있다. 몸체의 무게가 몸체 중심에 있다고 가정하면, 보행 시에 항상 z축 방향의 정적 평형이 이루어지기 위해서는 양 발의 최대 보폭일 때 몸체가 양 발의 압력 중심의 중간에 위치해야 하고, 흔들림 운동 시에도 허벅다리 상단부의 관절 축의 회전각보다 몸체의 기울임 각이 작아야 한다. 일반적인 무게중심의 좌우 왕복 이동으로는 구조상 한계가 있으므로 다음과 같이 전방향 관성을 유지하면서 중력에 의한 좌우 이동 반대 방향의 모멘트 성분을 고려하여 다음 그림과 같은 보행패턴을 고려한다.

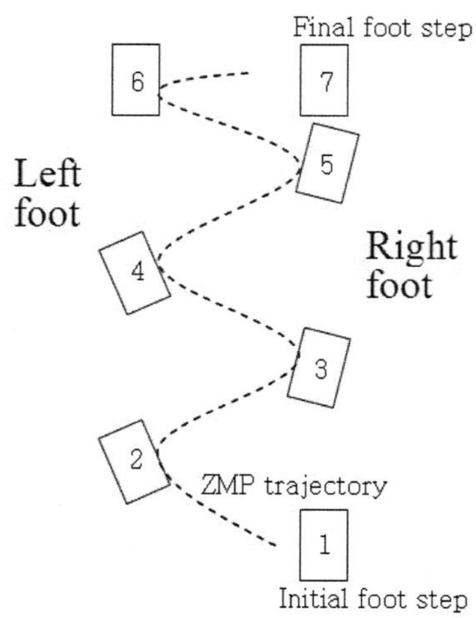

[그림 2.31] 전신 모멘트 평형화 보행(Walking by whole body moment balance)

발바닥과 발의 역할은 지면과 접촉한 상태에서 추력 발생과 모멘트의 조절 기능을 하므로 휴머노이드로봇 설계에 있어 가장 중요한 부분이라 할 수 있다. 지면의 상태에 따라 몸체에 전해지는 충격력과 수직항력에 따른 추진력이 결정되므로 발바닥은 충격을 완화하는 점성과 추력을 생성할 수 있도록 강성 그리고 큰 마찰계수를 가지도록 설계되어야 한다. 지면에 접촉할 때, 지면과 작용 반작용의 힘을 받게 되므로, 발 구조의 제어 메커니즘이 비선형성을 유지하는 것도 중요하다. 센서피드백의 경우 갑작스런 속도 오차 또는 잡음에 의해서도 과도한 출력이 발생할 위험성도 있기 때문이다. 반력에도 불구하고 일정한 힘을 일정 시간동안 가하기 위해서 공압 시스템을 고려하는 것은 이러한 이유 때문이다.

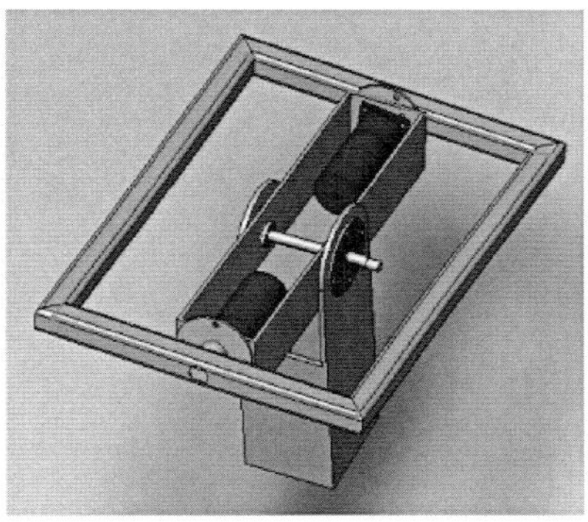

[그림 2.32] 골반 기구의 3차원 CAD 모델(3D CAD model for pelvis platform)

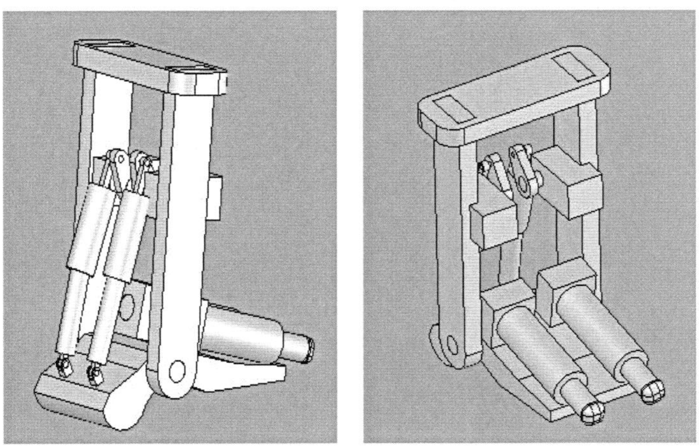

[그림 2.33] 공압식 발의 3차원 CAD 모델(3D CAD model for pneumatic foot)

2.4 이족보행 제어

2.4.1 이족보행 제어의 연혁

1960년대 후반 Vucobratobic이 이족보행로봇에 관한 모델링을 제안한 이후 이족보행로봇에 대한 많은 연구가 수행되었다. 이러한 연구들은 연구 시기별 단계에 따라 크게 이족보행로봇의 모델링과 제어, 이족보행로봇 걸음새나 몸체추진 궤적을 포함한 제어로 나뉠 수 있다. 또한 연구 방법에 따라 이족보행로봇의 걸음새나 몸체의 모델링 및 제어와 같은 이론적 연구방법과 실시간시스템의 보행을 목적으로 하는 메커니즘 설계와 실험적 연구방법으로 분류할 수 있다.

초기형태의 이론적 연구로서 이족보행로봇의 모델링과 제어는 로봇의 외형에 따라 다리부만 고려한 연구와 다리부와 균형관절을 포함한 보다 복잡한 형태의 연구형태로 분류 할 수 있다. 전자의 경우로 동적 보행시에 로봇의 걸음새 동작의 특성을 파악하고 이를 제어하는 연구, 3자유도 이족보행로봇의 토크를 줄이기 위해 경로계획을 이용한 제어, 5자유도 이족보행로봇의 운동방정식을 Direct Noninear Decoupling 방법에 의해 선형화시켜 거동을 제어하는 연구, 토크센서를 이용해 9자유도 로봇의 보행 제어, 보행동작의 모델링과 선형화 제어로 인한 상태공간의 안정도 해석, 5자유도 로봇의 모델링과 슬라이딩모드 제어를 통한 보행 궤적 추적 제어에 관한 연구들이 수행되었다.

다양한 환경 하에서 보행하기 위해 이족보행로봇은 반드시 걸음주기나 보폭, 방향전환 등과 같은 걸음새를 변경할 수 있어야 한다. 그러나 하체의 다리부로만 구성된 이족보행로봇은 그렇지 않은 이족보행로봇에 비해 걸음새 변경능력이 미미하거나 훨씬 복잡한 알고리즘을 필요로 하며, 보행전 균형점 궤적이나 균형운동을 검증 또는 결정하기 어려운 단점이 있다. 이를 해결하기 위해 하체의 다리부만으로 구성된 초기형태의 로봇에 대한 연구를 바탕으로 보다 발전적으로 시스템의 안정도 보상을 위한 상부에 균형관절을 갖는 형태의 이족보행로봇에 대한 연구를 수행한다. 유각의 동특성과 중력가속도에 대한 보상의 형태로 고려돼 온 이족보행로봇의 균형관절은 그 개념이 소개된 이후 직진운동관절(prismatic joint)과 회전운동관절(revolute joint)의 두 가지 형태가 병존해 왔다.

1990년대 후반의 연구들은 이족보행 걸음새나 로봇의 몸체추진 궤적에도 관심을 보여 왔다. 이들 연구들은 전형적으로 역동력학(inverse dynamics) 연산에 의한 토크 제어를 기본으로 하거나 신경회로 알고리즘을 이용해 걸음새를 구현한다. 이외에도 외란 관측기, H∞ 제어기 등을 이용해 강인한 제어를 구현하거나, 균형을 학습에 의해 개선시키는 연구, 모의실험을 수행해 기존의 연구가 갖고 있는 제약을 극복하고자 하는 연구도 많이 수행되었다. 그러나 고자유도 시스템의 운동방정식의 복잡성으로 수학적 모델의 정립이 어렵고 이로 인해 다양한 걸음새를 구현하기에는 제한적이었다.

또한 이족보행을 수행하는 데 있어서 최적의 에너지 소모를 도모하기 위한 연구도 병행됐으나, 이 역시 시스템의 안정도 또는 균형화를 포함하고 전체 시스템을 표현하는 수학적 모델을 도출하지 못한 한계성을 보여줬다. 이러한 기존 연구들 의 한계점을 극복하여 보다 다양한 걸음새를 안정되게 구현하고 적절한 제어방법의 모색을 위해서는 이족보행로봇의 안정도가 포함된 수학적 모델의 유도가 필수적이지만 여러 연구 결과에서 나타난 바와 같이 어려운 난제로 남아 있다.

이론적 모델링을 통한 접근방법과는 달리 보행을 위한 구동 메커니즘의 설계와 실험적인 방법으로 접근한 연구들이 있다. 이러한 실험적 방법에는 무거운 자중을 지지하며 각 다리관절을 구동하는 구동기의 설계 및 제작과 상하체관절, 균형 및 보행을 제어하는 제어 시스템 구성의 두 방법이 고려되야 한다. 구동기에 대한 초기 연구로 유압 시스템을 사용해 다리를 구동하는 연구가 있었으나, 유압은 무거운 중량, 큰 부피 외에도 유지나 관리가 어려워 거의 대부분 감속기를 이용한 모터를 직접관절에 부착하는 구조로 이루어져 있다. 하지만 이 방법은 구동모터의 구동토크 한계와 감속기의 강성의 한계로 구동토크 변화율의 한계 및 로봇의 크기에 제한을 둘 수밖에 없는 구조적 한계점을 가지고 있다. 이를 해결하기 위해 스프링 메커니즘을 이용, 구동기의 토크를 높이는 연구가 수행됐지만 여전히 만족할 만한 강성을 얻지 못하고 있다. 따라서 규모에 있어서 소형이고 고강성을 가지며 높은 기어비로 고토크를 구현할 수 있는 구동기의 개발 없이는 이족보행로봇의 원활한 보행은 한계가 있고, 따라서 이족보행로봇의 개발은 그 의미를 잃게 된다.

2.4.2 인체형 이족보행로봇 개발의 구분

(1) 구조부

고강성을 가지며 높은 기어비를 갖는 볼나사를 사용하는 새로운 구조의 관절 구동기를 채용한, 궁극적으로는 자율보행을 목적으로 하는 이족보행로봇을 개발한다. 로봇의 관절을 구동하는 구동기의 기구부는 볼나사를 채용한 사절 링크구조로 구성되며, 회전링크의 한 변을 볼나사를 사용해 직선운동으로 대체한다. 직선운동은 서로 연결된 다른 링크의 회전각을 변환시키고 궁극적으로 로봇 다리의 회전축을 구동한다. 각 다리의 발목, 무릎 및 힙관절은 같은 원리의 구동기구부로 구성된다. 단, 발의 Roll 운동은 고감속비를 갖는 기어를 부착한 모터로 구성된다. 이족보행로봇의 다리는 이렇게 구성된 다리 두 개로 조합된다. 따라서 로봇은 각 다리에 Pitch 축 3개와 Roll 축 1개씩 8자유도로 구성하고 안정적인 보행을 위한 균형관절을 각각 Pitch 축 1개와 Roll 축 1개를 구성해 총 10자유도로 이루어진 로봇이다. 제어부는 운동학적 연산, 보행경로 궤적 및 편집기능을 갖는 IBM PC와 각 축을 구동하는 모터를 제어하는 10축 모션 컨트롤러로 구성되고 서보모터 드라이버는 직접 제작한다.

(2) 전자 제어부

이족보행로봇의 각 다리는 Pitch 축 3개와 Roll 축 1개로 구성, 두 다리가 8자유도로 구성되고, 균형을 잡기 위한 관절은 Pitch 축 1개와 Roll 축 1개로 구성, 총 10자유도로 구성된다. 이들 10축의 제어기로 모션 제어보드 2대를 사용한다. 10자유도 관절들은 모두 DC 서보모터로부터 구동력이 제공된다. 1축당 DC 서보모터 1대씩 채용됐으며, DC 서보모터들이 병렬적으로 구성돼 10자유도를 구동한다. 보행로봇의 전자 제어부의 전체 구성은 인터페이스 부분과 모터 드라이브 부분, 리밋 센서, 인코더 센서 등이 모터와 제어기 사이를 연결해 시스템을 구성한다.

2.4.3 보행실험

이족보행로봇의 보행 알고리즘에 대한 수많은 연구들이 수행되었다. 이러한 기존 연구들의 한계점을 극복하고 보다 다양한 걸음새를 안정되게 구현하고 적절히 제어하는 방법의 모색을 위해서는 이족보행로봇의 안정도가 포함된 수학적 모델의 유도가 필수적이지만 여러 연구 결과에서 나타난 바와 같이 어려운 난제로 남아 있고, 이를 다시 로봇의 보정 데이터로 변환하는 데는 많은 어려움이 존재한다. 따라서 많은 시스템에서 이족보행로봇의 개발을 사람이 직접 보행해서 얻은 데이터로 자체 개발한 모션 캡처 시스템을 이용해 획득한 후에 로봇에 직접 적용하는 실험적인 방법을 택한다.

(1) 보행데이터 창출

다음의 방법을 이용해 보행데이터를 창출한다.

① 사람의 보행에서 관절들의 변화를 보기 위해 각도센서가 부착된 기구를 사람의 다리에 부착, 관절들의 각도변화를 실험적으로 얻어내어 이를 응용

② 운동학적으로 질량중심이 안정한 범위에 있도록 걸음새 패턴을 결정
③ 이렇게 결정된 각 관절들의 변화를 적용하여 저속으로 실제 보행을 실험
④ 이때 가속도와 관성 모멘트 등에 대한 영향은 균형관절로 보상

①은 제작한 모션 캡처 시스템을 이용해 얻은 데이터를 컴퓨터 시뮬레이션 작업을 통해 발목, 무릎, 힙관절의 동작데이터를 구하는 단계다.

이때 사용된 모션 캡처 시스템에서 기계적 방식으로 사용된 센서는 각도 센서인 포텐쇼미터이다.

(2) 보행동작

보행실험은 우선 각 다리의 운동학적 원점과 동작의 일치성을 보기 위해 앉았다 일어서는 동작을 반복적으로 행하였다.

사람의 일상적인 보행과 동일한 보행을 위한 전단계의보행으로 균형관절을 사용하지 않고, 다리부분만으로 보행 실험을 다음과 같은 과정으로 행한다.

① 오른쪽으로 기울임(질량중심이 오른발 위에 있도록).
② 왼쪽 다리를 듬.
③ 왼쪽 다리를 전방으로 이동
④ 왼쪽 다리를 착지(왼발이 바닥에 밀착하도록)
⑤ 평형위치로 복귀
⑥ 왼쪽으로 기울임(질량중심이 왼발 위에 있도록).
⑦ 오른쪽 다리를 듬.
⑧ 오른쪽 다리가 왼쪽 다리와 평행하게 위치하도록 앞으로 붙임.
⑨ 오른쪽 다리를 왼쪽 다리와 평행한 위치에서 내림.
⑩ 평형위치로 복귀

위와 같은 10단계의 구동과정으로 반보를 걷는 1사이클이 이뤄진다. 반보 진행 후 다시 초기위치 복귀작업을 취한 것은 구동 시에 위치 센서인 인코더가 절대치 인코더가 아닌 점을 감안할 때 그 위치 값을 잃어버릴 수 있기 때문에 이 과정을 다시 행하였고, 또 이 과정을 행함으로써 다시 원점상태이므로 걸음새의 동작이 동일하게 계속적으로 이뤄질 수 있다는 점이다. 위의 과정을 반복하면 전방으로 계속 걸을 수 있다.

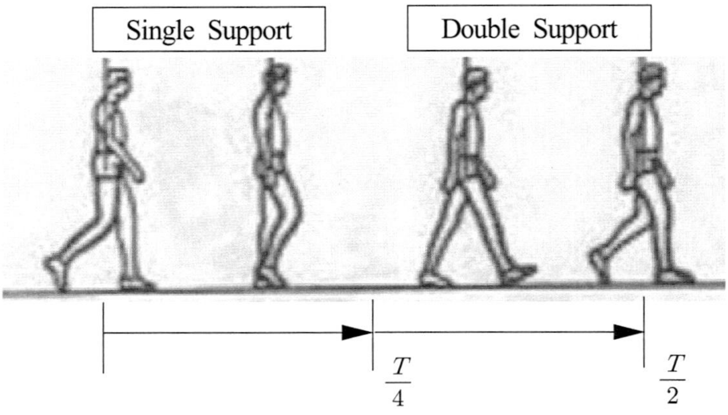

[그림 2.34] 보행주기와 다리의 지지상태 구분

2.5 이족보행 시뮬레이션

2.5.1 이족보행 안정화 제어기

인간크기의 로봇에 위의 방법을 적용하는 경우 평면에 근소한 수 mm의 요철이 있는 것만으로도 전도해 버리게 된다. 인간에 근사한 로봇에는 평면의 요철에 의해 작은 요동이 발생하면 급속히 확대되어 동작이 멈추기도 한다. 그래서 로봇 내부에는 자이로, 가속도계, 힘센서와 같은 각종 센서 정보를 이용하여 보행패턴을 수정하게 되고, 다소의 요철이나 외란이 존재해도 보행이 계속할 수 있도록 하는 소프트웨어가 필요하다. 이것을 보행안정화 제어기라고 한다.

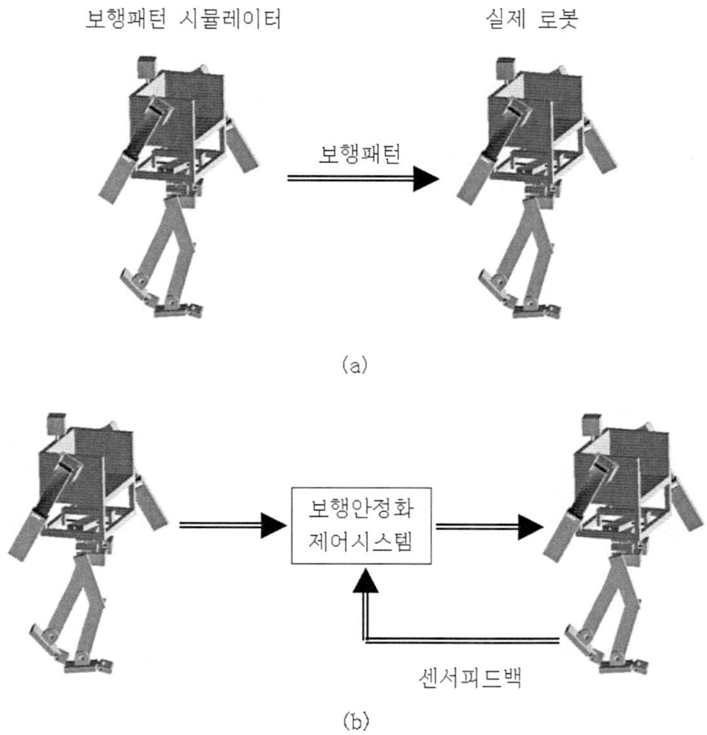

[그림 2.35] (a) 시뮬레이터 지령에 의한 보행패턴생성 (b) 센서피드백에 의한 보행안정화제어시스템

기본적인 이족보행 제어의 윤곽은 그림 2.35에 나타나 있다. 로봇이 보행하도록 하기 위한 각 관절각도 데이터를 보행패턴이라 하고 이것을 계산하는 소프트웨어를 보행패턴생성기라고 한다. 이상적인 상황에서 보행패턴을 실제의 로봇에 도입하면 이족보행이 가능하게 된다. 하지만 이러한 경우는 충분히 정확한 모델을 사용한 경우에 한정되고, 명령대로 동작하는 강성이 높은 로봇과 완전히 평평하고 강한 지면 조건이 갖춰지지 않으면 보행을 이룰 수 없다.

CoG(CoM)가 지지다각형 외부에 있을 때에도 ZMP는 지지발 바닥면 상에 존재할 수 있다. CoG가 지지다각형의 전면에 존재할 때에는 지지발보다 몸체의 무게중심이 앞으로 나아갔다는 의미이다. 이때에는 지지발바닥 면과 지면과의 마찰력에 의해 횡방향 성분의 힘 성분이 추가적으로 발생하고, 이는 CoG에 의한 시계방향의 모멘트와 반대방향의 모멘트를 발생시키게 되어, 전체 모멘트가 평형이 된다. 이때의 지지발 바닥면과 지면과의 마찰이 이루어지는 마찰면압 중심이 ZMP가 된다.

만약, 얼음면과 같이 미끄러운 지면 상에서 이러한 보행 운동이 시작되면, 마찰력이 존재하지 않으므로 반시계방향의 모멘트가 발생하지 않고, 결국 시계방향으로 회전이 가속되어, 앞으로 쓰러지게 될 것이다. ZMP는 정적, 동적인 힘이 평형을 이루는 조건 하에서, 로봇이 쓰러지지 않기 위해 유지해야 하는 모멘트 평형, 즉 모멘트 합력이 0이 되는 조건이 될 때의 지면 상의 한 점을 의미한다. 한 발 지지일 때는 그 지지발의 바닥면 상의 점이 되고, 두 발로 지지할 때는 두 발 사이의 바닥면 상 임의의 한 점이 된다. 즉, 안정적인 보행을 위해서 ZMP는 항상 존재해야 한다.

2.5.2 안정한 보행

지면이 평평하지 않을 때나 외부의 힘이 가해졌을 때에도 쓰러지지 않고, 계단이나 경사면 상을 걸을 수 있는 안정된 보행을 유지하고자 한다. 안정된 보행을 유지하기 위해서 로봇의 자세를 제어한다.

이러한 기능은 크게 세 부분으로 나누어지며 바닥면압을 이용한 제어, 목표 ZMP제어와 착지점 위치 재선정이다. 이러한 세 제어 상황은 개별적으로 작동하기도 하면서 상호 협동적으로 제어되면서 안정된 보행을 가능하게 해 준다. 로봇이 걸을 때, 중력과 보행에 의한 가속과 감속에 의해 야기되는 관성력에 의해 영향을 받는다. 이러한 관성력과 중력 뿐 아니라 발이 지면에 도달했을 때, 지면으로부터의 반작용을 받게 된다. 이 관성력, 중력에 의한 힘의 합력 벡터와 지면과의 교차점에서 회전모멘트가 0이 되면 이 점을 ZMP라고 한다. 이 점에서는 지면 반작용도 방향이 다를 뿐 합력 벡터와 동일하게 된다.

이상적인 보행 형상은 컴퓨터에 의해 결정되고 이를 위한 각 관절각도 이에 따라서 결정된다. 이상적인 보행 형상의 총관성력을 목표 총관성력이라 하고 이 때의 ZMP를 목표 ZMP라고 한다.

로봇이 보행 중에 안정을 유지하면 목표 총관성력과 실제 지면 반작용력은 방향만 반대이고 그 크기는 동일하다. 따라서 목표 ZMP와 지면 반작용력의 중심점은 동일하다. 로봇이 평평하지 않은 지면 상을 보행할 때, 목표 총관성력 벡터 방향과 실제 지면 반작용력 벡터 방향은 다르게 되고, 평형은 깨지게 되어 쓰러지는 방향으로 힘이 작용하게 된다.

(1) 바닥면압 이용한 제어

지면 반작용력을 보행 과정에서 분석해 보자.

로봇 발 끝이 돌부리를 밟았을 때, 실제 지면 반작용력의 방향은 발 끝의 위치 만큼 상승한다. 바닥면압을 이용한 제어 방식은 발 끝의 위치를 변경하여 새로운 목표 ZMP를 산정하게 된다.

이러한 상황은 지면이 내리막일 때와 로봇의 몸체가 앞으로 기울어질 때에도 발생한다. 로봇 발 끝의 위치가 낮아지면, 발 끝에 더 많은 압력이 가해지게 되고, 실제 지면 반작용력 벡터는 전방으로 기울어지게 되고 이때 발목 모터에서 토크가 증가하여 몸체의 균형을 잡게 된다. 지면 반작용력 벡터 작용점의 범위가 발바닥 안의 영역에 존재해야 하는 제한 조건이 있으므로 몸체의 균형을 유지하기 위한 토크의 크기는 지면 반작용점의 작용범위 이하로 결정된다.

(2) 목표 ZMP 제어

로봇의 몸체가 앞으로 더욱 기울어지면 쓰러지는 것을 막기 위해 목표 ZMP 제어가 동작한다. 목표 ZMP 점과 실제 지면 반작용력의 작용점이 불일치할 때 로봇이 쓰러지기 시작하므로, 이러한 상황에서는 이상적인 보행 형태보다 더 가속을 함으로써 ZMP 요건을 충족시키게 된다.

(3) 착지점 위치 재선정

목표 ZMP 제어가 이루어질 때, 이상적인 상황에 비하여 몸체의 무게중심이 가속방향으로 이동하게 된다. 이때, 흔들림 운동을 하는 한 쪽 다리의 발이 이상적인 상황의 착지점으로 착지를 하면, 몸체의 무게중심 위치보다 후방으로 뒤쳐질 수 있고, 보행의 불균형을 야기하여 이 상황에 계속되면 앞으로 쓰러지게 된다. 따라서 흔들림 운동이 가속됨과 동시에 착지점 위치를 재선정하게 되고, 착지점 위치의 전방 추가 거리, 즉 보폭 변화는 몸체 중심의 가속에 비례하도록 설정된다. 결과적으로 보폭을 이루는 뒷 발과 앞 발의 중심 위치가 무게 중심의 지면 수직 투영점이 되도록 조절한다.

보행은 크게 정지 상태에서 가속하고 도중에 속도를 바꾸기도 하고, 방향을 바꾸는 선회를 하며, 멈추기 위하여 감속을 하게 된다. 가속과 감속 과정에서 로봇에 추가적인 관성력을 야기하여 보행에 불안정한 영향을 줄 수 있으므로 이때에는 미리 예상하여 무게 중심을 이동시켜주는 제어가 필요하다. 또한 방향 선회가 일정 보행 속도 이상으로 이루어지는 동안에는 원심력을 고려하여 회전중심 방향으로 무게 중심을 이동시켜야 한다.

2.5.3 로봇의 데이터구조와 프로그래밍

(1) 데이터구조

휴머노이드로봇은 다수의 링크가 관절에 연결된 구조이므로 효율적 해석을 위해서 관절과 링크로 분해하는 것이 유용하다. 그림 2.36에는 2개의 분할방법을 보여준다. (a)는 분리되는 링크의 끝부분에 관절을 포함하는 방법이며, (b)는 몸체 또는 몸체에 몸체에 인접한 쪽의 링크에 관절을 포함시키는 방법이다. 컴퓨터 시뮬레이션을 행하는 중에는 (a)의 분할방법이 유리하다. 왜냐하면 이 경우 몸체이외의 모든 링크가 분명히 관절 1개를 포함하고, 모든 링크를 동일한 알고리즘으로 취급하기 쉽고, 기존의 모델에 새로운 관절을 추가하기가 편하기 때문이다.

한편 (b)의 방법에는 각 링크가 가지각색의 수의 관절을 포함하기도 하고, 프로그래밍이 복잡해지기도 한다. 또한 여기서 고려할 수 있는 분할은 어디까지나 개념상의 것이므로 현실적으로 여러 방법이 있을 것이다.

이와 같이 분할하는 링크를 연결하여 합하게 되면, 휴머노이드로봇의 구조가 재현된다. 링크 사이의 접촉관계는 그림 2.36의 가지구조로 표현이 가능하며 링크의 계층구조는 그림 2.36과 같이 표현된다. 상층은 좌우의 BODY, 하층은 좌하의 RHAND가 된다. 실질적인 외관과 다르지 않게 그림 2.37과 동일하게 전체 링크 사이의 계층관계를 표현할 수 있다.

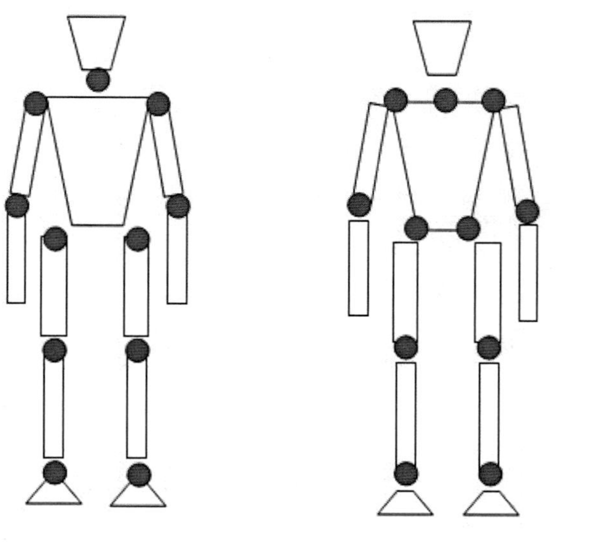

(a) 다수의 링크-관절 일체형 (b) 각 관절의 기저구조 결합형

[그림 2.36] 몸체와 링크-관절의 결합 구조

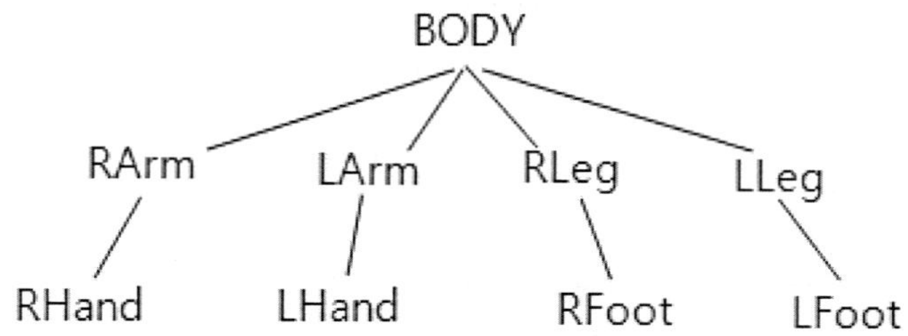

[그림 2.37] 몸체와 링크-관절의 계층구조

(2) 재귀호출에 위한 프로그래밍 방법

이상의 정보를 실제의 컴퓨터프로그램에 도입하는 방법을 고려하자. 이에 관해 그림 2.38로 표시한다. 링크를 일관성있게 지정하기 위해서 가지의 뿌리에 있는 BODY의 ID를 1번으로 하고, 나머지는 적당한 순서로 번호를 부여한다. 표에는 이 ID를 이용하여 모든 상호간의 접속관계가 표현되어 있다.

ID	name	parallel	vertical
1	BODY	0	2
2	R_ARM	4	3
3	R_HAND	0	0
4	L_ARM	6	5
5	L_HAND	0	0
6	R_LEG	8	7
7	R_FOOT	0	0
8	L_LEG	0	9
9	L_FOOT	0	0

[그림 2.38] 몸체와 링크-관절 구조의 명명

이 정보를 MATLAB의 명령창에 직접 입력하는 것은 다음과 같이 하면 된다.

[소스 1] 링크와 접속관계

```
global Link
Link(1).name = 'Body';
Link(1).parallel = 0;
Link(1).vertical = 2;
```

여기서 Link는 구조체 배열의 이름이며, 대부분의 데이터는 여기에서 분리 저장된다. 1행의 Link를 다른 프로그램에서 이용하기 위해서 전역변수 선언 명령어인 global을 사용하고 있다. Link(1)은 ID가 1번에 대응한 링크를 표현하고 데이터필드를 지정하여 직접 나머지 정보를 입력하였다.

마찬가지 방법으로 Link(2) 이하의 정보를 입력하여 대화적으로 사용이 가능하다.

데이터구조로 저장되어 있는 모든 링크의 정보를 다음 프로그램으로 확인할 수 있다.

[소스 2] PrintLinkName.m 모든 링크의 이름을 표시해주는 함수

```
function PrintLinkName(i)
globla Link
if I~=0
fpintf('i=%d: %s/n', I, Link(i).name);
printLinkName(Link(i).vertical);
printLinkName(Link(i).parallel);
end
```

이 프로그램에서 변수에 부여한 ID를 체크하여 0이 아니면 자기자신의 이름을 출력하고 평행관계 또는 수평관계의 이름을 출력하게 된다.

MATLAB의 명령창에서 PrintLinkName(1)과 입력한 Body 링크 이하 가지 구조에 존재하는 링크의 이름들을 한번에 출력할 수 있다. 이러한 예와 같이 변수들과 그 관계들을 재귀호출(recursive call)할 수 있다. 재귀호출의 기술을 사용하여 전체링크의 질량의 합계를 구하는 프로그램을 간단하게 작성할 수 있다. 각 링크 질량이 세트로 설정이 되었다.

[소스 3] 각 링크별 질량 결정 함수

```
function m=total_mass(i)
global Link

if I ==0
m=0;
else
m=Link(i).m + total_mass(Link(i).parallel) + total_mass(Link.vertical)
end
```

프로그래밍은 인수에 부여한 ID가 0이 되면 링크는 존재하지 않아 0Kg이 되고, ID 가 0이 아니면, 다른 링크들 모두를 합한다. 명령창에서 TotalMass(1)을 입력하면 프로그램은 자동적으로 가지구조 전체를 조사하고, 모델링이하의 전 질량을 계산하게 된다. 또한 전체 링크의 개수를 계산한 후에 for 루프에서 합계를 구하게 된다.

(3) 휴머노이드로봇의 운동학

① 모델링 작성법

구체적인 메커니즘에 관해 그림과 같이 13자유도의 하체구성과 좌표계 설정을 고려한다.

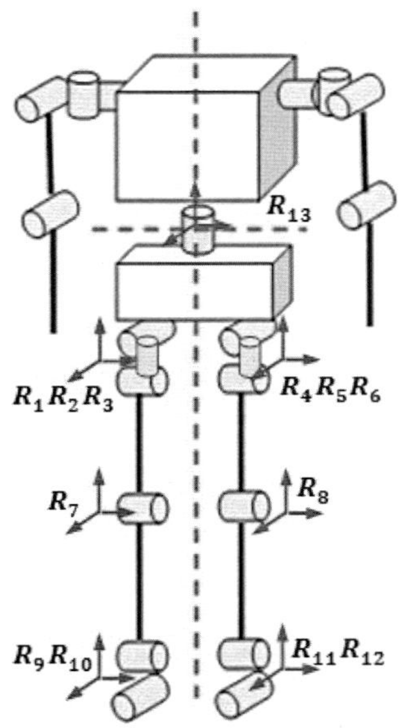

[그림 2.39] 하체 관절의 지역좌표계 구성도

지역좌표계의 원점은 관절의 회전축 상에서 어디에 설정하는 것이 좋을까? 여기서 이 로봇의 몸체관절은 3축이 한 점에서 교차하기 때문에 3개의 링크의 원점을 모두 몸체 관절 중심에 설정하는 것이 합리적이다. 마찬가지 방법으로 다리 끝에 대해 2축의 교점을 원점으로 설정한다. 또한, 지역좌표계의 회전행렬에 관해서는 기준자세에 대하여 모든 전체좌표계와 평행하게 된다.

따라서

$$R_1 = R_2 = \ ... \ = R_{13} = E \tag{2-33}$$

이와같은 좌표계 설정은 로봇의 보행을 위한 필수적 자유도를 제공하며 각 좌표계 상의 회전축 회전각도 설정에 의해 비로소 보행동작이 가능해진다.

이 방법을 사용하여 순운동학, 자코비안, 역운동학의 알고리즘을 구축하기 위해서는 링크의 질량 뿐 아니라, 형상, 관절위치, 회전각, 회전속도 등 다양한 정보가 필요해 진다. 이를 위한 물리량은 이미 등장한 것을 포함하여 표 2.1에 정리한다.

[표 2.1] 링크 정보

링크의 특성	수식중의 기호	Link 데이터필드
자신의 ID	i	
평행관계링크 ID	없음	parallel
수직관계링크 ID	없음	vertical
기저링크 ID	j	upper
전체좌표계상의 위치	Pi	p
전체좌표계상의 자세	Ri	R
전체좌표계상의 속도	vi	v
전체좌표계상의 각속도벡터	wi	w
관절위치	qi	q
관절속도	q ′ i	dq
관절가속도	q ¨ i	ddq
관절축벡터(기저링크기준)	ai	a
상대위치(기저링크기준)	bi	b
질량	mi	m
중심위치	ci	c
관성텐서	Ii	I

② 관절각도부터 링크위치와 자세를 구하는 순운동학

순운동학(Forward kinematics)은 주어진 관절의 각도부터 목적 링크의 위치와 자세를 구하는 것을 말한다. 이와 같은 계산은 로봇의 중심위치 계산, 그래프 표현, 환경과의 접촉판정등에 필요하고, 로봇의 시뮬레이션의 기본을 이룬다. 로봇의 관절구조를 표현하는 방법으로 유명한 D-H(Denavit-Hartenberg) 방법이 있다. 본서에는 관절마다 좌표계의 방향을 변화시킬 필요가 있는 등의 제약이 많아서 오류가 나오기 쉽기 때문에 전 절에서 기술한 방법을 사용하였다.

순운동학의 계산은 본장의 처음에 설명한 동차변환행렬과 연속법칙에 의해 간단하게 수행된다.

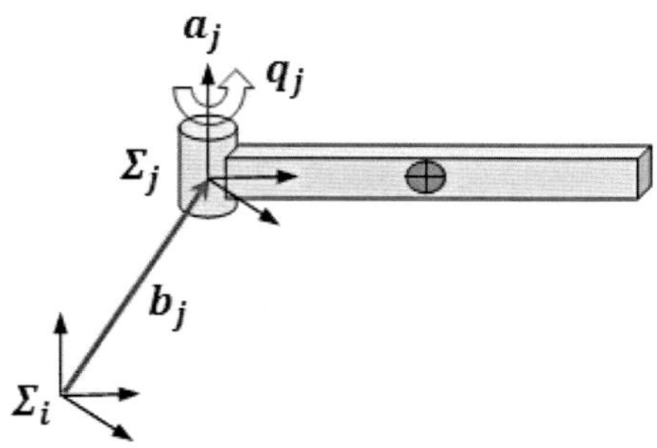

[그림 2.40] 단일 링크의 위치, 방향벡터와 회전각 관계

우선 그림 2.40과 같이 1개의 링크의 동차변환행렬을 구하자. 관절회전축상의 원점을 가지는 지역좌표계 $\sum_j$를 설정한다. 기저링크좌표계에 보이는 회전축 벡터가 a_j이고, $\sum_j$의 원점이 b_j에 있다. 관절의 회전각을 q_j, 회전각 0의 초기상태에 있는 링크의 자세행렬을 E라 한다.

1개의 링크위치, 자세와 회전 a_j, b_j는 제각각 기저링크에서 본 관절축 벡터와 원점위치를 나타낸다.

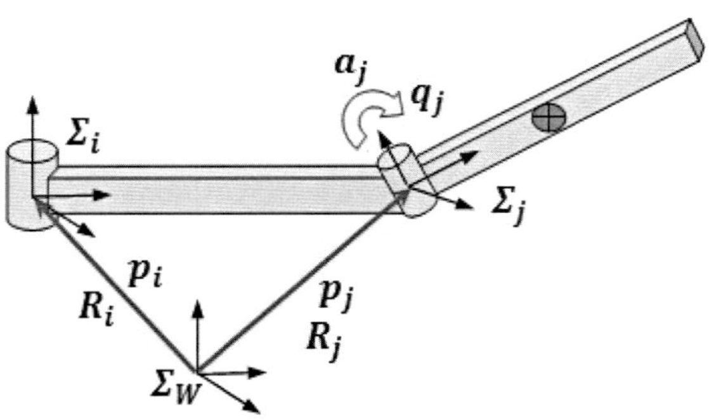

[그림 2.41] 두 번째 링크의 연결관계

$\sum_j$의 기저링크에 대한 동차변환행렬은

$$T_j^i = \begin{pmatrix} e^{q_j a_j} & b_j \\ 000 & 1 \end{pmatrix} \tag{2-34}$$

이고,

다음 그림의 2.41과 같이 연속인 2개의 링크 i, j가 있고, 기저링크의 절대위치, 자세 p_i, R_i를 알고 있다고 하면 $\sum_j$좌표계의 동차변환행렬은

$$T_i = \begin{pmatrix} R_i & p_i \\ 000 & 1 \end{pmatrix} \tag{2-35}$$

이고, 여기서 $\sum_j$의 동차변환행렬은 연속법칙에 의해

$$T_j = T_j^i T_j \tag{2-36}$$

앞의 식에 의해 $\sum_j$의 절대위치, 자세 $(p_j,\ R_j)$는 다음식과 같이 주어진다.

$$P_j = p_i + R_i b_j \qquad \text{(2-37 a)}$$

$$p_j = p_i + R_i b_j \qquad \text{(2-37 b)}$$

$$R_j = R_i e^{q_j a_j} \qquad \text{(2-37 c)}$$

이 관계식과 전절에서 설명한 방법을 사용하면, 전체 링크의 위치와 자세를 계산하는 프로그램을 다음과 같이 간략하고 명확하게 정리할 수 있다.

미리 몸체 링크의 절대위치 Link(1).p, 절대위치 Link(1).R 및 각 링크의 관절 축회전각 q를 설정하면, ForwardKinematics(1)을 실행하는 것으로 자동적으로 모든 링크의 위치와 자세가 갱신된다.

[소스 4] ForwardKinematics.m 모든 링크에 관한 순운동학

```
function ForwardKinematics(i)
global Link
if j==0 return; 1
end
if j ~= 0
j = Link(j).upper;
Link(j).p = Link(j).R * Link(j).b + Link(i).p;
Link(j).R = Link(i).R*Rodrigues(Link(j).a, Link(j).q);
end
ForwardKinematics(Link(j).parallel);
ForwardKinematics(Link(j).vertical);
```


이족보행로봇의 전체 12개의 관절에 관한 적당한 범위에서 임의의 각도를 설

정하고, 순운동학을 계산하면 다양한 자세의 몸체를 표시할 수 있다.

③ 링크위치와 자세에서 관절각도를 구하는 역운동학

다음에서 전절과 반대인, 주어진 몸체와 다리부의 위치, 자세로부터 각 관절의 각도를 구하는 방법에 대해서 고려해 보자. 이 같은 경우에 필요한 것이 바로 역운동(inverse kinematics)이다. 일례로, 시각센서로 계단의 높은 정보를 인지하여 정확한 위치의 높이로 발을 착지하기 위해서는 역운동학의 계산이 필요하다.

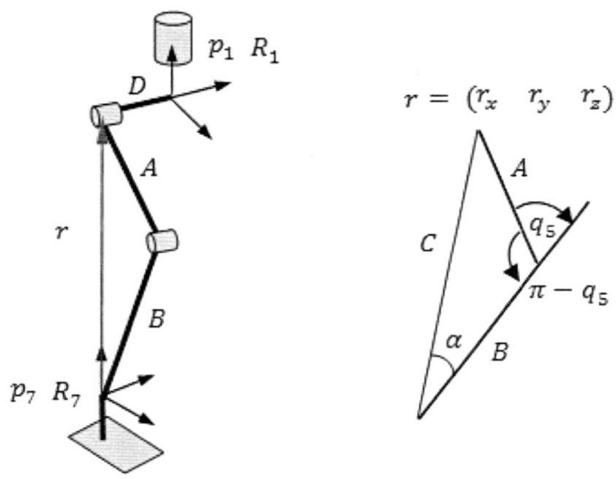

[그림 2.42] 다리의 역운동학 계산방법

역운동학은 해석적인 풀이 방법과 수치적인 풀이 방법의 2종류가 있다. 처음의 해석적인 풀이방법에 관하여 설명한다. 그림 2.39의 모델의 오른쪽 다리에 관하여 생각하면, 몸체의 오른쪽 다리의 위치자세가 각각 (p_1, R_1), (p_7, R_7)으로 주어지게 된다. 식을 보기 쉽게하기 위해, 그림 2.42(a)의 경우에 몸체원점에서 본 허벅다리 관절의 위치를 D, 허벅다리를 A, 무릎아래다리를 B로 정의한다. 따라서 허벅다리 관절의 위치는

$$p_2 = p_1 + R_1 (0\ D\ 0)^T \tag{2-38}$$

로 된다. 다음에서, 발목의 좌표계에서 본 무릎관절의 위치벡터를 계산한다.

$$r = R_7^T (p_2 - p_7) = (r_x\, r_y\, r_z)^T \tag{2-39}$$

여기에서 발목과 허벅다리관절 사이의 거리가 구해진다. 이것을 C라고 정의하자.

$$C = \sqrt{r_x^2 + r_y^2 + r_z^2} \tag{2-40}$$

그림 2.42(b)에 나타낸 삼각형 ABC를 고려하면 무릎의 회전각도 q_5가 구해진다. 코사인 제2법칙에 의해

$$C^2 = A^2 + B^2 - 2AB\cos(\pi - q_5) \tag{2-41}$$

따라서, 무릎 회전각도는

$$q_5 = -\cos^{-1}\left(\frac{A^2 + B^2 - C^2}{2AB}\right) + \pi \tag{2-42}$$

가 된다. 삼각형의 하단의 각도를 α라고 하면, 사인법칙에 의해

$$\frac{C}{\sin(\pi - q_5)} = \frac{A}{\sin\alpha} \tag{2-43}$$

따라서,

$$\alpha = \sin^{-1}\left(\frac{A\sin(\pi - q_5)}{C}\right) \tag{2-44}$$

다음의 발목좌표계를 기준하여 고려하면, 그림 2.42의 경우에 r에서 발목 롤, 피치 축관절각을 구하는 것이 가능하다. 즉

$$q_7 = a\tan2(r_y, r_z) \tag{2-45}$$

$$q_6 = -a\tan2(r_x, \mathrm{sign}(r_z)\sqrt{r_y^2 + r_z^2}) - \alpha \tag{2-46}$$

여기서, $a\tan2(y, x)$는 xy평면에 있는 벡터 (x, y)가 x축 상의 각도를 주어진 변수로, 구하는 함수이다. 또한 $\mathrm{sign}(x)$은 x값이 양이면 +1, 음이면 -1이 되는 변수이다.

남은 것은 몸체 관절의 롤, 피치, 요 각도인데, 각 링크의 자세에 관한 관계식

$$R_7 = R_1 R_z(q_z) R_x(q_3) R_y(q_4) R_y(q_5 + q_6) R_x(q_7) \tag{2-47}$$

을 변형하여 다음 식을 얻는다.

$$R_z(q_2) R_x(q_3) R_y(q_4) = R_1^T R_7 R_x(q_7) R_y(q_5 + q_6) \tag{2-48}$$

좌변을 전개하여, 우변을 수치적으로 계산하는 다음 식으로 한다.

$$\begin{pmatrix} (c_2c_4 - s_2s_3s_4) & (-s_2c_3) & (c_2s_4 + s_2s_3c_4) \\ (s_2c_4 + c_2s_3s_4) & c_2c_3 & (s_2s_3 - c_2s_3c_4) \\ -c_3s_4 & s_3 & c_3c_4 \end{pmatrix} = \begin{pmatrix} R_{11} & R_{12} & R_{13} \\ R_{21} & R_{22} & R_{23} \\ R_{31} & R_{32} & R_{33} \end{pmatrix} \quad (2\text{-}49)$$

여기서, $c_2 = \cos q_2$, $s_2 = \sin q_2$와 같다. 좌변의 행렬의 요소 배치관계를 검토하여 다음과 같은 역운동학 해를 얻을 수 있다.

$$q_2 = \mathrm{arc\,tan2}(-R_{12}, R_{22}) \quad (2\text{-}50)$$

$$q_3 = \mathrm{arc\,tan2}(R_{32}, -R_{12}s_2 + R_{22}c_2) \quad (2\text{-}51)$$

$$q_4 = \mathrm{arc\,tan2}(-R_{31}, R_{33}) \quad (2\text{-}52)$$

[소스 5] Inv_leg.m

```
function q = Inv_leg(Body, D, A, B, Foot)
r=Foot.R' *(Body.p + Body.R * [0 D 0]' - Foot.p);
C = norm(r);
c5 = (C^2- A^2 - B^2)/(2.0 * A*B);
if c5 >= 1
q5 = 0.0;
딘달 = pi;
else
q5 = acos(c5); % knee pitch
end
q6a = asin((A/C)*sin(pi-q5));  % ankle pitch sub

q7 = atan2(r(2), r(3));  % ankle roll -pi/2 < q(6) < pi/2
if q7 > pi/2, q7 = q7-pi;
elseif q7 < -pi/2, q7 = q7 + pi
end

q6 = -atan2(r(1), sign(r(3)) * sqrt(r(2)^2 + r(3)^2)) - q6a  % ankle pitch

R = Body.R' * Foot.R * Rroll(-q7)* Rpitch(-q6-q5);  % hip
q2 = atan2(-R(1,2), R(2,2));
cz = cos(q2), sz = sin(q2);
q3 = atan2(R(3,2), -R(1,2)*sz + R(2,2)*cz);
q4 = atan2( -R(3,1), R(3,3));

q = [q2 q3 q4 q5 q6 q7];
```

이상을 프로그램에 의해 정리한 [소스 5]에 있다. 왼쪽 다리의 역운동학을 계산하는 경우에는 D의 부호를 반대로 동일한 프로그램을 이용하면 된다.

이 계산은 그림 2.39에 보여진 구조의 로봇에만 이용할 수 있는 것은 아니다. 예에는 다리관절의 3축이 한 점에서 교차하지 않는 구조의 로봇에는 완전히 다른 계산이 필요해진다. 다양한 경우의 역운동학을 해석하는 기술은 로봇공학의 교과서에 설명되어 있으며, 일반적으로 복잡한 계산이 필요하다.

한층더 관절의 구조에 관해 역운동학 해를 얻어지지 않는 경우를 위해, 다음 절에서 설명하는 수치적인 해법을 이용하게 되는 경우가 많다.

④ 역운동학의 수치해법

역운동학의 해석해를 구하는 것에 비하여 순운동학의 수치해는 구하기가 훨씬 간단히 계산된다. 여기서 순운동학을 사용하여 피드백 계산으로 역운동학 해를 구하는 방법이 고려된다.

알고리즘으로 나타내면 다음과 같다.

step 1 목표링크의 위치, 자세(pref, Rref)를 준비한다.
step 2 몸체에서 목표링크까지의 관절각도를 일반적으로 벡터 q라 한다.
step 3 순운동학계산에 주의하여 링크의 위치, 자세(p, R)를 계산한다.
step 4 위치, 자세의 오차 $(\Delta p,\ \Delta R) = (p^{ref} - p,\ R^T R^{ref})$을 계산한다.
step 5 $(\Delta p,\ \Delta R)$가 충분히 작으면 종료한다.
step 6 $(\Delta p,\ \Delta R)$가 크면, 이것을 작게 하기 위한 관절각도수정량 Δq를 계산한다.
step 7 $q = q + \Delta q$에 의해 step 3으로 돌아간다.

이것을 실제의 프로그램에서 수행하기 위해서 다음의 2가지 문제가 발생한다.

1. step 5에서 위치, 자세의 오차 $(\Delta p,\ \Delta R)$가 충분히 작은 것은 얼만큼 작은 것인가?
2. 위치, 자세의 오차를 작도록 하기 위한 관절각도 수정량 Δq을 어떻게 설정할 것인가?

최초의 문제는 비교적 간단히 해결이 가능하다. 위치, 자세의 오차가 0이 되는 상태는 다음 식과 같이 표현된다.

$$\Delta p = 0,\ \ \Delta R = E \tag{2-53}$$

이 상태를 0으로 하면 여기서 벗어나는 정도가 크지 않도록 하는 수식의 한 예는

$$err(\triangle p,\ \triangle R) = \|\triangle p\|^2 + \|\triangle w\|^2\ ,\ \ w = \ln(\triangle R) \tag{2-54}$$

$err(\triangle p,\ \triangle R)$가 미리 결정된 작은 값, 예를 들면 1×10^{-6} 보다 작게 되는 때에 원하는 위치 또는 자세가 실현되도록 판단하는 것도 좋다.

두 번째의 문제는 어떻게 해결하는가? 어쨌든 $err(\triangle p,\ \triangle R)$을 작도록 하는 관절각도수정량 $\triangle q$을 나타낸다면 충분하다. 1개의 방법은 매회 복잡한 수를 사용하여, 작은 $err(\triangle p,\ \triangle R)$가 작게 되도록 하는 관절각을 찾아 갱신한다. 로봇이 시행착오를 하면서 목표에 근접해질 때까지 꽤 지적으로 보일 것이다.

최근의 통상의 로봇은 이러한 방법을 사용하지는 않는다. 왜냐하면 고속, 고정도의 계산법이 이미 존재하기 때문이다. 이 Newton-Raphson 방법에는 또한 현재의 상태에서 관절각도를 극히 불과 δq 정도 변화하기 위한 위치, 자세의 미소변화량$(\delta q,\ \delta w)$을 고려한다.

$$\delta p = X_p(q,\ \delta q) \tag{2-55}$$

$$\delta w = X_w(q,\ \delta q)$$

여기서, $X_p,\ X_w$는 미지의 변수이지만, δq가 작은 경우에는 단순히 누적하는 방법으로 값을 계산한다.

이것을 행렬에 표기하면,

$$\begin{bmatrix}\delta p\\ \delta w\end{bmatrix} = \begin{pmatrix} J_{11} & J_{12} & \cdots & J_{1m}\\ J_{21} & J_{22} & \cdots & J_{2m}\\ \vdots & \vdots & \ddots & \vdots\\ J_{n1} & J_{n2} & \cdots & J_{nm}\end{pmatrix}\delta q \tag{2-56}$$

여기서 $J_{ij}\,(i,\ j = 1,\ ...6)$는 로봇의 현재위치, 자세에 관해 지시하는 수이고, 매회 모든 요소를 표기하는 것은 큰 변화를 일으키므로 이것을 이하와 같이 단순화하여 표기한다.

$$\begin{bmatrix}\delta p\\ \delta w\end{bmatrix} = J\,\delta q \tag{2-57}$$

여기서 나타낸 행렬 J를 자코비안(Jacobian)이라 정의한다. 보통 식 2-57를 이용하는 것은 단순한 역행렬을 사용하는 것만으로 원하는 수정량을 얻을 수 있다.

$$\delta q = \lambda J^{-1}\begin{bmatrix}\delta p\\ \delta \omega\end{bmatrix} \tag{2-58}$$

이것이 step 6에 있어, 위치, 자세의 오차에서 관절각도의 수정량을 계산하게 된다. 또한 $\lambda \in (0\ 1]$인 수치계산을 안정화하기 위해 사용하는 계수이다. [소스 6]에 MATLAB에 사용하는 역운동학의 프로그램 Inv_Kinematics.m을 나타낸다.

7행에 나타난 CalcJacobian은 자코비안을 계산하는 함수이며, 다음 절에서 구체적으로 설명한다. 10행은 식 (2-58)에 대응한다.

[소스 6] Inv_Kinematics.m 수치해법에 의한 역운동학 계산

```
function Inv_kinematics(to, Target)
global Link

lambda = 0.5l
ForwardKinematics(1);
idx = FindRoute(to);
for n = 1:10
J = CalcJacobian(idx);
err = CalcVWerr(Target, Link(to));
if norm(err) < IE-6 return, end;
dq = lambda * (J \ err);
for nn = 1:length(idx)
j = idx(nn);
Link(j).q = Link(j).q + dq(nn);
end
ForwardKinematics(1);
end
```

[소스 7] FindRoute.m 몸체에서 목표링크에 이르는 경로를 보여준다.

```
function idx = FindRoute(to)
global Link
I = Link(to).upper;
if I ==1
idx = [to];
else
idx = [FindRoute(i) to];
end
```

[소스 8] CalcVWerr.m 위치와 자세의 오차를 계산하는 함수

```
function err = CalcVWerr(Cref, Cnow)
perr = Cref.p - Cnow.p;
Rerr = Cnow.R^-1 * Cref.R;
werr = Cnow.R * rot2omega(Rerr);
err = [perr; werr];
```

여기서 사용하고 있는 FindRoute는 몸체에서 목표링크에 이르는 관절 ID의 순서대로 바꿔주는 함수이고, CalcVWerr는 위치, 자세의 오차를 계산하는 함수이다.

함수 Inv_Kinematics의 사용 예를 [소스 9]에 나타내었다. 여기서는 또한 몸체의 위치와 자세를 설정하고, 다음에 오른쪽 다리, 왼쪽 다리의 순서대로 원하는 위치와 자세에 이동시킨다.

이족보행을 실현하기 위한 최초로 중요한 틀이 실현되는 조건이다. 다만 아직 로봇의 중력학이 고려되지 않아서 걷기 위한 요건이 없다. 프로그래밍을 C나 C++로 작성하면, 0.3ms 정도에 이루어지고, 실제의 로봇의 실시간제어도 광범위하게 이용되고 있다.

[소스 9] Inv_Kinematics 의 사용예와 실행결과

```
Link(Body).p = [0.0 , 0.0,  0.55]';
Link(Body).R = rpy2rot(0.0,  0.0,  -10*ToRad);
Rfoot.p = [-0.3, -0.1, 0]';
Rfoot.R = rpy2rot(0,  ToRad*20.0, 0);
InverseKinematics(RLEG_J5m Rfoot);

Lfoot.p = [0.3,  0.1,  0]';
Lfoot.R = rpy2rot(0,  -ToRad*30.0, 0);
Inv_Kinematics(LLEG_J5, Lfoot);
DrawAllJoints(1); % 로봇 표시
```

⑤ 자코비안

전절에서 다룬 로봇의 비소한 관절각도와 공간운동의 관계를 나타낸 행렬로서 자코비안을 도입한다. 자코비안은 관절토크와 손목, 발목의 외력의 변수를 도출하거나, 로봇제어에 직접이용하는 등 궁극적으로 중요한 역할을 하고 있다.

실제, 로봇공학에서 자코비안이 등장하지 않는 논문연구는 거의 없을 정도이다. 이하 본절에서는 역운동학에 이용하는 자코비안의 구체적인 계산법을 설명한다. N개의 공간링크 열이 공간에서 움직이고 있어, 기저부터 순서대로 1에서 N까지의 번호가 정해져 있다고 하자. N링크에서 움직임을 제어하는 로봇의 팔이나 다리가 접속되어 있는 것으로 하자. 거듭 순운동학계산에 의해서 각 링크의 위치와 자세가 모두 계산되어 있다고 하자.

이 링크 구조에 관하여 다른 관절을 모두 고정한 상태로, 2번째의 관절축만을 미소각도 δq 정도 회전했다고 하자. 이와 같이 발생한 N링크의 미소변화와 미소회전은 행렬을 이용하여 다음과 같이 계산된다.

$$\begin{bmatrix}\delta p_N \\ \delta\omega_N\end{bmatrix} = \begin{bmatrix} a_1^w \times (p_N - p_1) & a_2^w \times (p_N - p_2) \ldots & a_{N-1}^w \times (p_N - p_{N-1}) & 0 \\ a_1^w & a_2^w \quad \cdots & a_{N-1}^w & a_N^w \end{bmatrix} \begin{bmatrix}\delta q_1 \\ \delta q_2 \\ \vdots \\ \delta q_N\end{bmatrix} \tag{2-59}$$

여기서, 자코비안은 다음과 같다.

$$J = \begin{bmatrix} a_1^w \times (p_N - p_1) & a_2^w \times (p_N - p_2) \ldots & a_{N-1}^w \times (p_N - p_{N-1}) & 0 \\ a_1^w & a_2^w \quad \cdots & a_{N-1}^w & a_N^w \end{bmatrix}$$

이것을 MATLAB의 프로그램으로 작성한 것은 다음과 같다.

[소스 10] 자코비안 계산 함수

```
function J = CalcJacobian(idx)
global Link

jsize = length(idx);
target = Link(idx(end)).p; % absolute target position
J = zeros(6,jsize);
for n = 1:jsize
j = idx(n);
a = Link(j).R * Link(j).a; % Joint axis vector in world frame
J(:,n) = [cross(a, target - Link(j).p) ; a];
end
```

⑥ 관절속도, 링크 속도, 각속도 계산

이상의 논의를 응용하면 관절속도와 링크속도, 각속도에 관하여도 알 수 있다. 다만, 이하의 속도의 계산에 앞서, 전체 링크의 위치와 자세가 이미 결정되어 있어야 한다.

[소스 11] ForwardVelocity.m 속도의 순방향계산

```
function ForwardVelocity(j)
global Link

if j == 0 return; end
if j ~=1
I = Link(j).mother;
Link(j).v = Link(i).v + cross(Link(i).w, Link(i).R * Link(i).b);
Link(j).w = Link(i).w + Link(j).R * (Link(j).a * Link(j).dq);
end
ForwardVelocity(Link(j).parallel);
ForwardVelocity(Link(j).vertical);
```

몸체의 속도를 이미 알고 있다면, 목표링크에 속도 (v_t, ω_t)를 준다. 이를 위한 각 관절을 얼만큼의 속도에 이동시킬 필요가 있는지를 아는 것이 목적이 된다.

또한 식 (2-58)에 나타나 있는 미소변위간의 관계를 속도의 관계로 읽을 수 있다면, 다음식이 얻어진다.

$$\dot{q} = J^{-1} \begin{bmatrix} v_d \\ w_d \end{bmatrix} \tag{2-60}$$

여기서 $\dot{q}$는 몸체에서 목표링크까지의 관절속도에 대응하는 벡터이다. 또한 $(v_d\ ,\ w_d)$는 몸체에 대한 목표링크의 상대속도이고, 다음과 같은 관계가 성립한다.

$$v_t = v_B + v_d + w_B \times (p_t - p_B) \tag{2-61}$$

$$w_t = w_B + w_d \tag{2-62}$$

여기서 p_B, p_t는 몸체와 목표링크의 위치이다.

2.3.3 휴머노이드로봇의 동역학

전장까지 논의한 지면에서 휴머노이드로봇에 작용하는 반력은 ZMP, 병진력 및 수직축에서의 모멘트로 표시할 수 있었다. 여기서 반력과 로봇의 운동 관계에

관해서 고려한다.

(1) 휴머노이드로봇의 운동과 반력

임의의 구조를 가진 휴머노이드로봇을 고려하자. 그 구성재료는 금속, 플라스틱, 세라믹 등 어떠한 것이어도 괜찮지만, 명확한 경계를 두어 로봇 이외를 구별할 수 있다. 어떤 순간의 로봇에 관하여 다음의 4종류, 총 10개의 물리량을 정의할 수가 있다.

- 질량(mass) : 로봇의 전체 질량, M[kg]
- 중심(Center of Mass): 로봇의 중심위치, $c=[xyz]^T$, 단위는 [m]
- 운동량(Momentum) ; 병진운동의 자세를 나타내는 물리량, $P=[P_x P_y P_z]^T$ 단위는 [Ns]
- 각운동량(Angular Momentum) : 원점주위로의 회전각을 나타내는 양, $L=[L_x L_y L_z]^T$ 단위는 [Nms]

병진운동에 관하여 무게중심의 속도와 운동량의 관계는 다음과 같다.

$$\dot{c}=P/M \tag{2-63}$$

즉 다시 말하여, 운동량은 전체질량 × 중심의 속도로 정리된다.

병진운동에 관하여 두 번째의 유도식은 작용하는 힘이 얼만큼 변화하는가와 관련된다.

$$\dot{P}=\sum f \tag{2-64}$$

이때의 f 는 중력과 외부의 힘을 포함하며

$$\dot{P}=Mg+f \tag{2-65}$$

가 성립한다.

직립 안정화 상태의 로봇은 중력에 상응하는 반력이 발생하고 운동량의 변화는 없다. 만약 반력이 없어지면, 로봇의 운동량은 중력 방향으로 하향하여 점점 증가한다. 즉 자유낙하 운동을 하게 된다.

회전운동에 관하여 병진운동과 유사하게 다음 식이 성립한다.

$$\dot{L}=\sum \tau \tag{2-66}$$

이는 각운동량의 변화가 토크합과 같다는 것을 보여준다.

로봇에 작용하는 모멘트 중, 중력에 의한 모멘트는 다음과 같이 주어진다.

$$\tau_g = c \times Mg. \tag{2-67}$$

로봇에 작용하는 중력이외의 모멘트를 τ라고 하면 로봇에 작용하는 전체 모멘트는

$$\sum \tau = c \times Mg + \tau \tag{2-68}$$

모멘트 τ에 의해 바닥에 발생하는 반 모멘트를 고려하면 로봇이 직립을 유지하기 위해 중력에 의한 모멘트를 상쇄시키기 위해 반모멘트가 필요하게 된다. 반모멘트가 발에 발생하지 않는다면 각운동량이 중력에 의해 점점 증가하게 된다. 즉 로봇은 전도된다.

(2) 로봇 전체의 중심위치를 계산

전체 링크의 위치와 자세를 알고 있을 때, 로봇 전체의 중심위치의 계산법을 구하기 위해 다음과 같이 3단계로 계산을 한다.

1 단계 : 전체 좌표계 상의 각 링크의 중심위치를 계산한다.
2 단계 : 각 링크의 질량이 원점 축을 중심으로 한 모멘트를 합한다.
3 단계 : 얻어진 모멘트를 전체 질량으로 나누어 합하여 중심위치를 구한다.

각 링크의 좌표계에 있는 중심위치벡터 $\overline{c_j}$를 알고 있다고 하자. 전체좌표계 상의 중심위치벡터는

$$c_j = p_j + R_j \overline{c_j} \tag{2-69}$$

가 된다. 여기서 (p_j , R_j)는 j번째 링크의 위치와 자세를 의미한다. 중심위치는 전체 링크가 전체좌표계의 원점을 중심으로 한 모멘트를 전체질량으로 나누는 것에 의해 얻어진다.

$$c = \sum_{j=1}^{N} \frac{m_j c_j}{M} \tag{2-70}$$

전체 링크가 전체 좌표계의 원점을 중심으로 발생한 모멘트를 계산하는 프로그래밍을 다음 [소스 12]에 나타내었고, 이것을 이용하여 중심위치를 계산하는 프로그램을 [소스 13]에 나타내었다.

[소스 12] calcMC.m 전체링크가 전체좌표계의 원점축을 중심으로 발생하는 모멘트를 계산

```
function mc =calcMC(j)
global Link

if j == 0
mc = 0;
else
mc = Link(j).m * ( Link(j).p + Link(j).R * Link(j).c );
mc = mc + calcMC(Link(j).parallel) + calcMC(Link(j).vertical);
end
```

[소스 13] calcCoM.m 로봇 전체의 중심위치계산

```
function com = calcCoM()
global Link
M = TotalMass(1);
MC = calcMC(1);
com = MC/M;
```

다음의 프로그램은 전체링크의 위치와 자세, 속도와 각속도를 얻은 후 운동량을 구하는 것이다.

[소스 14] calcP.m 로봇 전체의 운동량을 구하는 소스

```
function P = calcP(j)
global Link

if j == 0
P = 0;
else
c1 = Link(j).R * Link(j).c;
P = Link(j).m * (Link(j).v + cross(Link(j).w, c1);
P = P + calcP(Link(j).parallel) + calcP(Link(j).vertical);
end
```

다음의 프로그램은 유사한 방식으로 로봇 전체의 각운동량을 구하는 것이다.

[소스 15] calcL.m 로봇 전체의 원점을 중심으로 한 각운동량을 계산하는 소스

```
function L = calcL(j)
global Link
if j == 0
L = 0;
else
c1 = Link(j).R * Link(j).c;
c = Link(j).p + c1;
P = Link(j).m * (Link(j).v + cross(Link(j).w, c1));
L = cross(c, P) + Link(j).R * Link(j).I * Link(j).R' * Link(j).w;
L = L + calcL(Link(j).parallel) + calcL(Link(j).vertical);
end
```

ZMP의 계산은 다음의 식으로 표현된다.

$$p_x = \frac{Mg_x + p_z \dot{P}_x - \dot{L}_y}{Mg + \dot{P}_z} \tag{2-71}$$

$$p_y = \frac{Mg_y + p_z \dot{P}_y + \dot{L}_x}{Mg + \dot{P}_z} \tag{2-72}$$

이때, $\dot{P} = \dot{L} = 0$이 되면, 즉 가속도와 각가속도가 0이 되면,

$$\begin{aligned} p_x &= x \\ p_y &= y \end{aligned} \tag{2-73}$$

가 성립한다.

다음은 이를 구하는 프로그램이다.

[소스 16] calcZMP.m ZMP를 계산하는 소스

```
function [px, py] = calcZMP(c, dP, dL, pz)
global M G
px = (M*G*c(1) + pz*dP(1) - dL(2)/(M*G + dP(3));
py = (M*G*c(2) + pz *dP(2) + dL(1)/(M*G + dP(3));
```

(3) ZMP와 동적 보행

로봇의 운동상태와 ZMP의 관계는 한 개의 질점모델에 의해 단순화할 수 있다.

로봇의 운동 시에 무게중심투영점이 지지다각형의 외부로 벗어나는 경우가 있다. 하지만 이러한 경우에도 ZMP는 지지다각형의 외부로 벗어나지 않는다.

이를 위한 전제조건이 두 가지가 있다.

전제 1. 발바닥이 바닥에 고정되어 면접촉을 유지하고 있다.
전제 2. 로봇의 자세 및 절대속도, 절대각속도를 계산할 수 있다.

하지만, 바닥면이 미끄러운 경우, 평평하지 않은 경우나 로봇의 팔이나 손이 물체를 들고 있거나 환경과 접촉하고 있을 때에는 ZMP 조건을 적용하기 힘들다.

이와 같은 특수한 경우에는 로봇과 환경과의 접촉에 관한 6차원 힘 모멘트를 고려해야 한다.

즉 로봇과 환경과 상호작용 힘을 발휘하고 있을 때, 로봇이 환경에 가하고 있는 힘을 분석하고, 역학적 평형이 유지되기 위한 반작용력을 환경으로부터 분리된 독립적인 로봇 자유물체도로 분석한다.

지면 상에서 미끄러지지 않는 조건에서 마찰력의 지면 상의 수평성분들은 환경과 상호작용하고 있을 때의 접촉력 수평성분들과 평형관계가 유지되고, 중력 등을 포함한 수직성분 또한 평형이 유지되어야 하므로, 로봇 전체 구조를 강체로 가정한 후 회전모멘트의 관계를 분석하면, 접촉력의 수평성분 크기와 이에 따른 로봇의 힘을 추정할 수 있다.

2.3.4. 2차원보행패턴생성

두 다리에 의해 이동하는 중, 어디에 발을 착지하고 있는가가 걷는 것, 즉 보행이다. 이 중에서 중심투영점이 지지다각형을 벗어나지 않는 것을 정보행, 무게중심투영점이 지지다각형을 벗어나는 기간이 있는 것을 동보행이라고 한다.

소형 완구의 이족보행로봇에서 발부분을 비정상적으로 크게 만드는 것에 의해 정보행을 실현하는 경우가 많다. 이것은 인간의 발이 신장에 비하여 작기 때문에 극히 천천히 보행하는 특수한 경우를 제외하면, 보통은 이족보행을 하고 있다. 여기서 이것이 일견 쉬운 동작으로 보이는 이러한 보행 과정은 만약 의도적으로 불안정한 구조의 기구를 제작하여 평형을 무너뜨리는 상황을 자율 제어에 의해서 실현이 가능하다.

(1) 2차원 도립진자 모델

복잡한 시스템을 이해하기 위해 유효한 수단으로 질량의 질점 모델로의 단순화가 있다. 30여개의 회전축을 갖고 있는 휴머노이드로봇의 모델은 복잡하므로 이를 몸체 무게중심에 집중되어 있는 질점으로 가정하고, 지면과 접촉을 유지하는 발까지를 질량이 0에 가까운 가상의 링크로 대체하면 보행과정의 분석이 쉬워진다. 이를 보행 모델의 도립진자 모델이라고 한다. 여기서 입력은 지지점에서의 토크 τ와 다리를 신축시키는 직선력 f가 된다. 여기에서의 입력힘과 도립진자의 운동 관계를 나타내어 주는 미분방정식은 다음과 같다.

$$r^2\ddot{\theta}+2r\dot{r}\dot{\theta}-gr\sin\theta=r/M \qquad (2\text{-}74)$$

$$\ddot{r}-r\dot{\theta}^2+g\sin\theta=f/M \qquad (2\text{-}75)$$

적당한 입력이 주어지고, 여기에서 식을 수치 적분하는 것으로 도립진자의 거동을 시뮬레이션할 수 있다.

일반적인 이족보행로봇의 발 부분은 작은 평면에 고정되어 있지 않으므로 토크 τ는 거의 영향을 끼치지 못하게 되며, 이를 엄밀히 설정하면 $\tau = 0$이다.

이것은 지면에서 점접촉을 하는 경우와 유사한데, 지지점의 정확한 실제 중심이 없는 한계가 있어 결국 쓰러지게 된다. 하지만, 합력 f를 조정하는 것에 의해 쓰러지는 것을 방지하는 여러 가지 방법이 있다.

무게중심이 지지점보다 높은 위치에 있을 때, 이 도립진자는 넘어지고 있으면, 그만큼 다리를 펴는 방식에 의해 무게중심의 낙하를 방지할 수 있다. 이러한 다리의 신축을 조정하는 것으로 중심이 직선운동을 하는 도립진자를 선형도립진자라고 한다.

(2) 선형도립진자의 거동

일반적인 도립진자에 비교하여 선형도립진자는 무게중심의 위에 하중이 없어 취급하기 쉽다. 다음 그림에는 다리 신축력의 연직성분이 중력과 상충되어 수평성분만 남게 된다는 것을 알 수 있다.

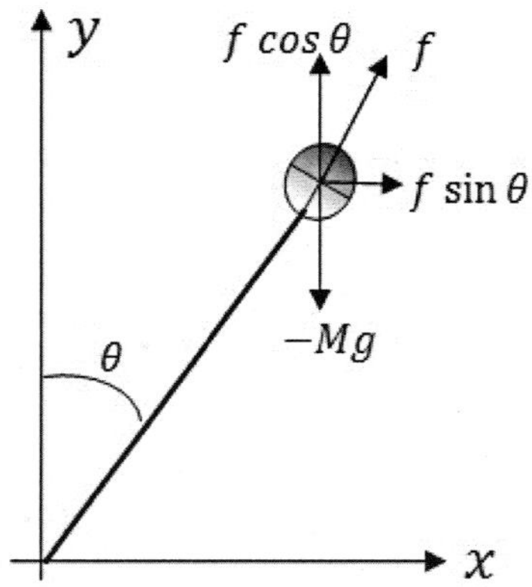

[그림 2.43] 선형도립진자모형

이 힘에 의해 무게중심이 수평가속을 얻기 때문에, 운동방정식은 다음과 같이 구성된다.

$$M\ddot{x} = f\sin\theta \tag{2-76}$$

위 식을 그림 2.43의 힘 관계를 적용하여 다음 식을 얻는다.

$$M\ddot{x} = \frac{Mg}{\cos\theta}\sin\theta = Mg\tan\theta = Mg\frac{x}{z} \tag{2-77}$$

여기서 x, z는 도립진자의 중심의 위치이다. 위 두 식으로부터 중심의 수평운동을 표현하는 미분방정식을 얻을 수 있다.

$$\ddot{x} = \frac{g}{z}x \tag{2-78}$$

식 (2-78)에 대하여 z는 일정하므로, x에 관하여 풀면,

$$x(t) = x(0)\cosh(t/T_c) + T_c\dot{x}(0)\sinh(t/T_c) \tag{2-79}$$

$$\dot{x}(t) = x(0)/T_c\sin(t/T_c) + \dot{x}(0)\cosh(t/T_c) \tag{2-80}$$

여기서 $T_c = \sqrt{z/g}$ 이다.

T_c는 중심의 높이와 중력가속도에 의해 결정되는 상수이고, $x(0)$, $\dot{x}(0)$ 초기시간에서의 중심위치와 속도를 의미한다. 이러한 여러 가지 초기조건을 적용하여 도립진자의 운동을 시뮬레이션할 수 있다.

(3) 천이시간

선형도립진자에 있는 중심이 한 위치에서 다른 위치까지 이동하는 데 필요한 시간을 아는 경우 초기시간과 일정시간 후의 상태 $(x_1,\ \dot{x}_1)$를 알고 있을 때, 이 시간 간격을 τ라 하면, 식 (2-79), (2-80)은 다음과 같이 정리된다.

$$x_1 = \frac{x_0 + T_c\dot{x}_0}{2}e^{\frac{\tau}{T_c}} + \frac{x_0 - T_c\dot{x}_0}{2}e^{\frac{-\tau}{T_c}} \tag{2-81}$$

$$\dot{x}_1 = \frac{x_0 + T_c\dot{x}_0}{2T_c}e^{\frac{\tau}{T_c}} - \frac{x_0 - T_c\dot{x}_0}{2T_c}e^{\frac{-\tau}{T_c}} \tag{2-82}$$

위 두 식을 연립하여 풀면

$$x_1 + T_c\dot{x}_1 = (x_0 + T_c\dot{x}_0)e^{\frac{\tau}{T_c}} \tag{2-83}$$

이 되므로, 결국

$$\tau = T_c \ln\left(\frac{x_0 - T_c\dot{x}_0}{x_0 - T_c\dot{x}_1}\right) \tag{2-84}$$

을 얻을 수 있다.

(4) 지지다리 움직임의 시간대별 제어

앞 절에서 살펴보았듯이 선형도립진자는 한 걸음을 움직일 때 초기조건에 의해 결정된다.

하지만 지지다리가 교환되는 시기를 변화하는 것으로 한 걸음의 속도를 제어하는 것도 가능하다. 이것은 사람이 급하게 정지할 때에 발을 늦게 지면에 닿도록 하는 경험과도 일치한다. 지지다리를 분할하여 보행운동의 시간의 관계를 구하기 위해 다음의 그림을 참고한다.

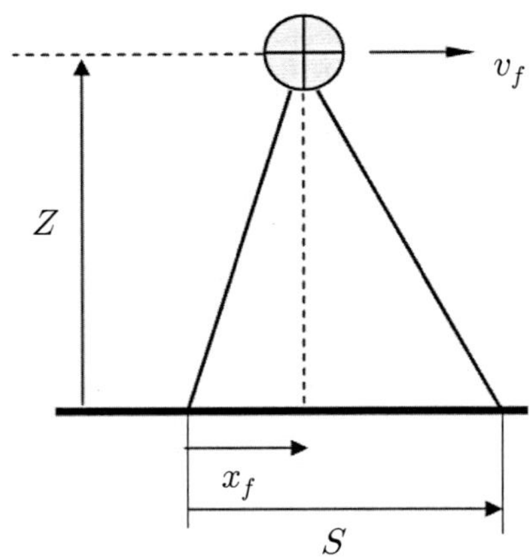

[그림 2.44] 지지다리 교환 시간의 상태

위 그림에서 S는 보폭, x_f는 착지점에서 무게중심투영선까지의 거리이다. v_f는 다리가 완전히 교체되기 직전의 중심속도이고 다음 운동의 초속도가 된다.

다리가 교체된 후의 궤도 에너지를 각각 E_1, E_2라고 하면, 다리가 교체되기 전과 후에는 다음의 식이 성립한다.

$$E_1 = -\frac{g}{2z}x_f^2 + \frac{1}{2}v_f^2 \tag{2-85}$$

$$E_2 = -\frac{g}{2z}(x_f - s)^2 + \frac{1}{2}v_f^2 \tag{2-86}$$

위 두 식을 연립하여 다음 식을 얻을 수 있다.

$$x_f = \frac{z}{gs}(E_2 - E_1) + \frac{s}{2} \tag{2-87}$$

다리가 교체되는 순간의 속도는 식 (2-88)로부터 결정된다.

$$v_f = \sqrt{2E_1 + \frac{g}{z}x_f^2} \tag{2-88}$$

(5) 간단한 2족보행 패턴 계획

이상의 결과를 이용하여 간단한 보행궤도를 계획할 수 있다. 그림 2.45와 같이 이상적인 보행로봇이 수평면상을 한 걸음 진행한 후 정지하는 것을 고려한다. 이 경우, 지지다리의 교환은 2회가 되므로, 3번째의 궤도 에너지를 정의할 필요가 있다.

보행개시 때의 운동(a→b)에는 궤도에너지는 무게중심의 초기위치에서 계산한다.

$$E_0 = -\frac{g}{2z}x_s^2 \quad (2\text{-}89)$$

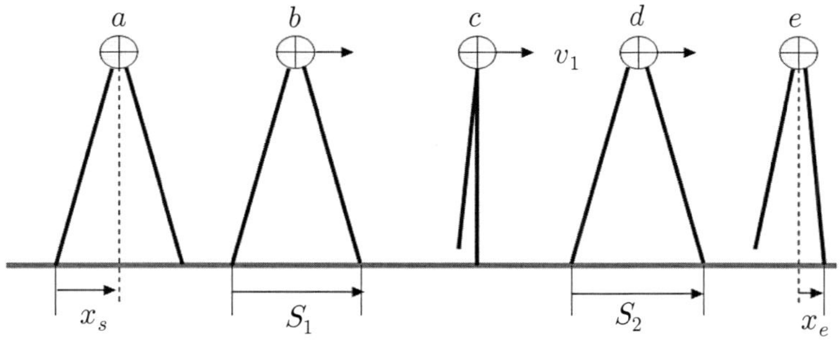

[그림 4.45] 일보 전진하기 위한 보행패턴의 모양, 2회의 지지다리 교체가 일어남

최초의 지지다리 교체에서 다음의 교체 시기의 운동 (b-c-d)는, 무게중심이 착지점의 수직선 위를 통과하는 때에 속도 v_1에 의해 결정된다.

$$E_1 = \frac{1}{2}v_1^2 \quad (2\text{-}89)$$

보행종료시의 운동 (d-e)는, 무게중심이 최종적으로 정지하는 위치 x_e에 의해 궤도 에너지를 정의한다.

$$E_2 = -\frac{g}{2z}x_e^2 \quad (2\text{-}90)$$

앞의 식을 이용하여 E_0, E_1에서 최초의 지지다리교환조건 x_{f0}를, E_1, E_2에서 2번째의 지지다리교환조건 x_{f1}를 계산할 수 있다. 희망하는 보행운동은 이러한 조건에 지지다리가 교환되도록 제어하도록 수행된다.

(6) 요철있는 노면으로의 확장

여기까지 평면보행에 한한 보행계획을 설명하였지만, 실제 동일한 방법을 사용하여 요철노면의 보행을 계획할 수 있다.

앞에서 사용한 도립진자 모델에 적당한 경사가 반영된 직선상을 중심이 운동하는 것을 고려한다.

즉,

$$z = kx + z_c \quad (2\text{-}92)$$

여기서 k는 직선의 경사, z_c는 직선의 z절편을 의미한다. 이하, 이 직선을 구속직선이라 한다.

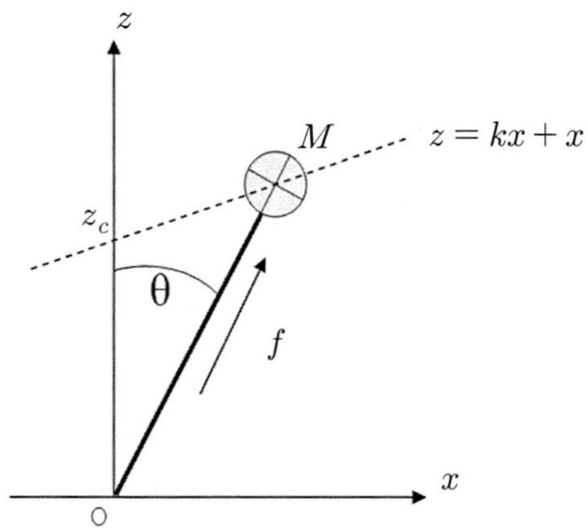

[그림 4.45] 도립진자와 신장력 조건

도립진자의 신장력 f에 의해 무게중심이 구속직선 상을 운동하는 것을 제어하고 여기서 지지점은 자유회전 한다.

이러한 운동을 실현하기 위한 신장력 f를 구하기 위해, 수평성분 f_x와 수직성분 f_z로 나누어 분석한다.

위 그림으로부터

$$f_x = f\sin\theta = (x/r)f \tag{2-93a}$$

$$f_z = f\cos\theta = (z/r)f \tag{2-93b}$$

중심이 구속직선 상을 운동하게 되면, 신장력과 중력을 합성한 힘벡터는 구속직선의 경사방향과 일치하게 된다. 곧,

$$f_x : f_z - Mg = 1 : k \tag{2-94}$$

이 항상 성립하게 된다.

식 (2-93)을 (2-94)에 대입하여, f에 관한 해를 풀면 다음 식을 얻을 수 있다.

$$f = \frac{Mgr}{z-kx} = \frac{Mgr}{z_c} \tag{2-95}$$

이때 도립진자의 중심에 대해 동역학을 적용하면, 중심운동의 수평성분에 관하여 방정식이 구해진다.

$$\ddot{x} = \frac{g}{z_c} x \tag{2-96}$$

이를 앞 절에서 다룬 수평면 상에서의 결과와 같이 시뮬레이션을 수행할 수 있다.

y축을 대칭축으로 한 3차원 공간 내에서의 선형도립진자의 시간 $[0 \;\; T_{sup}]$에의 운동패턴을 정의하자.

지지시간과 구속평면의 z축 절편이 주어질 때, 무게중심의 위치 $(\bar{x}, \bar{y})$와 무게중심의 속도$(\bar{v}_x, \bar{v}_y)$는 이하와 같이 계산된다.

x축 방향의 초기조건이 $(-\bar{x}, \bar{v}_x)$, 종단위치가 $\bar{x}$이므로, 선형도립진자의 해석해는,

$$\bar{x} = -\bar{x}C + T_c \bar{v}_x S \tag{2-97}$$

여기서 C, T_c, S는 다음을 간략히 표현한 것이다.

$$T_c = \sqrt{\frac{z_c}{g}}, \quad C = \cosh\frac{T_{sup}}{T_c}, \quad S = \sinh\frac{T_{sup}}{T_c} \tag{2-98}$$

식 (2-97)에서 종단속도는 다음 식에서 결정된다.

$$\bar{v}_x = \bar{x}(C+1)/(T_c S) \tag{2-99}$$

같은 방법으로 보행의 y축 방향성분의 초기조건은 $(\bar{y}, -\bar{v}_y)$, 종단위치가 $\bar{y}$가 되는 종단속도는 다음식으로 결정된다.

$$\bar{y} = \bar{y}C + T_c(-\bar{v}_y)S, \tag{2-100}$$

$$\bar{v}_y = \bar{y}(C-1)/(T_c S). \tag{2-101}$$

이와 같이 3차원 공간 내에서 y축에 대하여 보행 패턴을 정함으로써 보행운동을 기계적으로 만드는 것이 가능하다.

(7) 보행변수

계단을 상승하거나 장애물을 회피하는 등 현실적인 상황에서는 그림 2.47과 같이 한 걸음의 착지위치를 직접 지정해야 하는 경우가 많아 이것을 다음과 같이 일련의 값들로 표현한다.

n	1	2	3	4	5
$S_x^{(n)}$	0.0	0.3	0.3	0.3	0
$S_y^{(n)}$	0.2	0.2	0.2	0.2	0.2

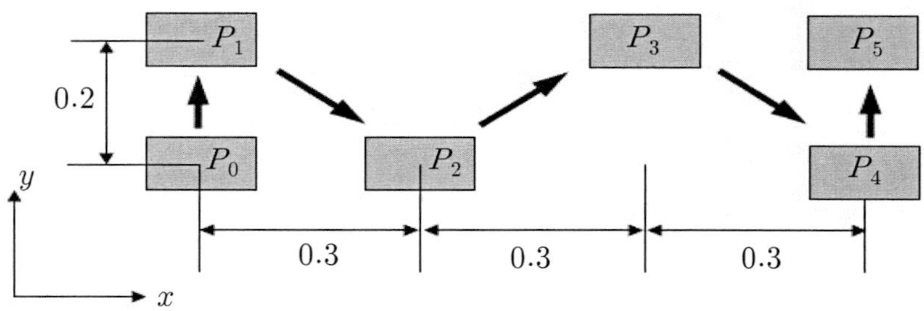

[그림 2.47] 착지위치의 설정

s_x는 전진방향의 보폭, s_y는 좌우방향의 보폭을 나타낸다. 그림 2.47은 보행을 변수로 표현한 것이다. n번째 걸음의 데이터를 오른쪽 위에 (n)으로 표시하고, n 번째 걸음의 착지위치 $(p_x^{(n)},\ p_y^{(n)})$는 다음과 같이 표현된다.

$$\begin{bmatrix} p_x^{(n)} \\ p_y^{(n)} \end{bmatrix} = \begin{bmatrix} p_x^{(n-1)} + s_y^{(n-1)} \\ p_y^{(n-1)} - (-1)^n s_y^{(n)} \end{bmatrix} \tag{2-102}$$

다만, $(p_x^{(0)}, p_y^{(0)})$은 보행개시 시의 오른쪽 발, 즉 최초의 지지다리의 위치를 표시한다. 최초의 지지다리를 왼쪽 발인 경우는 위 식에 $-(-1)^n$을 $+(-1)^n$으로 대치하면 된다.

n번째 걸음의 종단속도는 식 (2-99), 식 (2-101)을 정리하여 다음으로 정해진다.

$$\begin{bmatrix} \overline{v_x^{(n)}} \\ \overline{v_y^{(n)}} \end{bmatrix} = \begin{bmatrix} (C+1)/(T_c S)\,\overline{x^{(n)}} \\ (C-1)/(T_c S)\,\overline{y^{(n)}} \end{bmatrix} \tag{2-103}$$

보행변수로 결정한 착지위치를 적용하여 보행할 때 보행개시나 종료시에 위치와 속도가 갑작스레 변하는 불연속구간이 존재하므로 이를 완화하기 위한 대책이 요구된다.

착지의 시점이나 주기가 이미 정해져있는 보행에는 1보마다의 착지점을 조정하는 것에 의해 보행속도를 변화시킬 수 있다. 정성적으로는 다음의 1보를 가깝게 착지해서 보행속도를 높이거나, 먼 곳에 착지해서 보행속도를 낮추게 된다.

수정된 착지위치 p_x^*와 보행상태의 정량적인 관계를 도출해 보자. 처음의 선형도립진자의 동역학을 다음 식과 같이 지면에 설정한 원점을 기준에 미달한 값으로 설정한다.

$$\ddot{x} = \frac{g}{z_c}(x - p_x^*) \tag{2-104}$$

이 해석해는

$$x(t) = (x_i^{(n)} - p_x^*)\cosh(t/T_c) + T_c\dot{x}_i^{(n)}\sinh(t/T_c) + p_x^* \tag{2-105}$$

$$\dot{x}(t) = \frac{x_i^{(n)} - p_x^*}{T_c}\sinh(t/T_c) + \dot{x}_i^{(n)}\cosh(t/T_c) \tag{2-106}$$

여기서 $x_i^{(n)}$, $\dot{x}_i^{(n)}$는 n번째 걸음이 시작하는 순간의 무게중심의 위치와 속도이다.

따라서, 착지점 p_x^*과 n번째 걸음의 최종상태의 관계는 다음 식으로 주어진다.

$$\begin{bmatrix} x_f^{(n)} \\ \dot{x}_f^{(n)} \end{bmatrix} = \begin{pmatrix} C & T_cS \\ S/T_c & C \end{pmatrix}\begin{bmatrix} x_i^{(n)} \\ \dot{x}_i^{(n)} \end{bmatrix} + \begin{bmatrix} 1 - C \\ -S/T_c \end{bmatrix} p_x^* \tag{2-107}$$

최종상태의 목표값은

$$\begin{bmatrix} x^d \\ \dot{x}^d \end{bmatrix} = \begin{bmatrix} p_x^{(n)} + \overline{x^{(n)}} \\ \overline{v_x^{(n)}} \end{bmatrix} \tag{2-108}$$

목표상태 $(x^d, \dot{x}^d)$에 최대한 근사하기 위한 착지점은 다음의 순서로 계산하게 된다. 우선, 오차의 평가변수를 정의한다.

$$N = a(x^d - x_f^{(n)})^2 + b(\dot{x}^d - \dot{x}_f^{(n)})^2$$

a, b는 평가변수의 가중치를 나타내는 계수로 적당한 값으로 정하고, 여기에서 식 (2-107)을 대입하여, $\partial N/\partial p_x^* = 0$의 조건을 이용하면, 평가변수 N을 최소로 하는 착지위치가 구해진다.

$$\begin{aligned} p_x^* = &-\frac{a(C-1)}{D}(x^d - Cx_i^{(n)} - T_cS\dot{x}_i^{(n)}) \\ &-\frac{bS}{T_cD}(\dot{x}^d - \frac{S}{T_c}x_i^{(n)} - C\dot{x}_i^{(n)}) \end{aligned} \tag{2-110}$$

$$D = a(C-1)^2 + b(S/T_c)^2 \tag{2-111}$$

(8) 방향전환

방향전환을 하기 위해서는 보행변수에 진행방향을 나타내는 값을 추가할 필요가 있다. 한 걸음 마다의 발을 내딛는 방향을 s_θ라고 하면, 그림 2.48과 같이 정의될 수 있다.

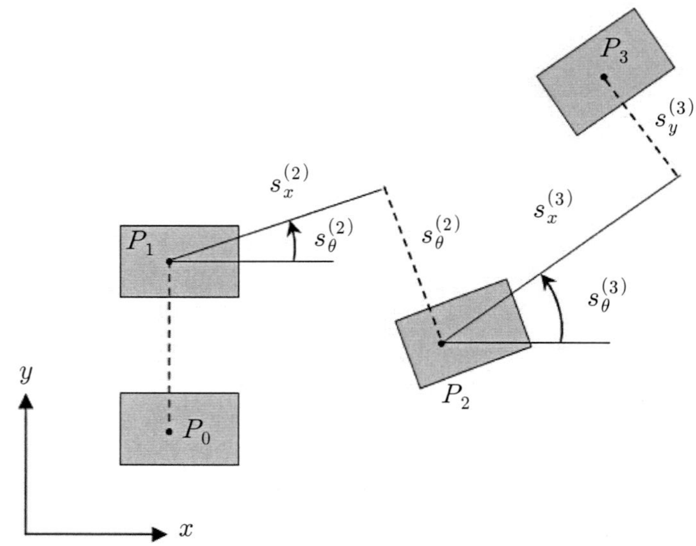

[그림 2.48] 방향전환을 포함하는 착지점의 설정법

n 번째의 착지위치 $(p_x^{(n)}, p_y^{(n)})$는 다음과 같이 결정된다.

$$\begin{bmatrix} p_x^{(n)} \\ p_y^{(n)} \end{bmatrix} = \begin{bmatrix} p_x^{(n-1)} \\ p_y^{(n-1)} \end{bmatrix} + \begin{pmatrix} \cos s_\theta^{(n)} & -\sin s_\theta^{(n)} \\ \sin s_\theta^{(n)} & \cos s_\theta^{(n)} \end{pmatrix} \begin{bmatrix} s_\theta^{(n)} \\ -(-1)^n s_\theta^{(n)} \end{bmatrix} \tag{2-112}$$

n 번째의 걸음에 이용하는 보행변수는 다음과 같이 정해진다.

$$\begin{bmatrix} \overline{x^{(n)}} \\ \overline{y^{(n)}} \end{bmatrix} = \begin{pmatrix} \cos s_\theta^{(n+1)} & -\sin s_\theta^{(n+1)} \\ \sin s_\theta^{(n+1)} & \cos s_\theta^{(n+1)} \end{pmatrix} \begin{bmatrix} s_x^{(n+1)}/2 \\ (-1)^n s_y^{(n+1)}/2 \end{bmatrix} \tag{2-113}$$

같은 방식으로 속도에 관하여 회전변환이 이루어진다.

$$\begin{bmatrix} \overline{v_x^{(n)}} \\ \overline{v_y^{(n)}} \end{bmatrix} = \begin{pmatrix} \cos s_\theta^{(n+1)} & -\sin s_\theta^{(n+1)} \\ \sin s_\theta^{(n+1)} & \cos s_\theta^{(n+1)} \end{pmatrix} \begin{bmatrix} (1+C)/(T_c S)\overline{x^{(n)}} \\ (C-1)/(T_c S)\overline{y^{(n)}} \end{bmatrix} \tag{2-114}$$

이와 같은 과정을 단계별 알고리즘으로 나타내면 다음과 같다.

1 단계 : 보행주기 Tsup 및 보폭값 s_x, s_y 을 설정한다. 초기 중심위치 (x, y) 와 초기착지위치 $(p_x^*, p_y^*) = (p_x^{(0)}, p_y^{(0)})$ 을 설정한다.
2 단계 : $T = 0$, $n = 0$.
3 단계 : 시각 T 에서 T+Tsup 까지 선형도립진자의 방정식 (2-96)을 적분한다.
4 단계 : T = T +Tsup , n = n + 1
5 단계 : 다음 착지점 $(p_x^{(n)}, p_y^{(n)})$을 식 (2-102)에 의해 계산한다.
6 단계 : 다음의 보행궤적 $(\overline{x^{(n)}}, \overline{y^{(n)}})$을 식 (2-113), 식 (2-114)에 의해 계산한다.
7 단계 : 목표상태 $(x^d, \dot{x}^d)$와 y축에 대한 목표상태 $(y^d, \dot{y}^d)$를 식 (2-108)에 의해 계산한다.
8 단계 : 수정한 착지위치 (p_x^*, p_y^*)를 식 (2-110)에 의해 계산한다.
9 단계 : 3 단계로 돌아간다.

(9) 다리지지 시간의 고려

지금까지 설명한 보행패턴에는 도립진자의 지지다리 교환이 순간 시간에 이루어지는 것으로 가정해 왔다. 전진보행의 경우, ZMP는 뒤의 발에서 앞의 발까지 순간적으로 이동하고, 수평가속도도 최대치에서 최소치로 도약하였다. 이러한 운동은 로봇에 큰 충격을 주게 되어 시스템이 손상시킬 수 있다.

하드웨어에 있어서 목표하는 부드러운 보행운동을 구현하기 위해, 미리 정해 놓은 두 다리의지지 기간 T_d을 도입하여 각 지지다리가 교체되는 것으로 한다.

목표하는 것은 갑작스러운 굴곡점을 매끈한 속도곡선으로 만드는 것이고, 이것에 의해서 가속도의 불연속한 변화를 없앨 수 있게 된다. ZMP는 뒤의 다리에서 앞의다리로 부드럽게 이동한다. 이러한 운동이 양 다리 지지기간 중 개시시와 종료시에 있는 속도와 가속도가 연속적이 되도록 하기 위해 시간에 관한 3차변수로 속도를 결정하게 된다. 즉 무게중심의 위치는 시간에 대한 4차 변수가 된다.

$$x(t) = a_0 + a_1 t + a_2 t^2 + a_3 t^3 + a_4 t^4 \tag{2-115}$$

계수인 a_1, ... a_4는 지지다리 교환시에 있는 상태인 위치, 속도, 가속도값에 의해서 결정된다.

이러한 구간을 설정하면 선형도립진자에 계획된 것보다 보폭이 증대되는 문제가 있으므로 보폭의 증대분을 보행변수값을 감소시켜 입력해 주어야 한다.
이렇게 양 다리 지지기간의 삽입은 지지다리 서로의 가감속을 부드럽게 설정하도록 해 주지만, 흔들림 다리의 복귀에 이르는 시간을 줄이기 위해서 T_d를 크게 설정할 수 없다.

(10) 선형도립진자에서 다링크 모델로의 확장

선형도립진자를 이용하여 실제의 로봇의 운동을 적용하는 데 있어서 무엇보다 간단한 방법은 도립진자의 무게중심과 연결링크를 운동시키는 것이다. 또한 보행 개시 상태의 무게중심위치를 계산하고, 연결링크와의 상대위치를 구한다. 이후에, 무게중심과 연결링크의 상대위치관계가 변화되지 않는 것으로 하여, 선형도립진자의 무게중심에서 직접 연결링크의 위치를 결정하는 것이다.

다리부의 운동은 착지시점을 고려하여 착지점에 도착하기 위한 궤도를 계산하면 된다. 허리와 양 다리의 운동이 결정되면, 다음은 역운동학을 이용한 다리 각 관절의 운동을 계산할 수 있다.

이 방법은 로봇 전체가 하나의 질점으로 구성된 도립진자에 근사화될 수 있다는 전제에 기초하므로, 그 유효성을 평가하는 데에는 ZMP가 이용된다. 정확한 모델을 사용하여 ZMP를 계산하면 하나의 질점의 도립진자에 표현하지 않은 여유 관절과 반작용력, 무게중심의 위치오차 등의 영향이 추가되지만, 질점모델의 올바른 설정을 통해서 충분히 그 거동을 실제와 근사화할 수 있다.

보행시의 외부의 힘의 도움 없이, 동적 평형을 가능하게 하는 힘은 지면과 발바닥 사이의 마찰력이 유일하다. 마찰력은 마찰계수에 비례하므로, 지면과 발바닥 사이의 마찰효과가 커질수록 가속, 감속 범위가 커질 수 있다. 휴머노이드로봇 발의 설계는 그 위로 걷는 지면 상태의 변화에 따른 불안정성이 가능한 적도록 최대한 마찰이 크도록 바닥면을 설계하는 것이 중요하다. 바닥면의 설계는 인간의 운동화에서 고려하는 요인들에 대한 비교 고찰을 통해 충분한 감각을 얻을 수 있을 것이다.

기본적인 이족보행제어의 윤곽은 그림 2.35에 나타나 있다. 로봇이 보행하도록 하기 위한 각 관절각도 데이터를 보행패턴이라 하고 이것을 계산하는 소프트웨어를 보행패턴생성기라고 한다. 이상적인 상황에서 보행패턴을 실제의 로봇에 도입하면 이족보행이 가능하게 된다. 하지만 이러한 경우는 충분히 정확한 모델을 사용한 경우에 한정되고, 명령대로 동작하는 강성이 높은 로봇과 완전히 평평하고 강한 지면 조건이 갖춰지지 않으면 보행을 이룰 수 없다.

인간크기의 로봇에 위의 방법을 적용하는 경우 평면에 근소한 수 mm의 요철이 있는 것만으로도 전도해 버리게 된다. 인간에 근사한 로봇에는 평면의 요철에 의해 작은 요동이 발생하면 급속히 확대되어 동작이 멈추기도 한다. 그래서 로봇 내부에는 자이로, 가속도계, 힘센서와 같은 각종 센서 정보를 이용하여 보행패턴을 수정하게 되고, 다소의 요철이나 외란이 존재해도 보행이 계속할 수 있도록 하는 소프트웨어가 필요하다. 이것을 보행안정화제어기라고 한다.

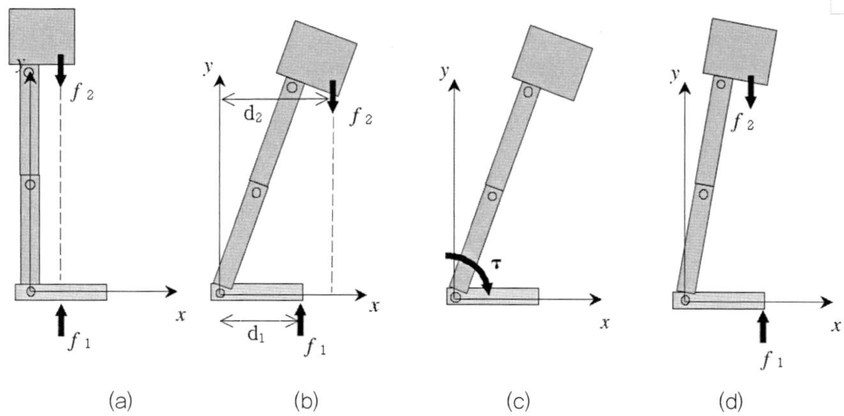

[그림 2.49] 중력과 반력 관계

위 그림에서 그림 2.49는 휴머노이드로봇 다리와 발을 중심으로 상체를 간략히 표현한 것이다. 로봇을 자유물체도로 분석하면 초기자세로 정지해 있을 때에는 (a)와 같은 정적 평형 상태가 유지되어야 한다. f_1은 로봇 발이 지면을 누르는 힘에 의한 반작용력으로서 지면으로부터 로봇 발바닥 전체에 작용하는 압력의 합력을 나타낸 것이다. 이때, 로봇의 상체를 포함한 무게중심점에서의 중력의 합력은 f_2로서 f_1과 크기가 같고 동일한 작용선 상에 있음을 알 수 있다. 발목 회전축 부위에 지역좌표계를 도입하면 y축 방향과 z축 방향의 힘과 모멘트는 모두 0인 상태이다.

그림 (b)는 로봇이 상체를 전방으로 기울임으로써 무게중심이 전방으로 이동한 상태를 분석한 것이다. (a)와 같이 y축 방향의 힘 f_1과 f_2는 서로 평형이 유지되지만, 지역좌표계의 원점을 회전축으로 하여 모멘트의 불균형이 일어나게 되고, f_1과 f_2는 크기가 같으므로 $d_2 \cdot f_2$의 모멘트 값이 $d_1 \cdot f_1$의 모멘트 값보다 커서 시계방향으로의 모멘트와 회전가속도가 발생한다. 이때, 그림 (c)와 같이 발목의 z축 방향으로 모터가 토크를 가할 때, 모멘트의 불균형을 완화할 수 있는 제어력 역할을 한다.

하지만 주의할 것은 무게중심 투영점의 지지다각형 내부존재 조건에 의해 (d)와 같이 d_1이 d_2보다 커야 시계방향으로의 전도를 막을 수 있다. 즉, 발목 축 모터의 회전력에 의해 시계방향의 토크가 발생함으로써, (d)와 같은 앞으로 기울어진 상태를 (a)로 회복할 수 있다. 단, 토크의 크기는 적어도 $d_1 \cdot f_1 - d_2 \cdot f_2$만큼은 되어야 한다.

일반적인 ZMP보행을 평상시의 사람의 보행 속도에 가깝도록 하려면, 하체의 각 관절축의 각도회전이 빨라지면서, 이와 동시에 회전시작과 정지에 즈음한 가속과 감속이 필요하다. 가속과 감속은 필연적으로 회전관성이 발생하거나 회전모멘트가 감소함을 의미하므로 착지발의 위치 선정과 좌측 또는 우측으로의 중심 이동위치의 선정을 정상보행보다 적게 설정해야 관성에 의해 중심이 벗어나 쓰러지는 현상을 방지할 수 있다. 적게 설정하는 변위량은 몸체 중심의 평균속도 또는 최대 가속도에 비례하여 실험적으로 결정하는 것이 올바른 방법이다.

앞에서 언급한 정보행을 보다 자연스러운 보행이 되도록 하기 위해선 동보행을 고려해야 한다.

① 몸체의 무게중심을 좌측 발로 이동한다. (양발 지지 상태)
② 우측 발을 공중에 일정 높이로 올린다. (한발 지지 상태)
③ 우측 발을 전방의 일정 지점에 착지시킨다. (한발 착지 상태)
④ 몸체의 무게중심을 좌측 발에서 우측 발로 선형으로 평행하게 이동시킨다. (두발 지지 상태)
⑤ 좌측 발을 일정 높이로 올린다. (한발 지지 상태)
⑥ 좌측 발을 전방의 일정 지점에 착지시킨다. (한발 착지 상태)

위에서 ①단계와 ②단계가 동시에 이루어지면서 몸체 중심의 전방이동이 연속적으로 이루어진다. 즉, 지지다리의 상부 피치축회전과 발목축 회전에 의해 몸체중심이 전진하면서 (이때 발목축은 시계방향, 상부피치축은 반시계방향으로 지면이 평형할 때 동일한 각도이다.), 흔들림 다리의 상부다리가 전방으로 회전한 이후, 하부다리가 상부다리와 일직선에 가까워 질 때까지 회전하면서 발뒤꿈치부터 착지하기 시작한다. 착지하는 발바닥이 지면에 닿으면서 지지다리의 발은 발바닥 뒤에서부터 지면과 점차 떨어진다.

이를 왼쪽 지지다리를 중심으로 보행 반 주기동안의 연속적 운동으로 정리하면 다음과 같다.

① 몸체 중심의 좌측이동 : 왼쪽 지지 허벅다리 상부 롤축 시계방향회전과 왼쪽 발목 롤축 반시계방향회전
  • 오른쪽 무릎 굽혀지면서 오른발의 수직변위상승

② 몸체 중심의 전방이동 : 왼쪽 지지 허벅다리 상부 피치축 회전과 왼쪽 발목축 회전
  • 오른쪽 허벅다리가 앞으로 펴짐

③ 오른쪽 무릎다리가 펴지면서 발뒤꿈치가 지면에 닿음

위와 같은 각 단계는 각 단계가 종료될 즈음에 감속에 의해 각 회전축이 정지하게 되고, 새로운 단계가 시작할 때는 정지상태에서 가속이 되는 속도사다리꼴 형태의 운동을 하게 된다.

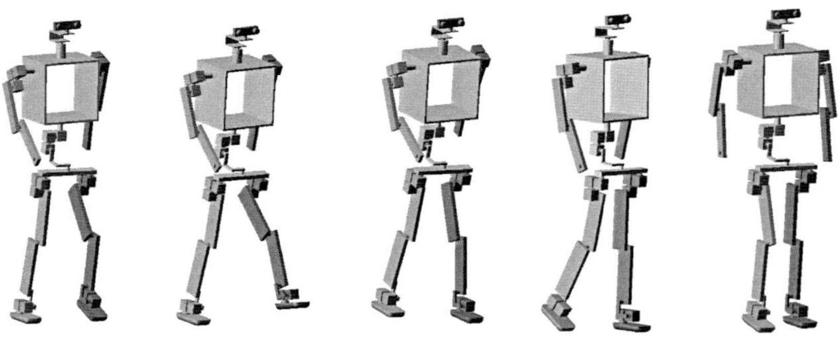

[그림 2.50] Dyna-Balance 1호의 보행 모사 실험(Walking simulation for Dyna-Balance No.1)

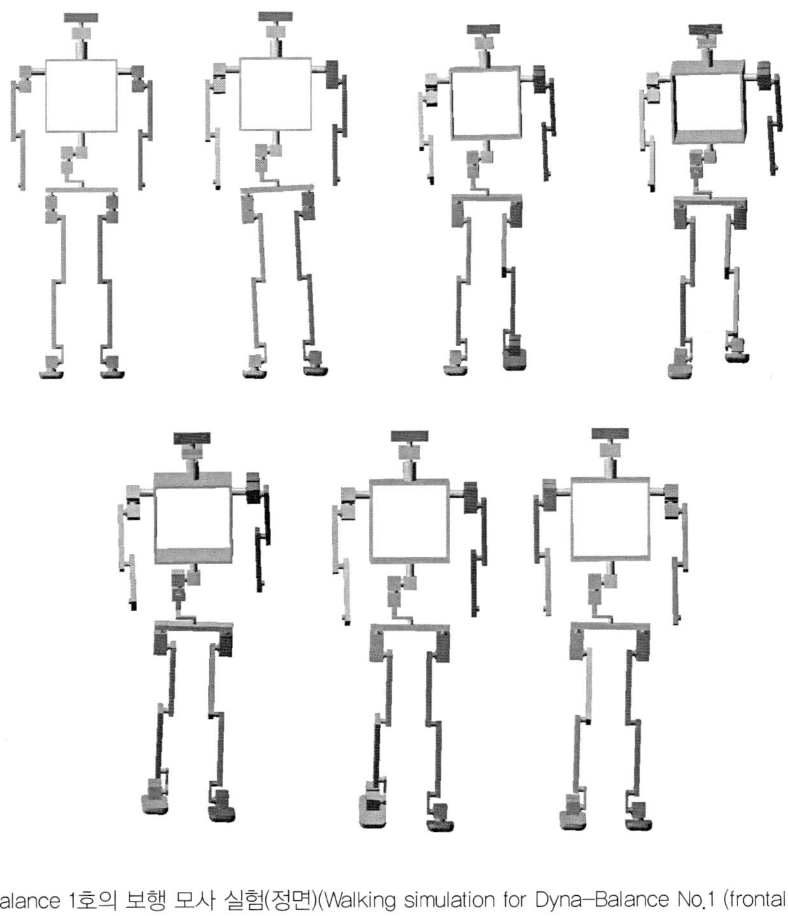

[그림 2.51] Dyna-Balance 1호의 보행 모사 실험(정면)(Walking simulation for Dyna-Balance No.1 (frontal plane))

[그림 2.52] Dyna-Balance 1호의 보행 모사 실험(측면)(Walking simulation for Dyna-Balance No.1 (sagittal plane))

2.3.5. 제어 시 기타 고려사항

(1) 원활한 보행의 실현

ZMP가 접지면적 내부에 있으면 일단 걸을 수 있지만 원활함을 실현하려면 보행 설계에는 다음과 같은 프로세스를 설치하도록 한다.

- 각 관절의 목표 각도 $\theta i(t)$가 원활한 시간 곡선을 그릴 때까지 계산을 계속하는 프로세스,. 각속도는 물론 각가속도가 연속이어야 함은 필수조건이다. 욕심으로 치자면, 가속도의 미분값까지 연속이었으면 한다(가속도의 미분값을 저크(Jerk) 라고 하고 인간의 움직임 특징은 저크의 연속이다).
- ZMP가 접지면적 내부를 뒤에서 앞으로 접지면적 안을 이동할 것(ZMP가 접지면적 안을 왔다 갔다 하면 밖에서 볼 때 비틀거리는 보행으로 보인다)

원활하게 보행하려면 필연적으로 급격한 가속 · 감속은 배제되기 때문에 모터 부하도 피크값이 없어져 작은 모터로 보행을 조달하게 되는 좋은 결과를 얻을 수 있다. 모터의 부하를 더 줄이려면 가속도의 피크값을 찾아내어 철저하게 이 피크가 평준화되도록 보행을 개선시킨다.

(2) 착지 충격에의 대응

유각이 착지할 때 족부와 바닥면과의 사이에서 충돌이 일어난다. 이 충돌로 인한 상반력은 로봇을 흔들어 보행을 계속하기가 어렵다. 상반력은 바닥과 족부와의 충돌 반발계수에 따라 달라서 미리 정밀하게 평가할 수 없다. 하물며 바닥이 미묘하게 기울어져 있거나 미세한 요철이 있을 때는 전혀 예측할 수 없다. 문제의 근본적인 원인은 로봇을 걷게 하는 방법의 기본이 위치제어 라는 점이다. 즉 위치지령을 실현하기 위해 모터는 서보 제어 되고 있기 때문에 계산의 전제가 맞지 않더라도 그와는 상관없이 위치지령까지 구동된다. 그 결과, 한걸음마다 착지하는 순간의 상반력이 달라진다.

로봇 제어에는 위치제어 외에 힘제어가 있다. 힘제어에 의하면 물체와의 충돌을 「유연한 접촉」으로 바꿀 수 있다. 보행로봇에 이 개념을 적용하면, 예를 들어 족관절을 사용하면서 힘제어를 실현할 수 있다. 물론 무릎관절을 사용하더라도 힘제어는 실현할 수 있다. 얼마간의 시간이 지난 후에 다시 힘제어에서 위치제어로 바뀌면 목표궤도를 따라 관절이 구동되어 보행을 계속한다. 이 방법에서는 충격치를 검지하여 힘제어로 새로 바꾸므로 지연이 생긴다. 전환이 아니라 상시 위치제어와 힘제어를 실시해서 제어 게인만 바꾸는 기법도 제안되어 있다. 후자에 위하면 지연은 줄일 수 있다. 그러나 지연을 0으로는 할 수 없기 때문에 발바닥에 고무와 같은 완충재를 붙여서 수동적으로 충격을 흡수하는 식으로도 연구하고 있다. 고무 재료에 따라 처음의 피크 충격치를 억제하고 그 다음에는 제어로 충격을 완화시키는 2단 구조의 대책이 현실적이다.

(3) 보행 안정성의 회복

기본 보행에 있어서는 편평한 바닥면 또는 일정하게 경사진 바닥면 등 이미 알고있는 바닥면을 대상으로 설계된다. 그러나 현실적인 바닥면을 잘 들여다보면 요철이 심하고 경사도 일정하지가 않다. 그리고 보행하는 중에는 외부에서도 힘이 가해질 것으로 예상된다. 예를 들면 횡풍(横風, Cross-wind)을 만나기도 하고 사람과 부딪치기도 한다. 이와 같은 원인으로 안정성을 잃을 뻔했을 때 어떻게 행동하는지 관찰하면, 다음과 같은 수정동작을 한다.

① 발목 관절을 구동하여 버틴다.
② 다음에 착지할 위치를 바꾼다.
③ 다음에 착지할 타이밍을 바꾼다.
④ 지지다리 측을 구동하여 전후좌우로 가속 또는 감속시킨다.
⑤ 동체나 팔을 흔든다.

더 상세히 관찰하면 ①은 비교적 천천히 걷고 있을 때 이루어지는 수정동작인데 반해 ②는 보통 속도로 걷고 있을 때 사용된다. ③은 보통속도일 때에도 볼 수 있지만 채었을 때 흔히 볼 수 있다. ④는 밟고싶지 않을 것은 발견했을 때라든가 타인과 충돌할 것 같을 때 등에서 흔히 볼 수 있다. ⑤는 사람이 평범하게 걷고 있을 때 발의 움직임에 맞추어 양손을 흔들며 걷는 경우를 제외하면 미끄러지기 위운 빙상을 걸을 때라든가 평균대를 걷게 될 때 등에 흔히 볼 수 있다. 이상과 같이 사람을 때와 장소에 따라 안정성을 확보하는 방법을 구분해서 사용하고 있다. 그 이유는 대체로 사용하는 에너지와 효과를 비교해서 경험적으로 전략을 바꾸는 것으로 여겨진다.

로봇의 주행 안정성 회복책도 위에 언급한 개념이 혼다 기술연구소의 특허출원명세서에서 잘 나타나 있다. 우선 기본 보행으로써「넘어질 것」같은 모습을 몇 가지 방법으로 잘 살펴서 그런 경향을 억제하는 방향으로 위에 열거한 행동을 일으키는 아이디어이다. 그 개요는 위의 행동에 의해 보정 되는 관절각도를 $\delta\theta$라고 하면 Dθit +$\delta\theta$it를 다시 지령값으로 하고 이것과 현재의 관절각도 Dθit를 비교해서 그 차분에 따른 P제어 또는 D제어를 한다. 따라서「넘어질 것」같은 상황을 살피는 센서가 필요하다. 이 센서에 대해서도 사람의 행동을 참고로 다음과 같은 점을 생각할 수 있다.

① 경사계의 출력이 기준치에서 소정의 편차는 나타냈을 때의 편차량
② ZMP가 기중 위치에서 소정량 어긋났을 때의 편차량
③ 외력을 검지하는 센서에 의해 외력이 검지됐을 때 그 외력의 정도
④ 수평 G의 출력이 검출됐을 때 그 수평 G의 정도(G는 가속도)

이것들은 반고리관이나 이석(耳石), 발바닥의 감촉, 피부감각 등 사람의 감각기관에 대응한다. 계단의 착지 위치가 전후 방향으로는 바뀌지 않고 다른 방법을 취하게 된다. 징검다리일 경우에는 수평방향으로도 규제되므로 점점 안정적인 보행을 유지하기가 어려워진다.

(4) 노면 경사나 미소한 단차에 의한 대응

노면이 거칠고 착지 장소가 경사져 있거나 자갈이나 단차가 있을 경우에도 사람을 별 어려움 없이 걸을 수 있다. 인간은 앞을 보고 착지할 위치의 높고 낮음이라든가 경사 등을 미리 예측하고 그 예측에 기초한 보행을 출력한다. 현재 로봇은 시각에 상당하는 센서가 발달되지 않은 상태이기 때문에 다음과 같은 방법으로는 대응하고 있다. 경사 센서 정보를 토대로 자기의 제어에 의해 족부가 노면의 형상을 따르는 각도로 한다. 이때의 각도로 만일 경사 센서의 출력이 0도라면 족부의 기울기는 얼마인가를 연산한다. 그 각도가 노면의 기울기이기 때문에 기준 보행인 족관절의 목표치를 이 각도만큼 보정한다. 보정각도를 다시 목표치로 서보제어한다. 이 방법은 미리 보행 데이터를 준비 할 경우에도 그 자리에서 실

시간으로 보행을 생성할 경우에도 같은 사고방식을 적용할 수 있다.

이상은 현재의 기술수준인데 인간을 시각정보로 미리 상황파악을 할 수 있기 때문에 접촉하기 전에 「준비」하여 행동한다. 예를 들어 남과 부딪치기 전에는 부딪쳐도 될 것 같은 자세를 취한다. 더 적절한 예를 든다면 책상 위에 놓인 물체를 집어들 때에는 그것에 다기도 전에 집어들기 쉬운 모양으로 손가락의 형태를 갖추는 예가 있다. 행동학에서는 이 동작을 Pre-shaping이라고 한다. 사람의 경우도 예를 든다면 계단에서 한 계단이 더 있었다고 생각했는데 없었을 때 비틀거리는 것은 계단에 적합한 보행을 미리 준비하여 출력하고 있었기 때문이라고 생각할 수 있다. 준비의 개념을 확장하면 Pre-shaping과 마찬가지로 사람이 보행할 때의 전략도 미리 정한 보행을 출력해 두고 현장의 상황에 따라 다소 전술적으로 수정하는 것이다.

그리고 보정하는 방법도 앞으로 시각 센서가 발달하면 「넘어질 것」을 미리 예측할 수 있을 것이므로 여유를 갖고 보정할 수 있어 안정성을 더욱 확보할 수 있을 것이다.

(5) 계단에서의 헛디딤 방지

계단을 오르내림에 있어서는 한 걸음마다 계단과 발의 위치오차가 생긴다. 이것은 계단 그 자체가 정확하게 되어 있지 않은 점, 그리고 발과 계단과의 사이에서 발생하는 미끄럼이 원인이다. 위치오차가 쌓이면 발을 헛디뎌 쓰러진다.

인간의 경우 눈은 있지만 계단을 오르내릴 때 눈으로 확인하는 것은 첫 발 정도일 것이다. 그 다음은 발바닥의 촉각으로 계단과 발과의 차이를 감지하여 보폭을 수정한다. 로봇도 촉각에 상당하는 센서가 있으면 같을 수 있다. 발과 계단 모서리와의 상대위치를 감지할 수 있다면 센서는 무엇이든 상관없다. 발바닥에 분포압 센서를 붙여도 되고 복수의 관원을 수직방향으로 배치하여 그 반사광의 유무를 검출해서 계단의 가장자리를 알아도 된다. 족부와 족관절 사이에 설치한 6축 힘 센서로 가장자리를 검출하는 방법도 있다.

(6) 에너지 절감 대책

보행로봇은 탑재한 배터리로 모든 소비에너지를 조달한다. 아직 배터리 기술이 미숙하여 현재의 휴머노이드는 어느 것으로든 가동시간이 너무 짧다. 이 문제를 해결할 수 있는 한 가지는 배터리의 개량기술이다. 하지만 배터리에 대해서는 전기자동차에서 많은 돈과 시간을 들여 연구개발해 왔지만 아직 이렇다 할만한 성과는 나오지 않고 있다. 비록 앞으로 우수한 배터리가 개발된다고 하더라도 올바른 방향성은 에너지 절약기술에 대한 연구개발일 것이다.

운동제어이기 때문에 경량화는 소비 에너지 절감에 도움이 된다. 그러나 거의 모든 부재가 회전운동을 하고 있기 때문에 경량화도 그렇지만 관성 모멘트를 줄이는 것이 가장 효과적이다. 형상이 같다면 경량화에 비례해서 에너지 절약을 달성할 수 있다. 그러나 같은 중량으로 완성한 경우에도 관성 모멘트를 낮추는 설계가 있는데 그것은 무거운 부품을 가능한 한 회전중심에 가깝게 배치하는 일이다. 여기에 재료의 경량화 예를 들면 탄소섬유 수지를 사용하는 등의 방법을 쓰면 에너지 절감효과가 큰 로봇이 된다.

(7) 관성과 역학적 평형

평형이 깨지게 되면, 합력 방향으로 가속운동이 시작된다.

정지해 있을 때는 정적 평형을, 움직일 때에는 동적 평형 상태가 유지되어야 함을 유의하자. 정지해 있을 때나 속도의 변화없이 느린 속도로 움직일 때도 정적 평형에 준하여 고려한다. 하지만 이러한 움직임에도 정지상태에서 일정 속도를 갖게 되기까지 또는 일정 속도에서 다시 정지 상태에 이르기까지 가속 또는 감속이 일어남은 분명한 사실이다. 발목토크의 역할은 지면에 대한 추력과 이의 반작용력이 있을 때 의미가 있다.

지면에 닿기 시작한 때부터 정 중앙부에 무게중심을 지지하고 있을 때까지의 기간동안 하중을 지지하고 있는 발이 주요한 역할을 한다. 우선 지면에 발바닥이 닿도록 발이 시계방향으로 회전하고, 발바닥이 지면에 완전히 닿으면 그때부터는 발목토크의 회전방향이 반시계방향이 된다. 정 중앙부에 무게중심을 유지하고 있을 때부터 지면에서 발을 뗄 때까지 발목토크의 회전방향은 시계방향이 된다.

일반적으로 두 링크 사이에 모터가 설치되어 있고 모터의 기저부가 고정되어 있는 링크를 기저링크, 모터의 축에 연결된 링크를 기동링크라고 하면, 회전력의 작용 반작용 효과에 의해 기동링크 뿐 아니라 기저링크도 회전의 영향을 받는다. 즉 모터의 회전에 의해 기저링크와 기동링크는 각이 서로 모아지거나 아니면 벌어지는 힘을 받는다. 하지만 보통 기저링크의 다른 쪽 끝 부분이 또 다른 링크 축에 의해 연결되므로, 기저링크는 상대적으로 덜 회전하게 된다.

Chapter

3

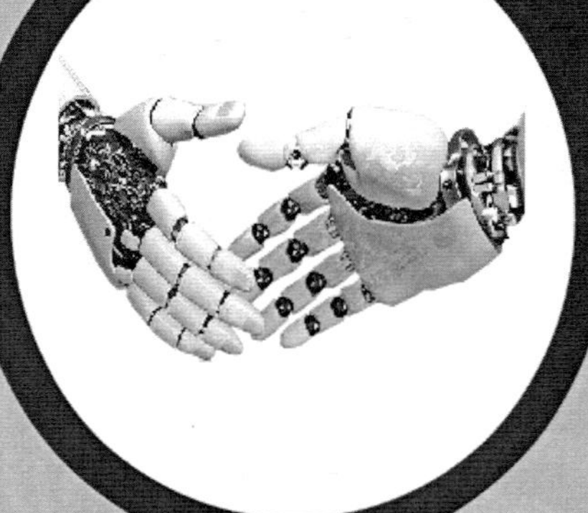

휴머노이드 로봇 개발의 기초

휴머노이드로봇의 개발은 다음 그림과 같이 구분할 수 있다.

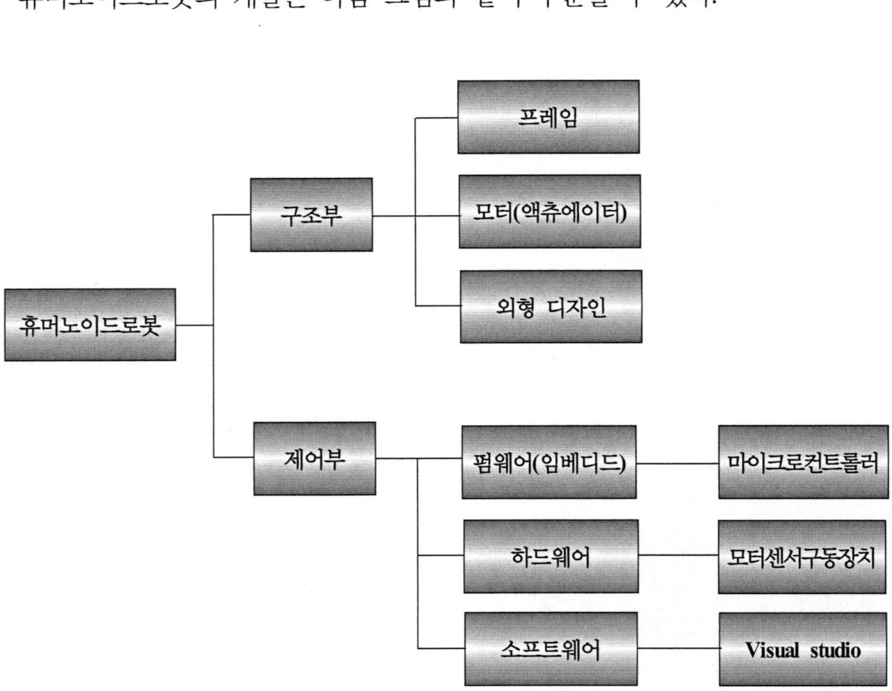

[그림 3.1] 휴머노이드로봇의 개발 부문

3.1 구조부 요소

3.1.1 베어링 [bearing]

회전하고 있는 기계의 축(軸)을 일정한 위치에 고정시키고 축의 자중과 축에 걸리는 하중을 지지하면서 축을 회전시키는 역할을 하는 기계요소로서 축받이라고도 한다. 베어링과 접촉하고 있는 축 부분을 저널(journal)이라고 하며, 그 접촉 상태에 따라 미끄럼베어링(sliding bearing)과 구름베어링(rolling bearing)의 두 종류로 분류한다.

미끄럼베어링은 베어링이 저널부의 표면 전부 또는 표면의 일부를 둘러싼 것 같이 되어 있으며, 베어링과 저널의 접촉면 사이에는 보통 윤활유가 있다. 이 베어링은 면과 면이 접촉하기 때문에 축이 회전할 때 마찰저항이 구름베어링보다 크지만 하중을 지지하는 능력은 일반적으로 크다. 구름베어링은 축과 베어링의 볼 또는 롤러가 접촉하며 축이 회전하면 볼 또는 롤러도 같이 회전하기 때문에 마찰

저항은 작다. 회전하는 기계축에는 하중이 축과 수직으로 걸리는 경우와 축방향으로 걸리는 경우가 있으며, 베어링은 이와 같은 하중에 견디면서 회전운동을 확실히 해야 한다.

베어링은 이와 같은 하중방향에 따라 그 구조가 많이 달라지며, 축과 수직으로 하중이 걸리는 경우에 사용하는 것을 레이디얼(radial)베어링이라 하고, 축방향으로 하중이 작용하는 경우에 쓰이는 것을 스러스트(thrust)베어링이라 한다. 예를 들면, 볼베어링의 경우 레이디얼 볼베어링과 스러스트 볼베어링 등이 있다. 또 가늘고 긴 침상(針狀)의 롤러를 사용하는 니들베어링이 있다. 이상과 같이 베어링의 종류를 크게 나누었으나 실제로는 여러 가지 특징에 따라 더 많은 종류로 세분할 수 있으며, 사용목적에 따라 적합한 것을 선택한다.

미끄럼베어링과 구름베어링은 각각 장·단점을 가지고 있으므로 사용조건에 따라 선택해야 한다. 구름 베어링은 20세기에 와서 사용하게 된 것으로 대량생산과 사용시의 교환성이라는 점에서 유리하나, 하중조건이 변하면 수명이 짧아질 수 있다. 미끄럼베어링은 축이 회전할 때의 마찰열을 방지하기 위해 적절한 윤활이 필요하며, 사용 중 마모로 인해 구멍이 커지므로 부시(bush)를 저널과 접촉하는 구멍부에 끼워 넣는 것이 일반적이다.

스러스트베어링의 경우는 축의 선단에 걸리는 하중을 베어링의 밑면이 지지하게 되며, 경우에 따라서는 그 면의 발열을 적게 하기 위하여 선단을 약간 가늘게 한 피벗(pivot:樞軸)베어링이나 큰 스러스트 하중에 견디기 위하여 축의 일단 몇 개의 칼라(collar)를 붙여 칼라의 옆면이 힘을 지지하게 한 것도 있다.

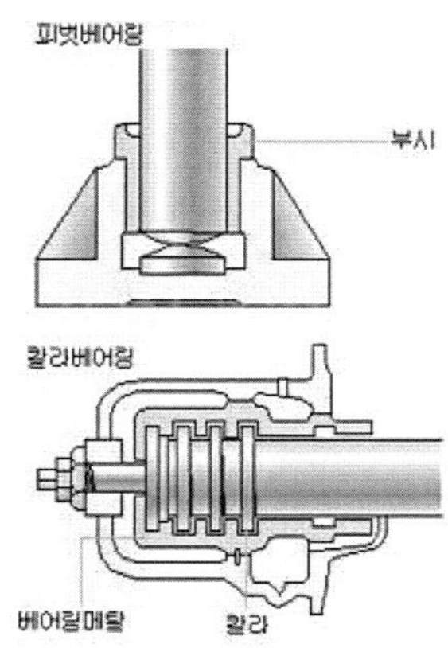

[그림 3.2] 스러스트 베어링의 단면도

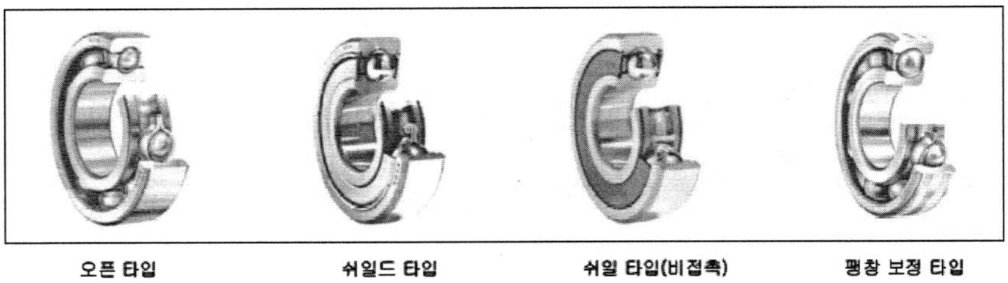

[그림 3.3] 깊은 홈 볼베어링의 종류

3.1.2 풀리와 축의 체결 방법

풀리는 원형의 회전체로서 구동모터 축에 결합하여 회전력을 전달받는 요소이다.

휴머노이드로봇의 경우 모터축과 링크의 연속된 체격구조이고 보행시 물체 무게의 절반 가량을 들어 올려야 하므로 무게중심 가까이에 있는 모터 일수록 큰 토크가 필요하다. 즉, 모터축과 부시 등의 결합부위에 큰 토크가 걸리는데 반해 모터축의 단면적이 작으므로, 이 부위에서 국속부위의 마모나 파손이 일어나기 쉽다.

[표 3.1] 풀리와 축의 체결방법

결합도	체결 방법	결합도	체결 방법
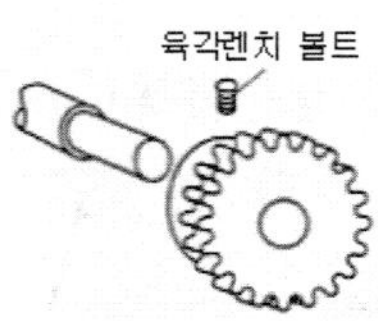	탭 나사에 의한 고정	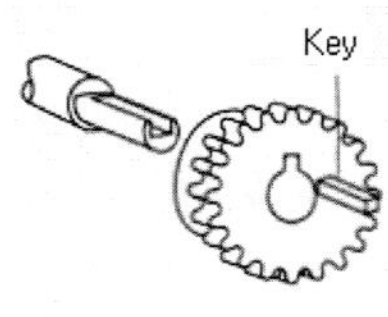	키에 의한 결합
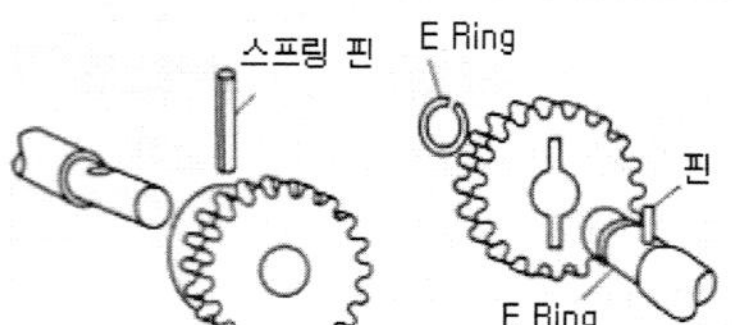	스프링 핀과 E 링을 사용	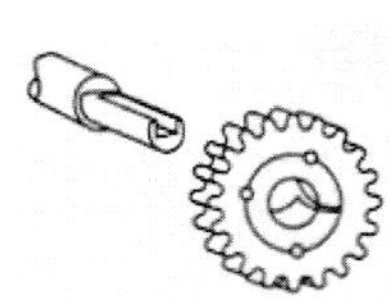	테이퍼진 부시 체결
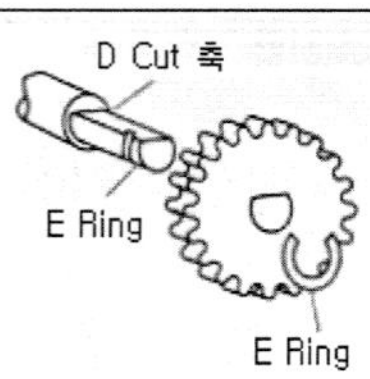	D형 축과 스플라인	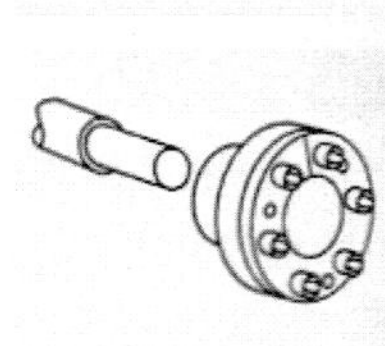	파워락(Power Lock)

(1) 키 고정 나사에 의한 방법

가장 일반적인 풀리의 샤프트 체결 방법으로, 키와 나사를 사용 한다. 비교적 경량의 부하의 경우는 키를 쓰지 않고 나사만으로 사용 하는 경우도 많지만, 나사의 체결이 풀리면 큰 문제가 생기는 경우도 많기 때문에 나사를 사용할 경우는 나사 풀림 방지 대책이 마련되어야 한다. 풀리의 재질이 선팽창계수가 크거나, Grip 특성이 나쁜 재료를 사용 할 경우는 주의를 하여야 한다. 또 축방향의 탭 가공은 보스 쪽에 하고, 치면에는 하지 않는다.

[표 3.2] 키의 표준 규격 치수

Unit(mm)

축경(d)	Key 규격	Key 높이(h)	Key 폭 규격(b)	
			허용공차 Js9	허용공차 D10
8을 초과 10이하	3×3	1.4 $^{+0.1}_{0}$	3 ± 0.0125	3 $^{+0.060}_{+0.020}$
10을 초과 12이하	4×4	1.8 $^{+0.1}_{0}$	4 ± 0.0150	4 $^{+0.078}_{+0.030}$
12를 초과 17이하	5×5	2.3 $^{+0.1}_{0}$	5 ± 0.0150	5 $^{+0.078}_{+0.030}$
17을 초과 22이하	6×6	2.8 $^{+0.1}_{0}$	6 ± 0.0150	6 $^{+0.078}_{+0.030}$
22를 초과 30이하	8×7	3.3 $^{+0.2}_{0}$	8 ± 0.0180	8 $^{+0.098}_{+0.040}$
30을 초과 38이하	10×8	3.3 $^{+0.2}_{0}$	10 ± 0.0180	10 $^{+0.098}_{+0.040}$
38을 초과 44이하	12×8	3.3 $^{+0.2}_{0}$	12 ± 0.0215	12 $^{+0.120}_{+0.050}$
44를 초과 50이하	14×9	3.8 $^{+0.2}_{0}$	14 ± 0.0215	14 $^{+0.120}_{+0.050}$
50을 초과 58이하	16×10	4.3 $^{+0.2}_{0}$	16 ± 0.0215	16 $^{+0.120}_{+0.050}$
58을 초과 65이하	18×11	4.4 $^{+0.2}_{0}$	18 ± 0.0215	18 $^{+0.120}_{+0.050}$
65를초과 75이하	20×12	4.9 $^{+0.2}_{0}$	20 ± 0.0260	20 $^{+0.149}_{+0.065}$

※ 표의 허용공차는 JIS-1303-1976에 준함

(2) 핀에 의한 체결

축과 풀리를 관통하는 구멍을 만들고 여기에 스프링 핀을 압입하여 축과 풀리를 체결하는 방식이다.

(3) D형 축

축 단면의 일부를 깎아 단면을 D형으로 한 것과 같은 모양의 내경을 가공한 풀리를 체결 하는 것도 성형풀리에 잘 사용된다.

(4) 테이퍼 부시(Tapered Bush)를 사용하는 방법

축과 풀리 사이에 테이퍼 형의 링이나 부시를 이용하여 생기는 마찰력으로 체결 하는 방법으로, 전달 torque가 큰 경우에 사용되고 체결 후 편심이 없는 이점이 있다.

(5) 파워락(Power Lock)을 사용하는 방법.

서보 모터축에 사용 하여 어떤 형태나 위치를 정해 체결 할 필요가 있는 경우에 사용 되며, 테이퍼의 쐐기 효과를 이용한다. 볼트를 조여서 체결하기 때문에, 테이퍼 부분에 저항력과 마찰력이 발생하여 약 30～12,500Nm의 강력한 축 결합력과 토크전달력을 얻을 수 있다.

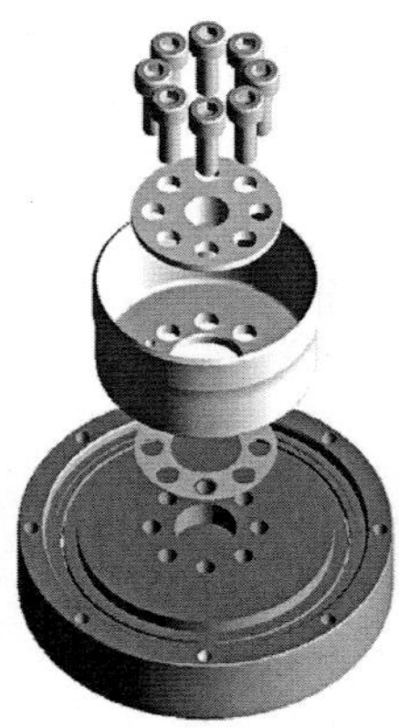

[그림 3.4] 파워락 요소와 결합도

[표 3.3] 부시의 축 결합 과정

부시삽입

렌치볼트를 샤프트(Shaft)에 삽입

렌치 볼트를 손으로 조임

육각 렌치를 이용, 교대로 조임

잠깐 가동후 다시 조임

① 부시 및 hub에 붙어 있는 보호용 코팅, 먼지 등을 완전히 제거후, 부시를 풀리의 중심부 hub에 삽입 정렬시킨다.

② 풀리의 hub, 부시의 나사에 기름을 칠한다. 조립용 볼트를 hub의 나사 구멍에 삽입하고 가볍게 조인다.

③ 샤프트(Shaft)를 깨끗이 한후, hub와 일체가 되도록 맞추어 희망 위치에 놓고, 처음에는 부시가 샤프트(Shaft)에 물리고 나중에는 hub가 부시에 잠기도록 한다.

④ 육각 렌치로 다음 그림과 같은 토크가 되도록 볼트에 교대로 점차적으로 조인다.

⑤ 손상을 막기 위해 BLOCK나 SELEEVE를 사용하여 부시의 넓은 쪽을 두드린다.(이것은 부시가 샤프트(Shaft)에 수직으로 위치했는지를 확인하기 위함) 다시 볼트를 조금 더 조인다. 최대의 파지력을 얻을 수 있도록 두드림과 나사 조임을 반복합니다.

⑥ 만약 KEY를 삽입해야하면 부시를 조립하기 전에 샤프트(Shaft) KEYWAY에 KEY를 넣어야 한다. KEY는 특히 PARALLEL KEY와 SIDE FITTING이어야 하고 TOP CLEARANCE를 가져야 한다.

⑦ DRIVE에 부하를 주어 잠깐 가동한후 정지시켜, 나사의 조임 상태를 다시 점검한다.

⑧ 비어 있는 구멍을 Grease로 채워 먼지 등을 막는다.

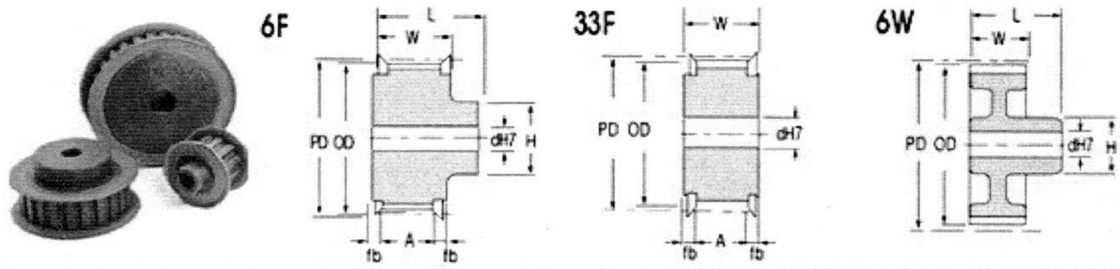

풀리호칭		풀리 형상	P.D	O.D	L	H	F	내경가공범위 dH7		수량 (개)	단가 (₩/원)	비고
잇수 (NT)	TYPE							33F 표준~최대	6F, 6W 표준~최대			
10			16,17	15,66	20	9,5	23	6~8	6			
11			17,79	17,28	20	9,5	23	6~9	6			
12			19,40	18,89	20	10	25	6~10	6			
14			22,64	22,13	20	15	28	6~12	6~8			
15			24,26	23,75	20	15	28	6~13	6~8			
16			25,87	25,36	20	16	32	6~13	6~10			
18			29,11	28,60	22	20	35	6~15	6~12			
19			30,72	30,21	22	20	35	6~15	6~12			
20	HYTP		32,34	31,83	22	23,5	38	6~16	6~13			
21	XL037 A=10,6 fb=1,85 W=14,3		33,96	33,45	22	23,5	38	6~18	6~13			
22			35,57	35,06	22	25	41	6~20	6~15			
24		33F 6F	38,81	38,30	22	30	44	8~22	8~18			
25			40,43	39,92	22	30	44	8~22	8~18			
26			42,04	41,53	22	30	48	8~23	8~20			
28			45,28	44,77	22	34	51	8~25	8~25			
30			48,51	48,00	22	38	54	8~30	8~25			
32			51,74	51,23	25	38	57	8~30	8~25			
34			54,98	54,47	25	38	61	8~38	8~30			
36	XL050 A=14,2 fb=1,85 W=17,9		58,21	57,70	25	45	67	8~38	8~30			
38			61,45	60,94	25	45	70	8~43	8~30			
40			64,68	64,17	25	45	70	8~47	8~30			
42			67,91	67,40	25	45	76	8~50	8~30			
44			71,15	70,64	25	45	76	8~50	8~30			
46			74,38	73,87	25	45	83	10~50	8~30			
48			77,62	77,11	25	45	-	-	8~30			
50		6W	80,85	80,34	25	45	-	-	8~30			
60			97,02	96,31	25	45	-	-	8~30			
72			116,43	115,92	25	45	-	-	8~30			

[그림 3.5] 벨트구동 풀리 요소의 규격 예

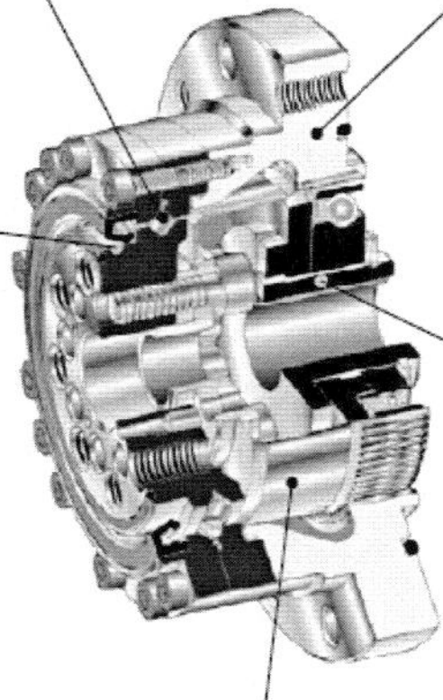

[그림 3.6] 하모닉 드라이브의 구성요소

3.1.3 엔지니어링 플라스틱

일반적으로 금속에 비해 가벼우나 강도나 온도등에 약한 특징을 가지고 있는 일반플라스틱을 그러한 단점을 보완하는 방향으로 발전된 것이 엔지니어링 플라스틱이다.

현재는 사용되는 재료에 따라 345℃에서부터 -190℃에서 사용가능하기도 하며, 강도 또한 일반 금속정도의 강도를 유지하는 것이 개발되어 있다. 사용되는 예로 MC나일론, PEEK, POM, ULTEM, TORLON, PET, 세미트론, ABS, 듀라트론 XP 소재 등이 있다.

3.2 구조부 설계 및 시뮬레이션

3.2.1 3D 설계 CAD

기계설계 프로그램으로 3차원 CAD 소프트웨어는 3차원 모델형상에 기반하여 2차원면에서의 스케치 작업 후 돌출, 깎기 기능으로 대부분의 형상모델링이 가능하다는 강점이 있다. 단 효율적인 작업을 위해서 낙서단계, 즉 종이에 대략적인 모양을 그리는 단계에서 치수 등을 명확히 할 필요가 있다. 3차원 모델 작업은 치수가 우선적으로 해결되어야 원활하다. 산업현장에서 알루미늄 판을 레이저가공하는 CAM 작업을 위해 2차원 AutoCAD dxf. 파일로 요구하는 경우가 많다. Solidworks luventon, CATLA PROE등에서 변환가능하지만, 2차원평면 도면에 익숙한 산업현장에서 3각법을 이용한 제도법을 따른 AutoCAD 사용은 때로 유용하다.

3.2.2 MATLAB/SIMULINK/SimMechanics

MATLAB은 객체지향방식의 공학용 프로그램으로서, 수치연산을 수행하는 이공계열 소프트웨어이다. 여기에 모델링, 시뮬레이션 기능을 운용할 수 있도록 개발된 연동 프로그램이 SIMULINK로서 그래픽 아이콘에 의한 사용이 용이하고, 대화식 프로그램이 가능하며, 방대한 데이터베이스를 쉽게 연동하여 이용할 수 있는 장점이 있다.

기계시스템의 모델링과 동역학 시뮬레이션을 위하여 추가된 SimMechanics Toolbox는 SIMULINK에서 동작하는 강력한 프로그램으로, 뉴턴-랩슨 방식의 수치연산을 사용하여 실시간 처리속도를 높이고, 액츄에이터, 센서, 질량-관성 모델을 개념적으로 쉽게 구성하고, 시뮬레이션 결과를 확인할 수 있다.

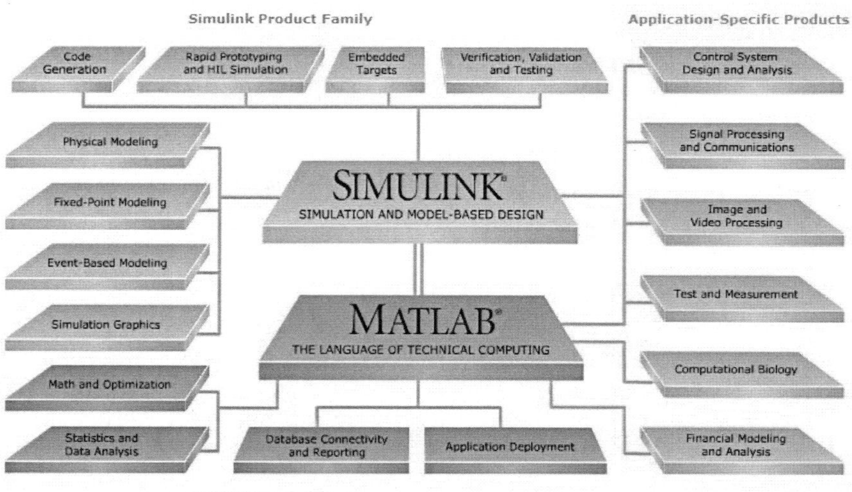

[그림 3.7] MATLAB과 SIMULINK의 상호연동성 및 관계

이는 3차원 CAD 프로그램에 의해 모델링된 기계구조 및 기계 시스템을 읽어들여 각종 초기조건 및 동적 조건을 입력하여 시뮬레이션을 수행할 수 있다.

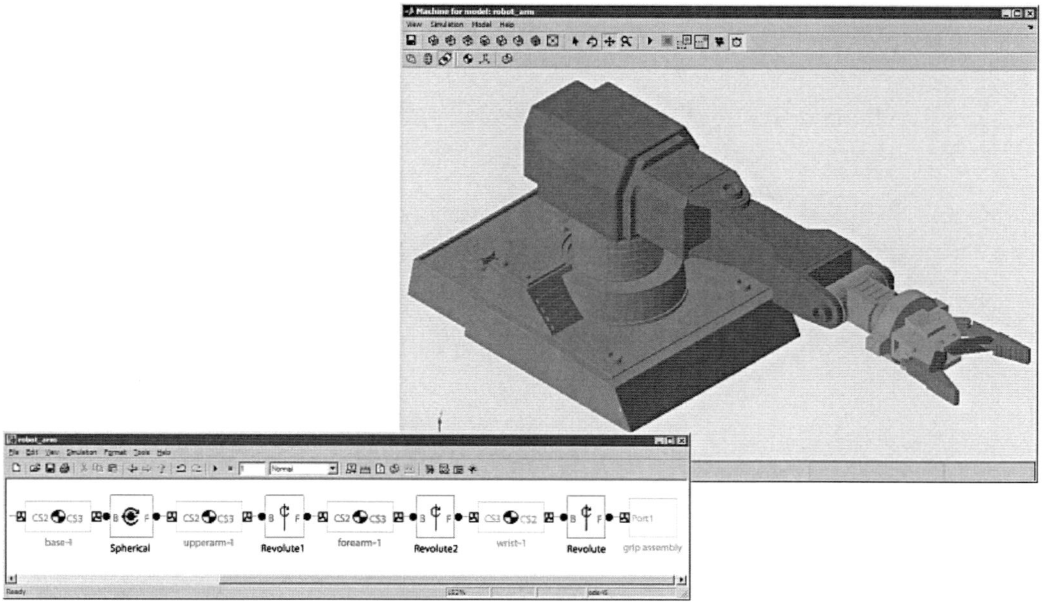

[그림 3.8] SCARA 로봇 팔의 모델링과 SimMechanics 구성모델

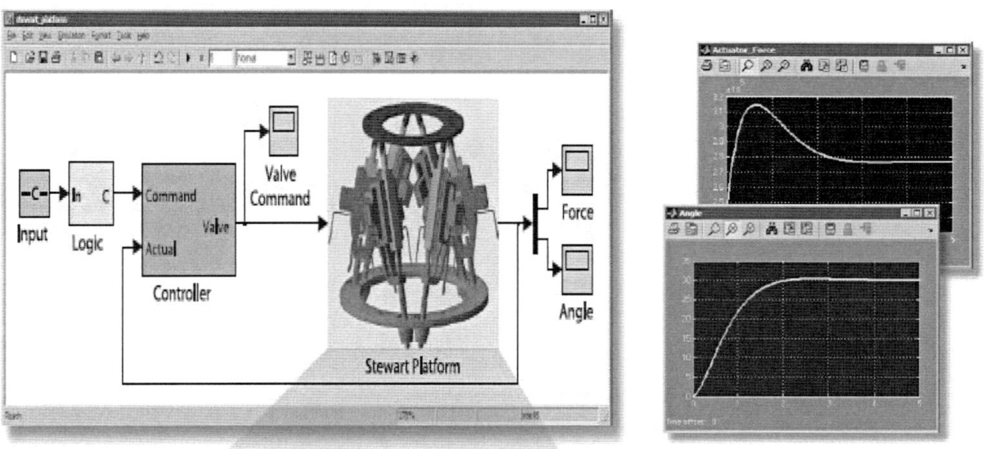

[그림 3.9] Stewart 플랫폼에 대한 SIMULINK/SimMechanics 시뮬레이션 수행도와 그 결과 그래프

3.2.3 다물체 동역학 시뮬레이션 ADAMS 프로그램

ADAMS는 가장 많이 사용되어지고 있는 기계 시스템 시뮬레이션 소프트웨어로서, 이 프로그램을 이용하여 virtual prototypes을 쉽고 빠르게 제작하고 테스트할 수 있으며 가시적, 그리고 수학적인 실제 시뮬레이션을 통해 복잡한 기계 시스템의 최적 설계를 수행할 수 있다.

이러한 작업을 위해 구체적으로 ADAMS 프로그램 내에 정형화 되어진 기계요소들을 결합하여 기계시스템을 제작하거나 이미 다른 CAD프로그램에서 제작되어진 3D 형상을 읽어 들여 복잡한 기계 시스템을 제작할 수 있다. 이렇게 만들어진 시스템에 실제와 같은 구속조건을 부여하고 자유도를 결정하여 force 혹은 motion을 부여함으로써 물리적으로 실제와 같은 kinematic, dynamic, static 또는 quasi-static 3D 테스트를 수행하게 하고, 이렇게 얻어진 결과는 사용자가 정의한 설계 변수를 이용하거나 혹은 프로그램에서 시뮬레이션 시 자동적으로 생성되어지는 설계 변수를 이용하여 graphs나 animation을 통해 검증하고 또한 결과 데이터를 다른 응용 프로그램으로 연계시킬 수 있다.

이 프로그램을 통하여 시뮬레이션 결과의 정확성과 정밀성을 얻을 수 있으며 기존 실험 모델의 설계에서 오랜 시간에 걸친 제작 및 성능 시험에 소요되는 시간 및 비용의 절감, 그리고 품질의 개선 및 작업효율을 극대화를 추구할 수 있게 된다.

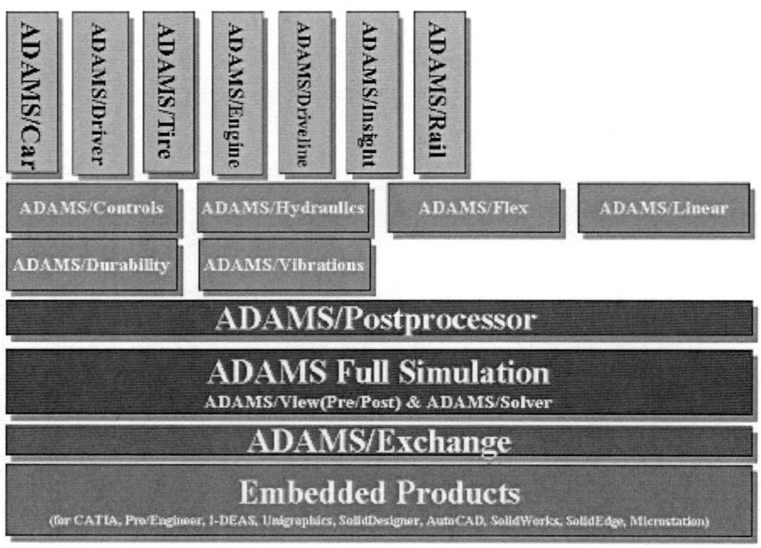

[그림 3.10] ADAMS의 부속 프로그램 계층 구조

(1) ADAMS/View

ADAMS/View는 사용자가 기계 시스템 모델을 만들고 ADAMS/Solver를 구동하는 명령을 수행하며 자체 package에서 시뮬레이션 결과를 확인할 수 있는 전처리기(pre-processor)로서 일반 Windows 응용 프로그램과 같은 작업 환경을 제공하며 Full Simulation Package의 일부로 구성되어 있다.

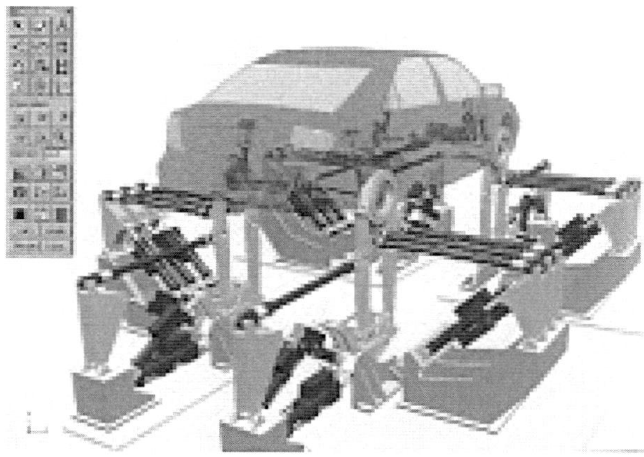

[그림 3.11] ADAMS/View에서의 시뮬레이션 수행

(2) ADAMS/Solver

ADAMS 제품군의 기본 해석 프로그램으로서 model의 운동 방정식을 수립하고 sampling time별로 방정식의 해를 계산한다. ADAMS/Solver는 불필요한 구속조건을 계산하고 자유도의 수에 구애 받지 않으며 static equilibrium, kinematic, 그리고 dynamic analysis를 수행한다. 강체 시스템과 탄성변형을 고려한 유연체 시스템 모두 시뮬레이션을 수행할 수 있으며 변위, 속도, 가속도, 힘등과 사용자가 정의한 graphics outputs과 FEA 해석 data 및 control systems analysis 등의 다양한 결과를 계산할 수 있다.

사용자는 joints, joint primitives, time-dependent motions, higher-pair contact, 그리고 user-written subroutines를 이용하여 시스템에 다양한 구속조건을 부과할 수 있으며 또한 시스템의 두 지점사이에 걸리는 힘과 반력, 혹은 외력이 작용하는 지점에서의 힘을 지정할 수도 있고 시뮬레이션 결과로서 이를 계산하여 도시할 수 있다. ADAMS/Solver는 모든 ADAMS Full Simulation Package에 포함되어 있으며 시간에 따른 단일한 시뮬레이션을 수행하고 또한 이를 동시에 여러 시뮬레이션으로 나누어 수행 할 수 있다.

(3) ADAMS/Postprocessor

ADAMS/Postprocessor는 ADAMS simulation의 결과를 가시적으로 보여주는 다기능의 프로그램으로서 ADAMS/Postprocessor 단독으로 사용할 수도 있고 ADAMS/View에 연결되어 사용할 수도 있다. ADAMS/Postprocessor에서는 단일한 window창 안에서 고속 animation 뿐만 아니라 tree-view의 형태로 plotting 기능을 보여주며 plot의 레이아웃과 plotting-set ups, 그리고 다른 format의 데이터로 만들 수 있다. 또한 flexible model의 animation에서는 다양한 color를 이용하여 변위나 변형의 정도 등 여러 측정 요소를 나타낼 수도 있다.

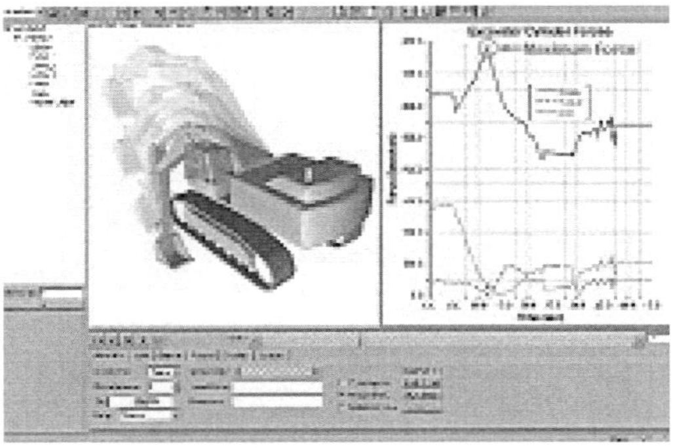

[그림 3.12] ADAMS/Postprocessor에서의 결과처리

ADAMS/View내에서 이용 시에는 빠른 access속도와 함께 memory소비를 최소화 할 수 있는 기능을 제공한다. 그밖에 animation mode시 view point를 변형, trace생성, 각 step별로 motion 재현, 및 동영상 file로 만들어 더욱 효과적인 이해를 할 수 있게 한다. 그리고 signal processing에서 time series 데이터의 FFT(Fast Fourier Transform), frequency domain의 bode plot 및 curve 데이터의 filtering, 선형시스템의 강제 응답 등을 구할 수 있다.

3.2.4. 프로그램을 사용한 연구 결과

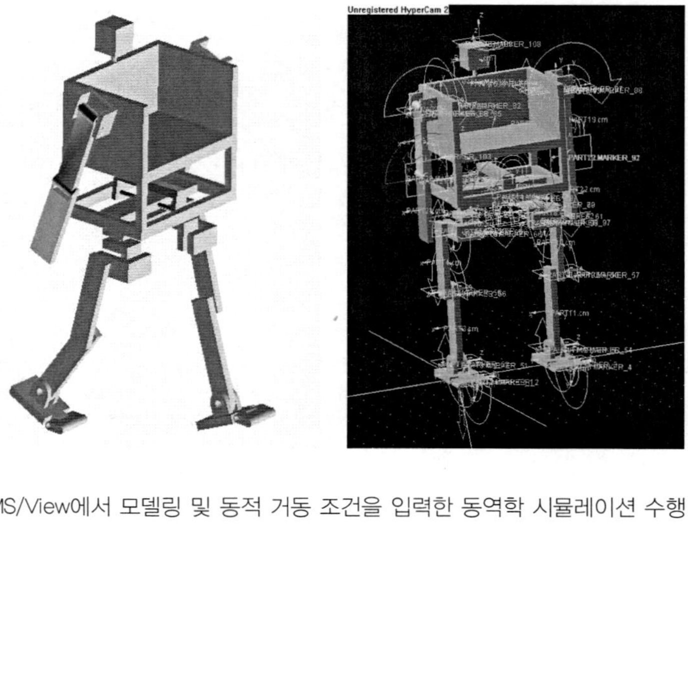

[그림 3.13] ADAMS/View에서 모델링 및 동적 거동 조건을 입력한 동역학 시뮬레이션 수행 준비 단계

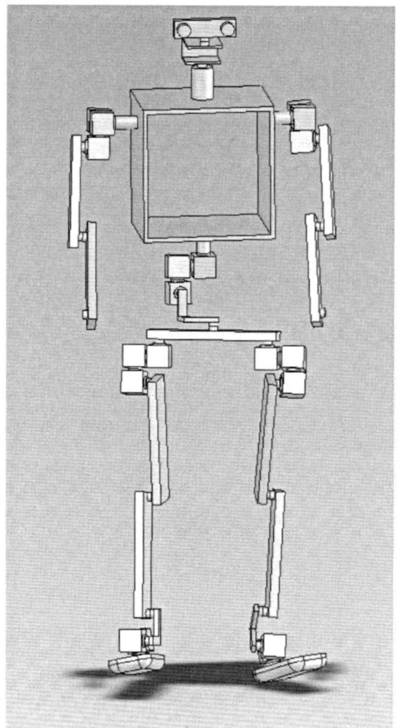

[그림 3.14] SolidWorks 로 구성한 로봇 프레임 모델

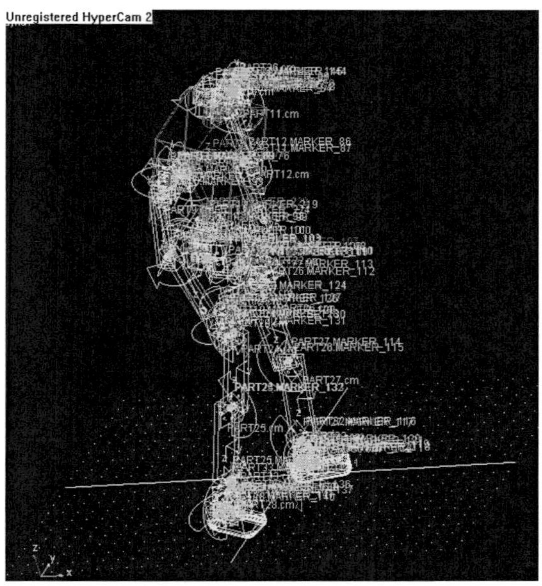

[그림 3.15] 동역학 모사실험 수행을 위한 ADAMS™ 모델

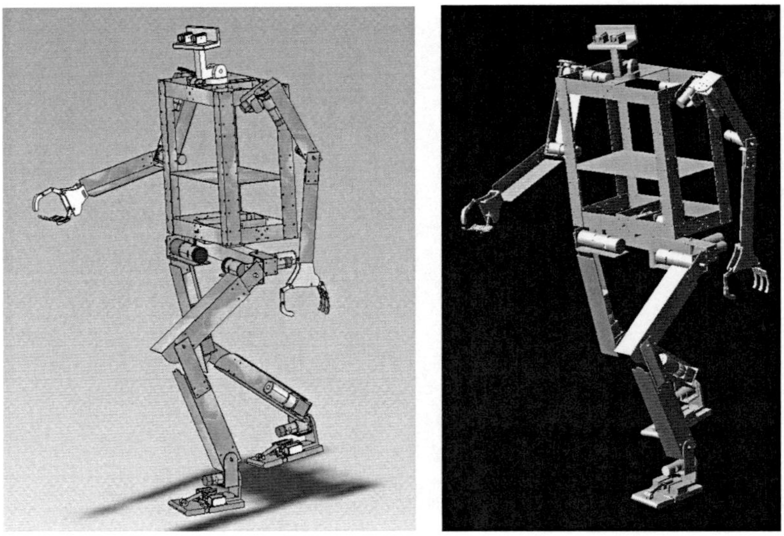

[그림 3.15] 3차원 CAD 프로그램을 사용한 로봇 모델 설계 및 구현

3.3 임베디드 시스템 소개

임베디드 시스템은 장치 안에 컴퓨터가 내장된 전자 장치이다. PC와 달리, 프로그램 코드는 보통 하드 디스크 드라이브가 아닌 ROM에 저장된다. 일반적으로 최종 사용자는 임베디드 장치용으로 새 소프트웨어를 개발하지 않는다. VLSI 기술의 발달로 임베디드 시스템은 오늘날 대부분의 전자 장치에서 찾을 수 있는 매우 저렴한 시스템이 되었다.

3.3.1 임베디드 시스템의 예

그림 3.16에 나온 마르스 로버(Mars Rover)와 같은 로봇이 바로 임베디드 시스템이다. 고성능 자동차의 경우 약 백여 개의 임베디드 마이크로컨트롤러가 포함될 수 있다. 일반적인 중산층 가정에는 50여 개의 임베디드 장치가 있다. 전 세계 각 PC에도 100개 이상의 임베디드 장치가 있다. 모든 사항을 고려할 때 전 세계에서 생산되는 마이크로프로세서의 대부분이 임베디드 장치에 사용된다.

[그림 3.16] 마르스 로버(Mars Rover) 임베디드 시스템(사진 제공: NASA/JPL CALTECH)

임베디드 시스템 디자이너는 디자인할 때 까다로운 여러 가지 목표를 충족해야 한다. 임베디드 시스템은 안정적이어야 하고, 대부분의 임베디드 장치는 손상되어서는 안 되며 다시 부팅할 수 없을 뿐 아니라 장치의 소프트웨어를 업데이트할 수도 없다. 또한 디자인할 때 중요한 성능 및 전력 제약 조건을 고려해야 한다. 일부 장치의 경우 장기간 동안 배터리 전원으로 실행해야 할 수 있고 일반적으로 가전제품은 신제품 출시 시기가 빠르며 가격에 따라 경쟁력이 좌우된다. 많은 응용 프로그램이 실시간으로 구동되어야 하며 대부분의 장치가 메모리 및 처리 전력이 제한되어 있다.

[표 3.4] 임베디드 시스템의 예

분야	예
항공기 및 군사 시스템	항공기 자동조종장치, 항공전자 및 비행 시스템, 자동 착륙 시스템, 가이드 시스템, 엔진 제어 장치
생의학 시스템	CAT 스캔 및 초음파 영상 시스템, 환자 모니터, 심박계
자동차	엔진 제어 장치, ABS 시스템, 트랙션 제어 시스템(TCS), 에어백 제어 장치, 난방 및 에어컨 제어 장치, GPS 지도, 위성 라디오, 배출가스 자가 진단 장치(OBD)
통신	통신 위성, 네트워크 라우터, 스위치, 허브

가전제품	TV, 오븐, 식기 세척기, DVD 플레이어, 입체음향장치, 보안 시스템, 스프링클러 제어 장치, 자동 온도 조절기, 카메라, 라디오 시계, 자동응답기, 셋톱 박스, 기타 가전제품
컴퓨터 I/O 장치	키보드, 마우스, 프린터, 스캐너, 디스플레이, 모뎀, 하드 디스크 드라이브, DVD 드라이브, 그래픽 카드, USB 장치
전자 계기	데이터 수집 시스템, 오실로스코프, 전압계, 신호 발생기, 논리회로 분석기
산업용 장비	엘리베이터 제어 장치, 감시 시스템, 로봇, CNC 시스템, 프로그래밍 가능 논리 제어기, 산업용 자동화 및 제어 시스템
사무기기	팩스, 복사기, 전화기, 계산기, 금전 등록기
개인용 장치	휴대폰, 휴대용 MP3 플레이어, 비디오 플레이어, PDA(개인용 정보 단말기), 전자 손목 시계, 핸드헬드 비디오 게임기, 디지털 카메라, GPS 시스템
로봇	산업용 로봇, 무인 자동차, 우주 탐사 로봇(예: 마르스 로봇)
완구	비디오 게임 시스템, "Aibo", "Furby", "Elmo" 등의 로봇 장난감

3.3.2 실시간 운영 체제

실시간 시스템은 외부 입력에 대해 응답하고 제한된 시간 안에 새로운 출력을 생성해야 한다. 응답 시간이 정해져 있어야 하며 응답 시간이 너무 길면 실시간 시스템이 실패한다.

예제에 사용된 실시간 시스템은 자동차에 있는 에어백 제어 장치이다. 에어백의 운동 센서(가속도계)가 충돌을 감지하면 시스템은 10ms 이내에 에어백을 터뜨려서 응답해야 하며 그렇지 않으면 시스템은 실패한다. 고속 상태인 경우 10ms 이상 지체되면 운전자는 에어백이 터지기도 전에 핸들에 부딪히게 된다.

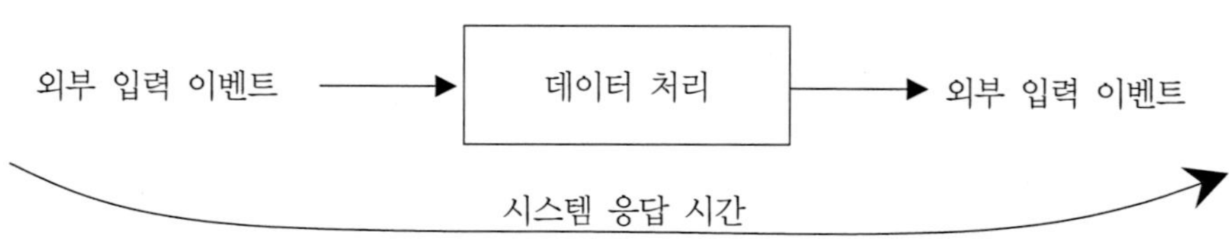

[그림 3.17] 실시간 시스템의 응답과정과 시간(현재 응답 시간은 보통 약 0.5-10ms)

연성 실시간 시스템에서 중요한 작업에는 높은 우선 순위가 부여된다. 연성 실시간 시스템은 일반적으로 실시간 응답 제약 조건을 충족한다. 연성 실시간 시스템의 대표적인 예는 멀티미디어 플레이어로 비디오 프레임이나 오디오 샘플을 간혹 건너뛸 수 있으며 대부분 올바르게 실행된다면 사용자는 이를 감지하기 어렵다.

경성 실시간 시스템에서 새로운 출력 응답은 항상 지정된 시간 한도 내에서 계산되어야 하며 그렇지 않으면 시스템이 실패한다. 경성 실시간 시스템의 예로는 컴퓨터로 제어되는 전자 항공기 제어 시스템을 들 수 있다. 항공기 비행 제어 시스템에서 조종사가 제어 핸들을 움직이면 이에 따라 비행 조종면이 매우 빨리 움직여야 하며 그렇지 않으면 항공기가 흔들리거나 추락할 수 있다. 안전을 위해 미국 연방항공당국(FAA)에서는 실제로 컴퓨터 제어 비행 시뮬레이터 및 항공기의 실시간 응답을 테스트하고 인증하고 있다.

개체 지향 언어에 필요한 가상 메모리 페이지 스와핑 및 가비지 수집 루틴은 경성 실시간 시스템에서 문제를 유발할 수 있다. 캐싱으로 인해 프로그램 실행 시간이 일정하지 않아 간혹 문제가 발생할 수 있다.

대부분의 임베디드 시스템은 다양한 입력 및 출력을 사용하는 실시간 시스템이므로 따라서 여러 가지 상황이 개별적으로 발생한다. 작업을 분리하면 프로그래밍이 간소화되지만 CPU가 여러 작업으로 전환되며 할당되어야 한다. 멀티태스킹을 지원하는 운영 체제에서는 CPU를 여러 작업에 시간 분할하는 기능이 제공된다. 또한 동시에 실행되는 여러 작업 간의 활동을 조정하는 데 필요한 동기화 기본 형식을 제공한다.

이 장의 첫 페이지에서 설명했던 인터넷 및 전화로 제어하는 오븐의 예를 들어 설명하자면, 오븐에서 수행되는 작업은 최소한 다음과 같다.

- 조리 시 오븐 온도 제어
- 냉각 시 냉장 온도 제어
- 키패드 입력 및 핸들 입력 확인
- 일정한 시간 동안 조리 시 오븐을 켜거나 끌 조리 시간 확인
- 전면 패널의 시간 및 온도 LCD 디스플레이 업데이트
- 인터넷 통신 및 핸들 메시지 확인
- 전화 통신 및 핸들 메시지 확인

오븐에 대한 모든 작업에 대해 우선 순위와 일정을 정해야 한다. 데이터를 공유하는 병렬 작업에는 동기화 작업이 필요하고, 원격 인터넷 및 전화 제어 작업을 하려면 네트워킹이 지원되어야 한다. OS는 이러한 모든 부문에서 장치의 디자인 및 개발을 간소화하고 시간을 단축하는 데 큰 도움이 되는 중요한 기능을 제공한다.

운영 체제는 대개 실시간 특성에 따라 분류된다. 실시간 운영 체제는 실시간 응용 프로그램을 지원하도록 신중하게 디자인해야 한다. 최근 연구에 따르면 실시간 응용 프로그램 중 95%가 0.5ms-10ms 범위의 정해진 응답 시간을 요구하고 있다. 응답 시간의 허용 편차는 불과 10%(50us-1ms 지터)이다. 이러한 기준에 따르면 대부분의 범용 운영 체제는 실시간이 아니고, Windows Embedded CE와 같은 임베디드 OS가 실시간 운영 체제(RTOS) 요건을 충족한다. 사용자 그룹이 정한 정의 및 시간 기준에 따라 경성 실시간 시스템은 시간요구 사항이 충족되지 않은 경우 실패하는 시스템이며 연성 실시간 시스템은 인터럽트, 타이머, 일정 등의 운영 체제서비스의 응답에 있어 상당한 편차를 허용할 수 있다.

RTOS의 커널 코드가 작성되므로 프로세스 인터럽트는 매우 짧은 시간 동안에만 비활성화된다. 최대 인터럽트 응답 시간(대기 시간)은 RTOS의 응답 시간에서 매우 중요한 요소이다. Windows XP, Vista, Linux 등의 기존 데스크톱 OS는 연성 실시간 OS로만 간주된다. 추가 비용을 들여 Windows 및 Linux에 일부 타사 도구 및 확장 기능을 사용함으로써 응답 시간을 개선할 수 있으나, 처음부터 고속 경성 실시간 응답을 제공하도록 디자인된 임베디드 RTOS보다는 여전히 응답 시간이 더 길다.

3.3.3 임베디드 시스템용 운영 체제 임베디드 OS

대부분의 최신 장치에는 멀티태스킹, 작업 동기화, 광범위한 I/O 장치, I/O 작업의 예약 및 버퍼링, 메모리 관리, 그래픽 디스플레이, 파일 시스템, 네트워킹, 보안 및 전원 관리 등에 대한 지원이 필요한 복잡한 소프트웨어가 들어 있다. 운영 체제는 응용 프로그램 개발자에게 도움이 되는 이러한 모든 기능을 제공할 수 있다. 응용 프로그램 프로그래머는 운영 체제에서 제공되는 이러한 기능을 사용하여 보다 높은 추상화 수준에서 더욱 생산적으로 작업할 수 있다.

최근 출시되는 휴대폰 디자인에는 500만 줄 이상의 코드가 포함된다. 프로젝트에서 이러한 코드를 모두 직접 개발하기에는 시간과 자본이 턱없이 부족한다. 이런 경우 기존 운영 체제를 사용하는 것이 경제적이다. 그러면 개발 시간 및 비용 측면에서 해당 운영 체제에 대한 라이선스 비용 이상의 절감 효과를 얻을 수 있다.

보통 상용 임베디드 OS 라이선스 비용은 장치당 몇 달러에 불과한다. 매우 단순한 저가형 장치의 경우 OS가 필요하지 않을 수 있지만 새 장치는 계속해서 더욱 복잡해지고 있다. 이러한 이유로 대부분의 임베디드 장치에서는 임베디드 운영 체제를 사용한다. 임베디드 운영 체제는 대부분 C/C++로 개발되며 디자이너가 응용 프로그램을 개발하고 장치를 테스트하는 데 도움이 되는 C/C++ 컴파일러, 어셈블러 및 디버깅 도구가 번들되어 있다. 또한 임베디드 시스템 개발 도구는 ROM 또는 플래시 메모리와 같은 비휘발성 메모리에 저장된 코드를 이용한 프로그램 실행도 지원해야 한다.

3.3.4 새 임베디드 시스템 디자인에 사용된 프로세서 및 소프트웨어임베디드 프로세서

ARM 프로세서는 영국의 IP 기업인 ARM ltd(Advanced RISC Machines)(http://www.arm.com/)의 32비트 RISC 저전력 디자인이다. ARM은 어떠한 프로세서 칩도 만들지 않는 대신, ARM IP 프로세서 디자인을 자체 버전의 ARM 프로세서를 생산하는 반도체 제조업체에 라이선스를 부여하는 방식으로 수익을 얻고 있다. 100개 이상의 칩 제조업체에서 ARM의 프로세서 디자인 라이선스를 보유하고 있다. ARM은 휴대폰, iPod Nano, 카메라, 핸드헬드 게임기, HDTV, 셋톱 박스 등 많은 장치에 사용된다. ARM 프로세서 중 80%가 휴대폰에 사용된다. 전력 대비 성능이 뛰어나 저전력 배터리 작동 장치에 가장 널리 사용되고 있다. ARM 고유의 Thumb 명령어 하위 집합은 16비트로 코딩되며 32비트 명령으로 신속하게 압축 해제된다. 하위 루틴 수준에서는 16비트에서 32비트 명령으로 전환하여 소형 장치의 메모리 비용을 절감할 수 있다.

X86 프로세서 제품군은 1980년대 중반 이후부터 데스크톱 PC의 프로세서에 사용된 Intel 80X86 CISC 명령어 집합을 기반으로 한다. X86 기반 프로세서는 PC 기술의 보급화로 인해 비용이 크게 떨어졌다. 여러 공급업체에서 X86 프로세서 및 지원 칩을 제공한다. X86 장치를 위한 프로세서 가격/성능의 경우 선택의 폭이 넓으며 대부분의 데스크톱 PC용 X86 프로세서는 저전력보다는 성능에 최적화되어 있다.

Intel이나 AMD 같은 주요 데스크톱 PC 프로세서 공급업체는 최신 디자인과 64비트 아키텍처로 전환하고 있지만 기타 제조업체는 여전히 임베디드 장치용 X86 프로세서를 제작하고 있다.

Microsoft Embedded는 Windows Embedded XP와 Windows Embedded CE로 구성된다. 그 뒤를 Wind River Systems의 VxWorks OS가 따르고 있으며, Symbian은 휴대폰에 널리 사용되는 OS로 현재 Nokia 소유이다.

대부분의 최신 임베디드 장치는 매우 강력한 32비트 프로세서를 사용한다. 대부분의 장치는 운영 체제가 필요할 정도로 복잡하다. 운영 체제가 있는 이러한 장치에는 주로 상용 운영 체제를 사용한다. 현재 임베디드 장치의 개발 작업에는 대부분 C 언어군을 사용하고 있다. 일부 장치에서 극소수의 하위 수준 루틴에 어셈블리 언어가 여전히 사용되고는 있으나 꾸준히 감소하는 추세이다.

3.3.5 임베디드 시스템 디자인 개발

현대의 운영 체제는 대부분 가상 메모리 주소 지정 및 메모리 보호가상 메모리를 위한 하드웨어 지원을 제공하는 MMU(메모리 관리 장치)를 갖춘 프로세서를 필요로 한다. 임베디드 장치에서는 이를 통해 보호되는 커널 메모리 주소 공간에서 OS를 실행하고, 별도의 사용자 메모리 주소 공간에서 응용 프로그램을 실행할 수 있다. 가상 메모리를 사용하면 OS의 메모리 조각화 문제도 방지할 수 있다. 이 교재는 MMU를 갖춘 프로세서를 필요로 하는 보다 복잡한 임베디드 장치에 초점을 맞추고 있다. 상대적으로 간단한 일부 임베디드 장치에서 발견되는 MMU가 없는 작은 프로세서에 맞춘 여러 임베디드 운영 체제도 있다. 이들은 단일 선형 메모리 주소 공간만 사용하며 하드웨어 메모리 보호를 제공하지 않기 때문에 보안 기능이 떨어진다.

임베디드 시스템 하드웨어 디자이너가 프로세서 및 관련 메모리 장치를 선택한 이후의 단계는 I/O 하드웨어 장치 및 필수 장치와 상호 연결하는 데 필요한 관련 버스 구조를 프로세서에 추가하는 것이다. 프로세서는 이미 제조업체에서 디자인하고 있고 메모리 인터페이스는 프로세서에 따라 많은 부분이 결정되므로 임베디드 장치의 하드웨어 디자인에서 디자이너가 가장 주력해야 할 부분은 새 디자인에 사용되는 다양한 I/O 장치에 필요한 하드웨어를 선택하고 연결하는 것이다.

도식 캡처 도구에서 디자인의 완전한 전자 도식을 신중히 입력한 후 PCB CAD 도구를 사용하여 임베디드 장치의 PCB(인쇄 회로 기판)를 디자인한다. PCB CAD 도구는 도식에서 핀 연결 정보를 가져와서 PCB의 통합 회로(IC)를 연결하는 데 사용되는 구리선의 경로를 지정하고 확인한다. 다양한 부품을 포함하고 있는 여러 PCB가 제조되면 새 디자인에서 광범위한 소프트웨어 테스트를 실행하는 데 사용된다. 테스트 도중 하드웨어 디자인 오류가 발견되면 도식을 변경하고 PCB 디자인을 수정하며 PCB를 새로 제조하여 다시 테스트해야 한다. 이로 인해 개발 시간이 더욱 오래 걸리게 된다.

소프트웨어 개발 도구는 일반적으로 OS와 함께 제공된다. OS는 C/C++로 작성되어 있기 때문에 새 OS를 생성하려면 컴파일러, 링커, 디버거 및 이진 이미지 도구가 필요한다. 일반적으로 응용 프로그램 개발에도 같은 도구가 사용된다.

전체 제품 개발 시간을 단축하기 위해 소프트웨어 개발은 하드웨어 개발과 동시에 진행된다. 이는 현재 임베디드 장치의 제품 수명 주기가 점점 짧아짐에 따라 더욱 중요해졌다. 새 하드웨어 플랫폼을 아직 사용할 수 없는 상태에서도 에뮬레이션 도구 및 동일한 OS를 실행하는 유사 하드웨어를 갖춘 임베디드 컴퓨터 보드를 사용하여 소프트웨어를 개발하고 테스트할 수 있다. 대부분의 코드는 C/C++/C#으로 작성되기 때문에 심지어 다른 프로세서나 에뮬레이터에서 소프트웨어의 많은 부분을 개발하고 테스트할 수도 있다. 그런 다음 새 하드웨어를 사용할 수 있게 되면 개발 및 테스트의 최종 단계에서 코드를 다시 컴파일하여 새 프로세서에 맞추면 된다.

Windows Embedded CE에서는 ARM 에뮬레이터가 개발 도구인 X86 PC 기반 장치(CEPC)와 함께 제공되거나 새 하드웨어 플랫폼을 아직 사용할 수 없는 상태에서도 임베디드 컴퓨터 보드(대상 장치)를 초기 소프트웨어 개발 및 테스트에 사용할 수 있다.

3.3.6 임베디드 장치에 사용되는 메모리 기술 임베디드 시스템 메모리 기술

대다수의 임베디드 장치는 현재 두 가지 유형의 메모리를 사용하고 있다. 그림 3.17과 같이 주 메모리에는 SDRAM 또는 간혹 SRAM이 사용되며, 비휘발성 저장소에는 플래시 또는 ROM 메모리가 사용된다. SDRAM은 SRAM보다 비트당 비용이 훨씬 낮지만 주기적으로 동적 메모리 새로 고침을 수행하기 위해 보다 복잡한 하드웨어 컨트롤러를 필요로 한다. 디자인 프로세스의 초기에 결정해야 하는 한 가지 중요한 사항은 장치에 각 유형의 메모리가 얼마나 필요한지 결정하는 것이다.

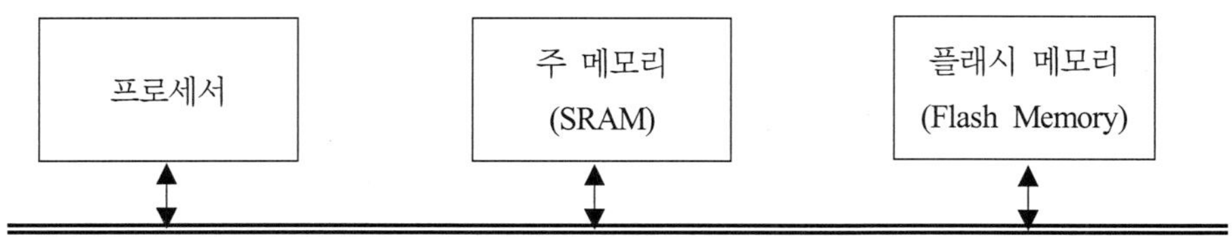

[그림 3.17] 대다수의 임베디드 시스템은 두 가지 유형의 메모리를 사용한다. 주 메모리에는 SDRAM이 사용되고, OS 및 응용 프로그램을 저장하는 데는 하드 디스크 대신 플래시 메모리가 사용된다.

대부분의 임베디드 장치에는 하드 디스크 드라이브가 없기 때문에 운영 체제와 응용 프로그램은 일반적으로 플래시 메모리에 저장된다. 하드 디스크는 오류가 발생할 가능성이 더 높고, 더 많은 공간과 전력을 필요로 하기 때문에 임베디드 디자인에 적합하지 않다.

플래시 메모리의 읽기 액세스 속도가 SDRAM보다 훨씬 느리기 때문에 일반적으로 빠른 실행을 위해 코드를 플래시에서 SDRAM으로 복사한다. 전원이 켜질 때 플래시의 부트 로더가 운영 체제를 로드한다. 플래시 메모리에서 지원하는 쓰기 작업의 수가 제한되어 있기 때문에 데스크톱 PC와 같이 지속적인 요구 페이징을 수행하는 가상 메모리 시스템을 하드 드라이브 대신 가상 메모리 페이지 스왑 드라이브 역할을 하는 플래시 메모리와 함께 사용하는 것은 임베디드 장치에서 일반적으로 금기시되고 있다. 이러한 경우에도 가상 메모리는 각 프로세스에 고유한 주소 공간을 제공하고, 메모리 조각화를 줄이고, 메모리를 보호하는 데 유용하다. 일부 임베디드 장치는 저장소에도 RAM 메모리를 사용하기 때문에 장치가 배터리 전원을 사용하여 실행되지 않을 때 저장소를 절전 상태로 유지한다. 배터리가 완전히 방전되거나 콜드 부팅이 필요할 때는 이 데이터가 손실된다.

Chapter

4

휴머노이드 로봇의 개발

휴머노이드로봇의 개발은 설계, 구조부 제작, 모터구동 회로, 센서 회로, 제어 시스템과 프로그래밍에 걸쳐 다양한 전공분야의 난도 높은 지식과 경험이 필요하므로 일반적으로 각 전공자들의 팀 구성을 통해서 프로젝트형식으로 진행되곤 한다.

연구개발에 있어서 팀장 또는 책임자는 각 역할을 수행하는 팀원들에 대한 감독지휘역할을 수행하고 연구진행 과정에서 방향, 강도, 과제분배 및 전체 완성 결과를 책임지는 역할을 수행하게 되므로 일관성 있는 연구결과와 시행착오를 줄이면서 비용과 개발시간을 절감하기 위한 추진력과 팀원들의 협조를 이끌어내는 능력, 앞의 결과를 내다보는 끊임없는 노력 성찰이 요구된다. 팀원은 각자의 해결해야 할 문제의 핵심과 부딪치게 될 어려움을 파악하고 이를 해결하기 위해 역량을 집중 투자하고 주변이나 관련 도움 자료들을 적극적으로 찾아내는 훈련도 병행해야 한다. 또한 전체적인 방향이 되는 소위 '숲'에 대한 기조에 우선적으로 동의하면서 자신의 연구 진행 방향과의 일치도를 매번 점검하면서 진행 속도를 맞춰 나가야 한다. 무엇보다도 중요한 것은 개발 완성 성과의 기쁨은 혼자만의 것이라는 독단성의 배제이다. 팀웍을 유지하면서 함께 기쁨을 누리고, 또 그러한 기쁨을 누릴 자격을 당당하게 갖도록 단합하는 마음자세야말로 개발을 성공으로 이끄는 근본 바탕이다.

4.1 휴머노이드로봇 구조부 개발

4.1.1 휴머노이드로봇 개발 요소

전체 시스템의 단계를 중심으로 한 구성요소는 구조설계, 제어시스템설계, 실험, 완성체로 나눌 수 있다. 구조설계 이후에는 제어시스템설계를 하게 된다. 이때 제어시스템설계는 구동기(actuator), 센서, 제어기로 나뉘어지며, 제어시스템이 설계된 후에는 실험을 하여 독립기능체로 완성할 때까지 보완을 하게 된다. 실험과정에는 독립기능체로 완성할 때까지 사용자 또는 연구자와 로봇과의 인터페이스 프로그램이 필요하다. 또한 결과를 출력하고 분석하기 위한 출력회로가 추가된다.

기능요소로 구분하면 균형유지능력, 환경 및 물체 인식능력, 이동능력으로 나눌 수 있다.

센서로는 접촉센서와 비접촉센서가 활용될 수 있으며, 시각시스템도 필수적이다. 이동능력을 갖추기 위해서는 지도작성, 위치인식 등의 지능적 요소가 필요하고, 시각시스템에 의한 물체 및 환경의 분석을 위해서는 영상처리를 위한 알고리즘이 필요하므로 이를 위해서는 제어시스템과 중앙처리시스템을 효율적으로 분리해야 한다.

중추신경에 해당하는 중앙처리시스템에서는 목표 작업 또는 목표 기능에 기반한 프로그램 및 관련 알고리즘이 수행되고, 제어시스템은 센서로부터 받은 정보를 이용한 구동기의 제어신호 발생 역할을 하면서 중앙처리시스템과 실시간 통신을 유지하는 구조가 일반적이다. 즉 중앙처리장치(CPU 및 관련장치)를 중심으로 MCU 장치들이 개별적으로 연결되고, 각 MCU는 인터페이스 회로를 통하여 각각 구동기, 센서시스템과 연결된다.

일반적으로 모터는 12V, 24V, 48V, 72V 등의 전압, 전류의 아날로그 신호에 의해 구동되는 전기시스템이고 이를 제어하는 제어기시스템 즉, MCU는 반도체로 구성된 5V 저전력 디지털 신호를 사용하므로 모터를 구동시키기 위한 중간회로가 필요하다. 이를 모터드라이버(motor driver), 모터구동드라이버, 모터보드, 모터유닛(unit), 모터모듈(module) 등으로 명칭하나 여기서는 모터구동장치라고 명명하기로 한다.

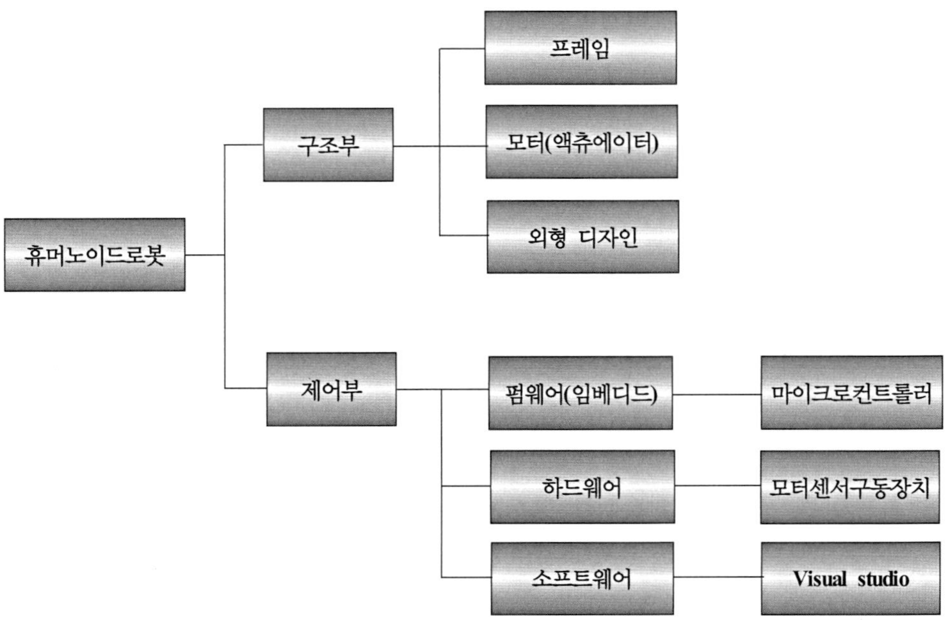

[그림 4.1] 휴머노이드로봇의 개발 부문

4.1.2 구조부의 설계

구조부 설계는 휴머노이드로봇 구동의 성패를 결정짓는 가장 중요한 단계라 할 수 있다. 우선 중요한 문제로 무게의 경량화 문제가 있다.

각 관절을 구동하는 모터는 토크성능을 높이고자 할수록 그 무게는 더욱 커지게 되고, 무게가 커질수록 모터의 구동 토크가 더 커져야 하는 상호 연계된 문제에 부딪치게 된다. 모터의 발생 토크는 자성밀도에 비례하므로, 결국 자성체의 무게와 관련되기 때문이다. 결국 모터 사양을 결정한 후 로봇의 몸체의 무게를 최대한 줄일 수 있도록, 부분 링크들과 부품들을 경량화하고, 크기를 작게 할 수 있도록 해야 한다. 무게의 경량화는 질량 분포와 연관되고, 이는 보행 시의 하체의 움직임과도 고려해야 하는 복합적인 문제이기도 하다. 특히 무게 중심이 위치하고 상체와 하체운동에 의해 동적 영향을 받는 허리 부분은 큰 관성을 갖도록 상대적으로 질량 분포를 집중하는 것이 중요하다.

두 번째는 안정된 정적 평형 구조이다. 이상적으로는 각 관절상의 모터에 전원이 들어가지 않아도 휴머노이드로봇이 직립 상태를 유지하는 것이 좋으므로, 이를 위해서는 각 관절에 구속조건을 주는 것이 필요하다. 모든 관절이 펴진 상태에서 각 몸체 부분의 하중이 수직으로 발바닥 영역에 전해지도록 몸체의 모든 구성 요소들이 3차원 공간상에서 배치되도록 해야 한다. 이러한 대칭적인 정적 균형 설계 구조는 좌우 균형뿐 아니라, 윗면도 상에서 봤을 때의 상하 균형도 마찬가지이다. 이는 보폭이 상대적으로 좁더라도 골반에서부터 시작하는 양쪽 다리 프레임이 상호 벌어지지 않은 상태일수록 유리하며, 사람의 다리가 골반에서부터 상지와 하지가 일직선이 아니고 평상시 Y자형으로 모아져 있는 예를 보아도 충분히 이해할 수 있다.

보행시 외부 힘의 도움 없이, 동적 평형을 가능하게 하는 힘은 지면과 발바닥 사이의 마찰력이 유일하다. 마찰력은 마찰계수에 비례하므로, 지면과 발바닥 사이의 마찰효과가 커질수록 가속, 감속 범위가 커질 수 있다. 휴머노이드로봇 발의 설계는 그 위로 걷는 지면 상태의 변화에 따른 불안정성이 가능한 적도록 최대한 마찰이 크도록 바닥면을 설계하는 것이 중요하다.

바닥면의 설계는 인간의 운동화에서 고려하는 요인들에 대한 비교 고찰을 통해 충분한 감각을 얻을 수 있을 것이다.

구조부의 설계와 제작, 구동기와 센서의 장착, 피드백 제어를 위한 마이크로컨트롤러 제어기 프로그램과 회로, 전원부와 외부 조정 장치의 통신을 갖추게 되면, 휴머노이드로봇을 움직일 준비를 마친 상태가 된다. 휴머노이드로봇을 걷게 하기 위해서는 역학적인 이해가 필요하다. 물체가 움직이는 물리적 현상에 대한 이해가 가능해야만, 구동에 의한 로봇의 동적 거동의 예측이 실제 결과와 부합하게 되며, 이러한 구동을 가능하게 하는 제어 프로그램 및 제어기 설정이 예상치 못한 실험 결과 오류를 방지해 줄 수 있다.

정역학, 동역학과 각 관절을 사이에 두고 연결된 링크 간의 작용-반작용 현상, 모터 구동 특성에 따른 링크의 모멘트 결과, 그리고 무엇보다도 중요한 지면과 발의 상호작용에 대한 이해가 확실해야 한다.

일정 전압이 걸린 모터에 전류가 흐르게 되면, 모터에 토크가 발생하게 된다. 구동 측면에서의 회전힘을 토크라 할 때, 회전시키려는 피동체인 링크는 모멘트를 갖게 된다.

지면과 밀착한 발바닥에 고르게 하중이 분포하도록, 즉 발가락과 뒤꿈치의 평균 압력이 동일하도록 초기 구조가 결정되어야 한다. 이때는 발바닥에 위치한 센서의 측정값에 의해서 비로소 하중의 분포를 알 수 있으며, 균형값에 도달할 때의 관절 각도가 로봇이 초기에 직립상태로 있을 초기 기준 각도값이 된다.

서 있을 때, 균형을 유지하는 상태가 되고 미세한 하중 불균형 발생이나 외란에 의하여 발바닥의 하중 분포가 변화할 때는 이에 대응하여 발목의 모터에 의해 토크가 제어됨으로써 다시 발바닥의 하중 분포가 균형이 되도록 해야 한다.

일반적으로 제조사에서 제공하는 모터제품의 성능제원표는 무부하최대토크, 정격토크이다.

실제로 모터축에 링크가 연결되어 링크를 회전시키기 위해 모터를 구동시키면, 성능제원표에 의한 예상값과 다르게 되는 현상을 접하게 된다. 링크가 모터 축에 고정되면, 고정된 축을 중심으로한 링크의 관성모멘트 값에 따라서 회전부하가 결정되고, 모터는 새로운 제조사가 제공하는 성능제원표의 시스템과 다른 모터시스템이 된다.

또한 모터가 고정되는 링크에 의한 영향도 예상과 다른 결과를 야기하는 원인 중의 하나이다. 이는 힘의 작용-반작용 관계와 마찬가지로 회전모멘트의 작용-반작용에 의한 현상 때문이다. 모터가 고정된 링크를 기저링크라고 하고, 모터축에 연결된 링크를 부하링크라고 하면, 구동에 의해 모터가 부하링크를 회전시키면서, 즉 부하링크에 모멘트를 갖도록 해주면서 동시에 기저링크도 같은 회전방향으로 모멘트를 가하게 된다. 이는 일반적으로 많은 로봇공학도들이 모른 채 쉽게 지나가는 부분이다.

만약 모터축을 기준으로 한 기저링크의 관성모멘트값이 부하링크의 관성모멘트값보다 무한대에 가까울 정도로 크게 되면, 많은 역학적 수식과 단순 시뮬레이션 모델에서 예측하는 '고정단에서의 토크발생' 조건을 충족시켜, 희망하는 동적 거동을 일으키게 된다. 하지만, 중력과 지면에 대하여 무게를 지지하기만 하고, 고정된 부위가 없는 휴머노이드로봇 구조에서는 어떤 관절과 링크사이에도 이상적인 고정단 조건을 만족시킬 수 없다.

결국 상대적으로 관성모멘트값이 작은 링크가 모터의 회전방향으로 회전하게 되고, 이때의 회전모멘트는 같은 방향으로 회전하고 있는(상대적으로 작지만) 기저링크를 기준으로 계산되어야 한다.

이러한 '모터의 회전 성능 문제'는 로봇의 자세를 앞 또는 뒤로 기울일 때의 허리부분과 무릎관절부분에서도 발생하지만, 가장 중요한 부분은 지면에 대하여 로봇 몸체를 전방으로 전진시켜주는 발의 움직임과 관계된 발목관절이다.

발목관절은 로봇이 걷는 데 역학적으로 가장 중요한 역할을 하는 부분임에 틀림없다. 지면과 상호작용을 하는 부분이면서 지면과 접촉을 유지하는 발과 무게중심이 전진하도록 몸체와 지지다리를 회전시키는 구동 모터이기 때문이다.

구조설계에서 가장 중요하고도, 어려운 문제는 관절축 결합이다.

모터가 브래킷으로 기저링크에 고정되어 있는 상태에서 모터의 축은 부하링크에 풀리에 의해 결합된다. 토크에 의한 접선력 성분의 크기는 $T = r \times F$의 관계식에 의하여 축중심(회전중심)에서 접선력 작용점까지의 거리에 반비례하므로, 반경이 작은 모터축에는 부하링크의 끝점에 작용하는 접선력 성분보다도 훨씬 큰 힘이 작용한다.

즉, 부하링크의 끝부분에 출력힘을 낼 수 있도록 토크값을 산정하면, 출력힘이 커짐에 따라서 모터축 바깥쪽 단면부에 작용하는 접선력은 출력힘의 링크길이비(L/r) 배수로 커지게 된다. 그만큼 축에 걸리는 접선력이 크므로 축과 부하링크를 상호간 고정시키는 결합요소에 큰 전단력이 걸리고, 실제 동작시에, 결합부 내부가 손상되거나 결합나사들이 풀리는 경유가 발생하게 된다. 결국 모터축과 부하링크간의 회전운동은 간헐적으로 물려서 돌거나, 헛도는 상태가 되고, 발이 지면에 닿을 때나, 하중을 지지다리에 옮길 때, 무릎관절부나 발목관절부 축이 하중을 지지하지 못하고, 링크간 서로 접혀지게 되어 로봇은 쓰러진다.

이러한 직립 평형 조건과 구조적인 안정성이 확립된 후에는 우선적으로 시행해야 할 실험은 무릎을 굽히면서 자세를 낮추는 운동이다.

무릎을 굽히면서 하중 중심을 낮주고, 다시 원상태로 복귀하면서 직립 안정성을 유지하는 것은 휴머노이드로봇의 보행 안정을 위하여 필수적인 선행 실험이다.

이는 역운동학의 해로 다리 관절의 각도 목표값이 정해지는데, 주어지는 입력 값은 허리 중심점의 z축 좌표의 변화에 의한다.

자세를 낮추는 정도는 상부다리의 골반 연결부, 무릎과 발목 부의 피치축(y축) 중심으로 하는 회전각도에 의해 좌우되며, 하중에 의해 모터축 부위에 토크가 크게 걸리게 되므로 모터의 토크와 링크 연결부분과의 견고함 정도가 이 성능을 결정하는 주요 변수이다.

그 다음 보행을 위해 시행해야 할 실험은 다음과 같다.

우선 양 발이 평행하게 정지하여 서 있는 상태에서 좌우의 발에 각각 몸체 무게중심을 옮기는 실험이다. 다음엔 양 발을 대각으로 엇갈린 채 서 있는 상태에서 마찬가지로 좌우의 발에 각각 몸체 무게중심을 옮겨본다. 이는 발목과 골반 관절의 운동에 의해 가능하며, 지면 경사의 변화에 적응할 수 있도록 하기 위한 기본 능력이 된다.

그 다음 해야 할 실험은 발바닥에 미끄러운 판을 부착하면서, 앞발과 뒷발을 교대로 움직여보는 실험이다. 이는 지면과의 마찰력이 없는 상태에서 z축의 역학적 평형을 유지하는 선행 실험이 된다.

휴머노이드로봇은 마치 얼음판에서 스케이트를 타는 것과 같이 양 발을 교차로 전후로 움직이면서 균형 중심을 유지하는 제어 성능을 보여주게 된다.

4.1.3 Dyna-Balance 1호의 설계

이번 장에서는 ZMP, 수동동보행 그리고 전신 모멘트 평형화에 의한 보행의 안정성 확보를 위한 이론을 구현하고 자연스러운 보행을 실현하기 위한 실험을 수행하기 위해 Dyna-Balance 1호를 소개한다.

Dyna-Balance 1호는 ASIMO의 자유도 제원을 갖는 대부분의 휴머노이드로봇의 구조에 골반구조를 추가함으로써 전신 모멘트 평형을 효과적으로 달성할 수 있도록 설계되었으며, 전체 골격을 2mm의 경량 알루미늄 프레임의 ㄱ 자형 굽힘 구조물을 사용함으로써 단면관성을 최대화하면서 무게와 부피를 최소화하고자 하였다. 관절부 구동기는 저렴한 국산 DC 기어모터를 사용하여, 제작 비용을 줄이고, 기어비와 정격토크에 비해 상대적으로 무게가 가벼운 모델을 이용함으로써, 각 부분 구조물의 회전관성을 최소화하도록 하였다.

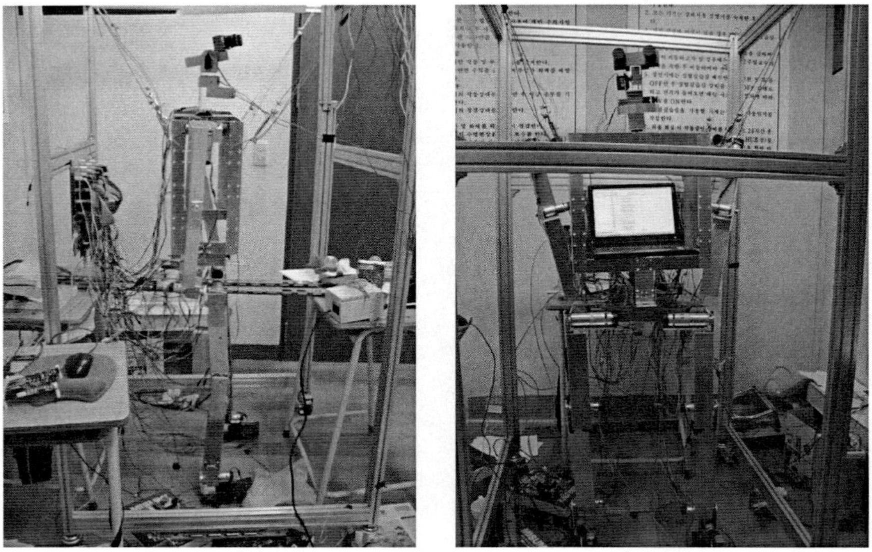

[그림 4.2] Dyna-balance 1호 제작 모습

휴머노이드로봇 개발에 있어 가장 기본적이고 이동에 중요한 보행의 안정성에 관한 연구는 대부분 하체구조 즉, 다리부분에서의 강체형 링크구조들과 각 링크들 간의 관절각의 상호조합에 의한 보행패턴 형성 및 균형유지를 위한 제어연구들을 바탕으로 하고 있다. 기존 연구는 하체의 보행패턴 및 ZMP 안정을 위한 다리관절각 제어에 중점을 두고 있는 반면, 본 연구에서는 로봇 전체적인 동적 평형 관점에서 상체부분을 고려한 점이 다르다고 할 수 있다. 운동학적으로 구속되지 않은 열린 연결구조(Open chain) 시스템인 휴머노이드로봇은 지면과의 접촉과 중력 영향을 제외하면, 공중에 떠 있는 자유 구조물(Free structure)로 볼 수 있다. 보행 순간의 휴머노이드로봇은 다리의 흔들림 운동(Swing motion)에 의하여 상체도 영향을 받는 관계에 있으므로, 상대적으로 질량이 큰 상체부분의 운동을 동적 평형 관점에서 고려할 필요가 있다. 따라서 상체의 제어를 위하여 하체와 상체 사이에 3개의 회전자유도를 갖는 골반기구 제어시스템(Control system of pelvis platform)을 설계하고, 이를 보행 안정성 관점에서 제어하여 휴머노이드로봇 개발에 활용하기 위한 기술로 삼고자 한다. 3개의 회전자유도를 갖는 골반기구는 기존 휴머노이드로봇에서는 고려되지 않은 부분으로서 상체의 다양한 자세 및 서비스 기능을 위한 차후의 인간 친화적 기능을 위해서도 필요한 구조가 될 수 있다.

각 관절부에서 구동기 역할을 하는 모터의 종류는 기어비와 정격토크 기준으로 3가지, 즉 IG-42GM, IG-32GM, HS-5645로 나누어 장착하였으며, 기어비와 정격토크가 커질수록 크기가 커지고 무게가 많이 나가므로 가장 무겁고 큰 모터는 가장 큰 회전모멘트가 필요한 허벅다리 상부 y축에 설치하고 무릎 관절부에는 중간 크기의 모터를, 그리고 발목과 발에는 가장 가벼운 DC기어모터와 서보모터를 설치하였다. 모터의 토크가 클수록 구조부의 운동과 제어에 효과적이지만 모터가 설치된 기저부 구조물을 회전시키는 모터의 부하가 관성모멘트의 증가에 의해 커지므로 그만큼 큰 토크가 필요하고, 이에 따른 무게 증가로 결국, 총 중량은 배수로 증가하게 된다. 따라서, 최소한의 모멘트를 기동할 수 있는 중량의 모터를 사용하면서 링크 구조를 경량화 하는 것이 전체 로봇 시스템을 움직이고 제어하는데 유용하다고 할 수 있다.

y축 방향의 회전모멘트 평형이 이루어지는 $x-z$평면을 분석한다. 휴머노이드 몸체의 보행시 평형을 이루기 위해 우선 정역학 관계를 고려하면, 가로방향의 x축 방향의 힘와 세로방향의 z축 방향의 힘이 있으며, y축 방향의 회전모멘트 성분이 존재한다. 여기서 x축 방향의 힘은 뒤 지지발의 추진력 x축 성분과 같으며 발바닥과 지면과 마찰에 의해 일정시간동안 작용하게 된다. Wisse의 원형 테 구조 발의 경우에는 일정한 크기로 작용되지만, 본 시스템의 발은 발목 회전과 이에 이은 발가락 회전에 의해 몸 중심의 전방향 가속도를 발생시키게 된다. 이 평면상에서 몸체와 다리 등의 구조에 중력이 $-z$축 방향으로 작용하므로 전방향 추진을 위한 회전모멘트 발생과 x축 방향 힘 외에 z축 방향과의 정적 평형 유지 조건이 필수적이다.

그림 4.3과 표는 각각 Dyna-Balance 1호의 모터의 설치를 중심으로 한 자유도 모델과 구성요소를 나타낸 것이다. 어깨부와 상부 다리는 3자유도를 구현할 수 있도록 설계되었고, 보행 시 흔들림 모멘트가 가장 크게 필요한 y축의 관절부에는 무게가 가장 많이 나가면서 정격토크가 큰 IG-42GM 모터가 장착되었다. 발가락의 추력 생성 기능을 수행하는 부분은 서보모터로 설계하여 빠른 속도로 큰 기동토크를 발생할 수 있도록 하였다.

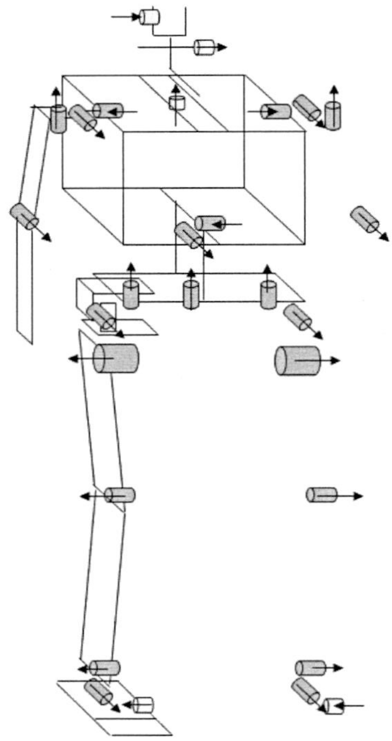

[그림 4.3] Dyna-Balance 1호의 링크-관절 자유도 모델(Link-joint DOF mode for Dyna-Balance No.1)

[표 4.1] Dyna-Balance 1호의 모터 제원 및 비교(Comparison in each joint of Dyna-Balance No.1)

Model (12V)	정격 T (kg-cm)	최대 T	RPM	감속비	최대전류 (A)
CG52-12	99	300	29	1/66	3
IG-42GM	25	75	27.5	1/212	2.0
IG-32RGM	12	36	29	1/189	1.6
IG-32GM	12	36	29	1/189	1.6

Model (12V)	전장 (mm)	전력 (W)	무게(g) (감속기)	효율(%)	지름 (mm)
CG52-12	156	27	1460(660)	50	52
IG-42GM	139	12.8	650(360)	50	42
IG-32RGM	112	12.8	300	60	32
IG-32GM	111	12.8	240	60	32

[표 4.2] Dyna-Balance 1호의 몸체 부위별 자유도(DOFs in each part of Dyna-Balance No.1)

Parts	DOFs	
Head	Neck Joint Jaw Eye	1 DOF 1 DOF 1 DOF
	total	3 DOF
Torso	Torso Yawing	3 DOF
Arm	Shoulder Elbow	3 DOF 1 DOF
	Total	8 DOF
Leg	Hip Knee Ankle Toe	3 DOF/Leg 1 DOF/Leg 2 DOF/Leg 1 DOF/Leg
	Total	14 DOF
Total	28 DOF	

[표 4.3] Dyna-Balance 1호의 몸체 부위별 제원(Specifications in each part of Dyna-Balance No.1)

Items		Specification	
Height(cm)		140	
Weight(kg)		Frame	8
		Motor	8
		Circuit Board and Sensor	2
		Battery	5
		Total	23
Degrees Of Freedom		28	
Walking Speed(km/h)		5.0	
Actuator		DC geared motor, Servo motor	
Sensor	Joint Axis	Potentiometer , Encoder	
	Vision	Stereo Camera	
	Upper Body	Accelerometer, Tilt sensor Gyro, Rate gyro, Electronic compass	
	Foot	Force Sensing Register	
Electric Power		12V - 20Ah	
Other Functions		Face/Voice recognition	
Operation		Visual studio on Notebook	

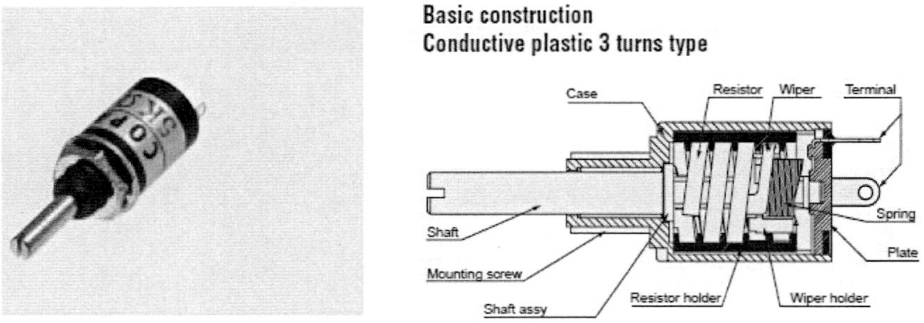

[그림 4.4] 기준위치에 대한 모터 회전각 검출을 위한 포텐쇼미터

[그림 4.5] Dyna-Balance 1호의 제어보드(Control board of Dyna-Balance No.1)

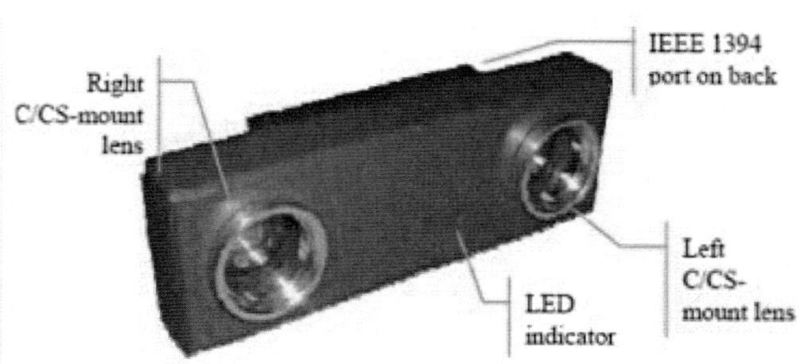

[그림 4.6] Videredesign™ 사의 stereo camera(MDCS2)(Stereo camera of Videredesign™(MDCS2))

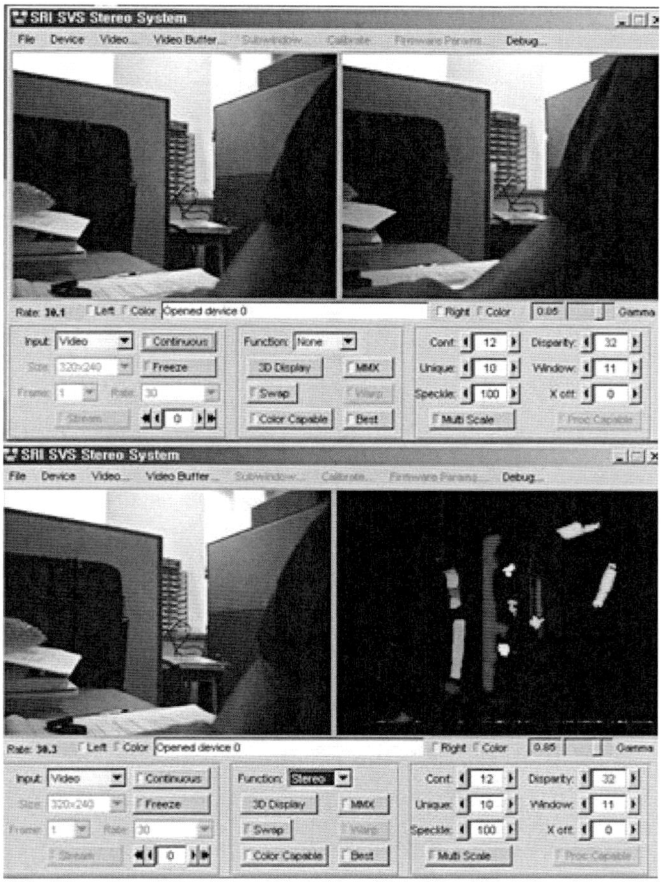

[그림 4.7] Stereo vision 용 videredesign^{TM} 사의 SVS 프로그램 결과(SVS stereo matching result of videredesign^{TM})

[그림 4.8] Dyna–Balance 1호의 골반 기구(윗면)(Pelvis platform in Dyna–Balance No.1 (upper view))

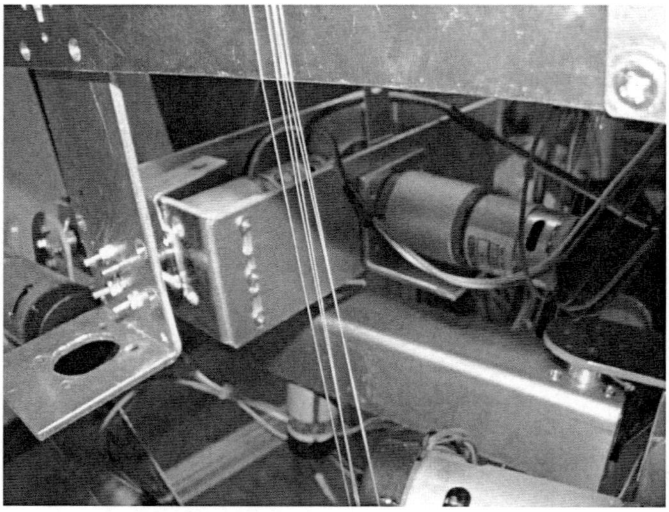

[그림 4.9] Dyna-Balance 1호의 골반 부위(대각 방향)(Pelvis mechanism in Dyna-Balance No.1 (obliquely view))

[그림 4.10] Dyna-Balance 1호의 발 구조(전면)(Foot mechanism in Dyna-Balance No.1 (frontal view))

[그림 4.11] Dyna-Balance 1호의 발 구조(측면)(Foot mechanism for Dyna-Balance No.1 (side view))

[그림 4.12] Dyna-Balance 1호의 다리 상부(뒷면)(Upper leg in Dyna-Balance No.1 (back view))

[그림 4.13] Dyna-Balance 1호의 다리 상부(좌측면)(Upper leg in Dyna-Balance No.1 (leftside view))

[그림 4.14] Dyna-Balance 1호의 어깨(좌측 앞면)(Shoulder for Dyna-Balance No.1 (frontal view of the left side))

[그림 4.15] Dyna-Balance 1호의 다리 상부(좌측 뒷면)(Upper leg for Dyna-Balance No.1 (back view of the left side))

4.1.4 전신 모멘트 평형화 보행의 실험과 고찰

휴머노이드로봇의 보행 안정성 확보를 위해 실제 로봇을 제어하여 보행을 구현하기 전에, 우선 동역학 해석 프로그램에 의한 모사 실험을 수행한다. 동역학 해석은 모델의 각 요소가 지니는 관성과 외력을 고려하여 시간에 따라 매 순간 되풀이 연산하여 변위, 속도, 가속도, 반력 등을 구하게 된다. 동역학 해석 프로그램은 여러 종류가 있으며, 각각 장점과 단점이 존재한다. 여기에서는 동역학 해석 프로그램으로 MSC software 사의 ADAMS를 사용한다. ADAMS는 1980년대부터 동역학 해석으로 광범위하게 사용되고 있으며, 신뢰성 있는 선행 실험을 수행하여 설계 변경 및 예상 위험 방지 등 장점이 있다. 또한 기능적으로 보행 모사 실험에 필수적인 지면과의 접촉 메커니즘을 구현할 수 있어서 유용하다. 단 자체 프로그램 상에서 복잡한 휴머노이드로봇 CAD 모델을 작성하는 것은 비효율적인 면이 있으므로 3차원 CAD 전용 프로그램을 이용한다.

Solidworks™는 3차원 모델 제작 전용 프로그램으로 스케치에 기반한 모델의 자동생성으로 부품 요소의 작성 이후에도 쉽게 치수를 변경할 수 있고, 실제 로봇을 제작하는 데에도 2차원 CAD 도면으로 쉽게 변환할 수 있어 유용하다. Solidworks™에서 작성한 3차원 CAD 모델을 ADAMS™에서 불러와서 모델 내의 각 요소마다 물성치를 설정하고, 각 요소간의 연결부의 자유도와 힘, 모멘트 설정을 하여 시간에 대한 모사 실험을 수행한다.

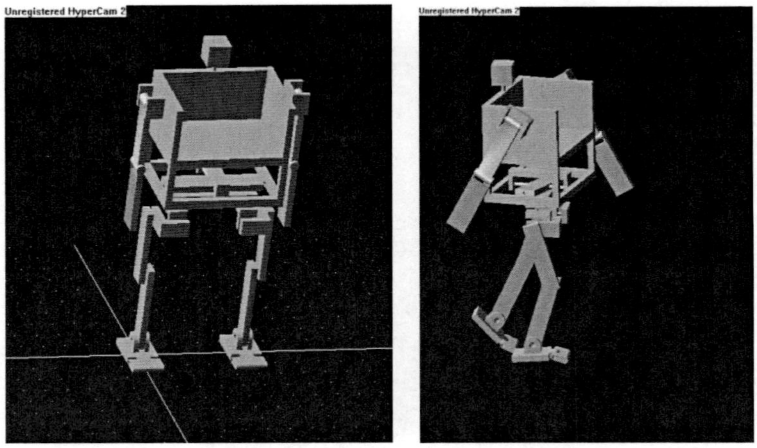

[그림 4.16] Dyna-Balance 1호의 ADAMS™ 시뮬레이션 수행(Performing simulation for Dyna-Balance No.1 on ADAMS™)

[표 4.4] 전신 모멘트 평형화 보행 모사실험을 위한 주요 관절부의 각도 함수(Principal joints' angle functions for whole body moment balance simulation)

	좌	우
어깨	-20 SIN (t)	-20.0 SIN (t)
허벅지 X 축	-25 SIN (t +.5)	25.0 * SIN (t +.5)
허벅지 Y 축	10 SIN (t +.5)	10.0 * SIN (t +.5)
허벅지 Z 축	10 SIN (t +.5)	10.0 * SIN (t +.5)
무릎	-15 SIN (t -.5)	15.0 * SIN (t -.5)
발목	-15 SIN (t -1)	-15.0 * SIN (t -1)
발가락	20 SIN (t -.5)	-20.0 * SIN (t -0.5)

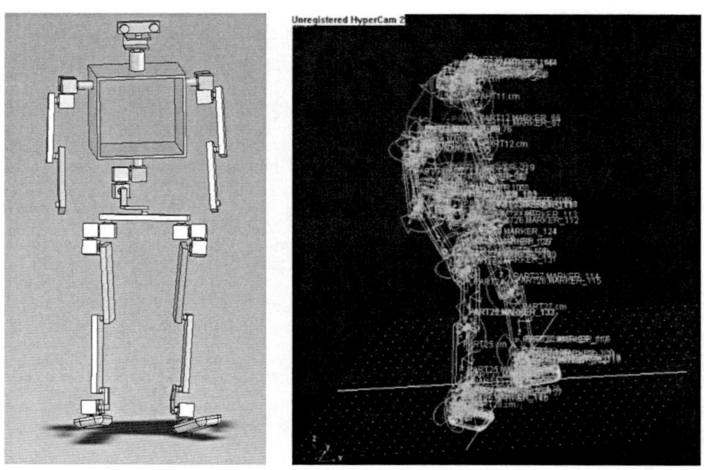

[그림 4.17] ADAMS™ 모사 실험을 위한 CAD 모델과 운동 설정(CAD model and dynamics settings for ADAMS™ simulations)

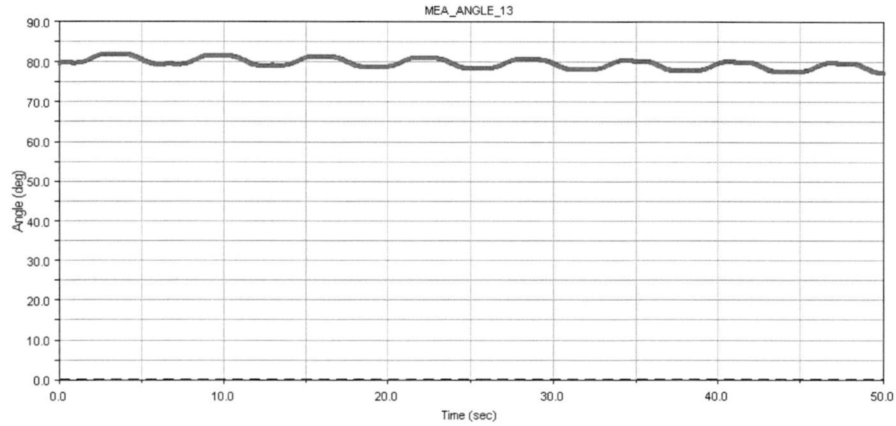

[그림 4.18] 전신 모멘트 평형화 후의 몸체 중심의 절대 각도 변화(Absolute angular changes of the body's mass center in whole body momet stabilization)

그림 4.16은 Solidworks™에 의한 3D CAD 모델을 이용한 ADAMS™ 모사 실험 설정과 모사 실험 중의 상태를 나타낸 것이다. 표 4.4는 이때의 전신 모멘트 평형화와 관련된 주요 관절부의 시간에 대한 각도함수를 나타낸 것이다. ADAMS™ 모사 실험은 전신 모멘트 평형화에 의한 몸체 중심의 안정을 검증하기 위하여 수행되었고, 우선 무중력 상태에서 해석되었다.

그림 4.17은 중력 상태에서 지면에의 접촉 보행을 위해 개선된 모델의 ADAMS™ 모사 실험 설정과, 반주기의 보행시간 동안 보행 모습을 나타낸 것이다. 마지막으로 그림 4.18은 이때의 몸체 중심부위에서 측정된 기울기 센서의 시간 응답을 도시한 것으로 상체를 앞으로 약간 굽힌 상태에서 보행이 이루어지므로 80°를 기준으로 미세한 요동이 존재함을 확인할 수 있다.

보행 안정화 확보를 위하여 전신 모멘트 평형화 보행을 모사 실험을 통하여 구현한 후, 실제 실험 모델을 제작하고 구동기와 센서 시스템을 장착하였다. 로봇의 동작은 관절부에 위치한 모터에 의해 움직이고, 이 모터에는 엔코더(Encoder)와 가변저항(Potentiometer)이 설치되어 각도값을 알 수 있다. 모터는 직류기어모터(Geared DC motor)를 사용하였으며 충분한 정격 토크 제원을 만족하면서 가격이 저렴한 국내산 모터를 선정하였다. 정격 토크의 출력 성능은 직접 부분 구조물을 통해 실험적으로 확인하였다. 직류기어모터는 DC모터에 감속기를 달아 회전속도가 느려지는 반면 그에 비례하여 출력토크가 증가하는 구동기로서 가해지는 전압에 비례하여 회전속도가 증가하는 특성이 있다. 모터를 원하는 각도와 속도로 제어하기 위해서는 아날로그 전자 회로가 필요하고, 전압을 제어하기 위해서 디지털 회로가 필요하다. 마이크로프로세서가 핵심이 되는 디지털 회로는 실험단계에서 사용자에 의해 상황에 따른 제어와 통제가 어려우므로 컴퓨터 프로그램과의 연계가 필요하다.

실험을 위하여 제작된 휴머노이드로봇은 Dyna-Balance 1호라 명명하였고, 이는 동역학적 평형을 유지하는 개념적 성격을 분명히 하고자 의도한 것이다. Dyna-Balance 1호는 보행 안정화 실험을 수행하기 위한 모델로 우선 보조 프레임 상에서 보행 중 쓰러져서 시스템이 손상을 입을 위험을 방지하기 위해 특정 높이 이하로 몸체 중심이 떨어지지 않도록 강철줄로 매달아 보행 자유도는 보장하면서 안정적인 실험이 수행되도록 하였다.

Dyna-Balance 1호의 제어 시스템은 다음과 같이 구성되어 있다.

① 노트북에 구성된 Visual C++ 프로젝트
② 제어보드와 연결된 ATmega128 마이크로프로세서 회로보드
③ 모터 등 하드웨어를 제어할 수 있는 제어보드
④ 휴머노이드로봇 상의 모터와 센서 시스템
⑤ 서보모터 및 센서 모듈
⑥ 전원부

제어하고자 하는 DC모터의 개수가 23개이므로 최대 6개의 DC모터를 제어할 수 있는 회로보드가 4개가 소요되었다. 서보모터는 추가로 서보모터 제어회로모듈을 구성하였고, 센서신호를 수신하여 중앙컴퓨터인 노트북에 전송하기 위하여 센서수신모듈을 2개 구성하였다. 아날로그 신호로 입력되는 센서 수신 신호를 디지털 신호로 변환하기 위해 ATmega128™의 10비트 8개 채널을 사용하고, 로봇에 장착되는 센서 시스템은 골반 상부에 장착되는 2축용 기울기센서 1개와 1축용 기울기 센서 6개, 3축 가속도 센서 1개와 전자나침반 1개 그리고 발바닥에 부착되는 압력센서 6개, 초음파 센서 1개 그리고 주요 관절의 각도를 측정하는 포텐쇼미터 8개를 사용하여 총 24개이다. 따라서 ADC(Analog to digital Converter) 채널이 24개 필요하므로 센서 수신을 위한 ATmega128™은 3개가 필요하게 된다.

Dyna-Balance 1호의 제어는 다음과 같은 순서로 진행된다.

우선, Visual C++(Visual Studio 6.0™)에 의해 구성된 프로젝트에 의해 중앙제어모듈이 노트북 상에서 작동하고, 사용자는 초기위치와 각종 동작 수행을 명령할 수 있다. USB에 의해 시리얼 통신을 하는 제어보드회로에는 ATmega128™ 마이크로프로세서가 장착되어 있으며, 노트북의 중앙제어 모듈에서 보내진 모터의 각도 명령값을 받아 PD 제어방식에 의해 모터에 제어 신호값을 송신하고 엔코더 값을 수신한다.

다음 표 4.5는 앞에서 설명한 센서 시스템의 설치 내용을 정리한 것이다. 상세 제원 및 자료는 부록에 첨부하였다.

[표 4.5] Dyna-Balance 1호에 사용되는 센서 시스템(Sensor system attached on the Dyna-Balance No.1)

센서(모델명)	개수	설치부위
2축 기울기 센서 (DM1)	1	골반부 상단
1축 기울기 센서 (TILT SA1)	6	발등4, 골반2
3축 가속도 센서 (AM-3AXIS-P)	1	골반부 상단1
포텐쇼미터	8	주요관절부8
전자 나침반	1	골반1
압력 센서 (Flexiforce A201)	6	발바닥6
초음파 센서	1	몸체 정면1
총	24	

Dyna-Balance 1호의 특징은 다음과 같이 요약된다.

① 전신 모멘트 평형 원리를 적용한 이족보행 알고리즘이 적용되었다.
② 총 28개의 관절부 자유도를 구현하여 다양한 인간의 동작을 모사할 수 있다.
③ 24개의 센서 시스템과 스테레오 카메라를 이용하여 보행 시 평형유지 및 능동적 외란 제거 능력을 갖춘 안정한 이족보행의 실현할 수 있다.
④ 관절축의 빠르고 민첩한 회전운동을 위해 각 구성요소들은 L자형 2mm 알루미늄 프레임에 의해 최적화 경량화 설계되었다.
⑤ 회전관성모멘트의 최소화 구조로서 모터의 기동토크를 낮추는 효과가 있다.
⑥ CCD 입체 카메라와 입체 정합 영상처리 소프트웨어에 의한 거리 및 물체 인식 기능 강화되었다.
⑦ 총 24개의 모터를 실시간 제어할 수 있으며, 각 제어보드와 컴퓨터 간 시리얼 통신으로 중앙처리식 제어시스템 구성하였다.
⑧ 제작단가를 최대한 낮추고 국산 모터를 사용하였다.

Dyna-Balance 1호의 특징은 전신 모멘트 평형화 보행을 하기 위한 골반 기구가 추가된 것이 특징이다. 현재 휴머노이드로봇의 기준이 되고 있는 ASIMO의 골반 구조[46-47]와 비교하여 몸체 중심부위의 유연한 자세 제어 기능이 장점이 된다. 이 골반 기구의 제어 시스템에 관해서는 다음 장에서 다룬다.

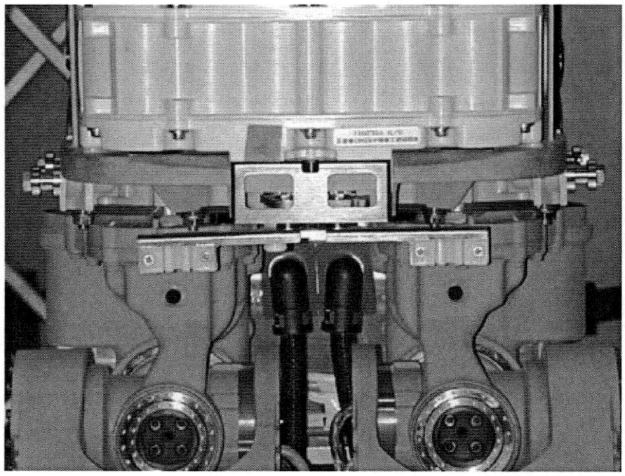

[그림 4.19] ASIMO 의 골반 부분(전면)(Pelvis part in ASIMO (frontal view))

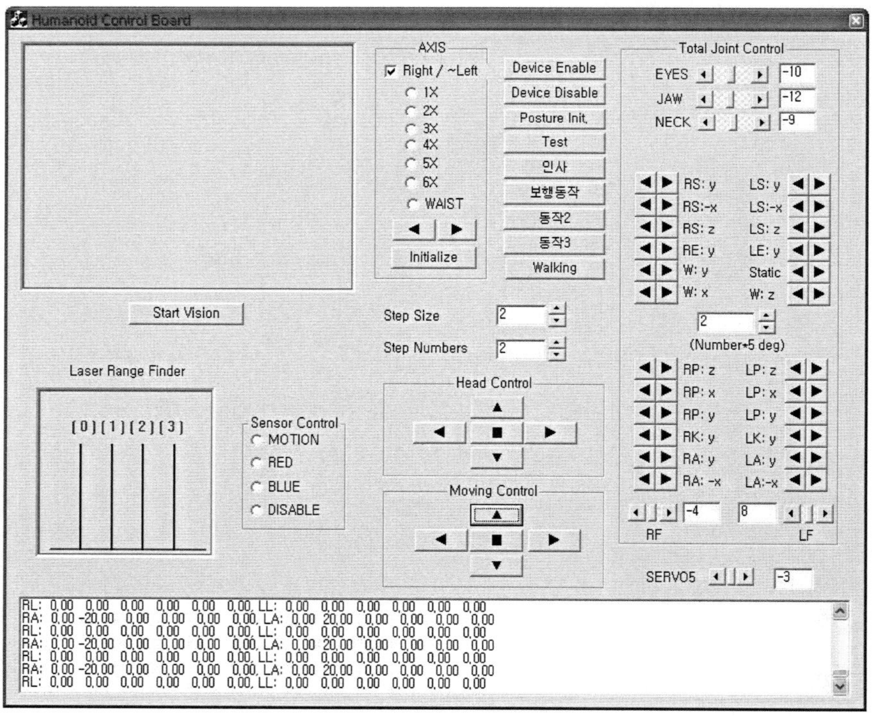

[그림 4.20] Dyna-Balance 1호의 제어 프로그램 모듈(Control board of control for Dyna-Balance No.1)

그림 4.20은 노트북 상에서 운영되는 제어 프로그램 모듈을 나타낸 것이다. 좌측 상단에는 영상 정합에 의한 물체 인식과 거리 인식 결과가 실시간으로 출력되는 영역이고, 중간 부위에는 초기 설정 테스트와 각 누름단추 별로 특정 동작들을 제어회로보드에 명령하는 기능을 한다. 우측에는 서보모터를 포함한 총 28개의 모터를 개별적으로 제어할 수 있도록 하였고, 하단부의 창에는 주요 관절부의 현재 각도가 실시간으로 출력된다. 다음 그림은 실제 실험 사진이다.

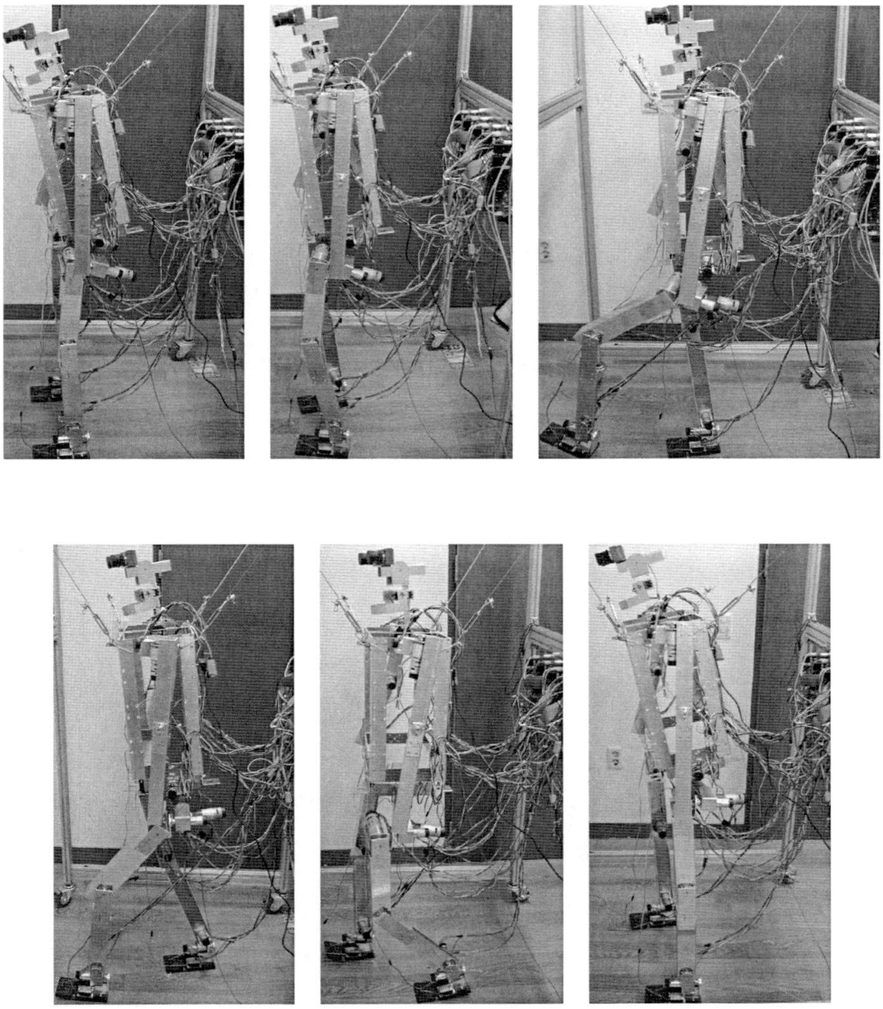

[그림 4.21] Dyna-Balance 1호의 보행 실험(Experiment of Dyna-Balance No.1's walking)

4.2 하드웨어 시스템 개발

4.2.1 하드웨어 시스템 개요

로봇은 5축의 자유도를 가진 두 팔과 1축의 허리, 그리고 두개의 바퀴를 가지는 모바일 플랫폼을 구동 및 초음파 센서 정보를 읽기 위해 2개의 컨트롤 보드를 가지고 있다. 또한 목과 손에 내장된 RC서보 모터를 제어하기 위한 서보콘트롤 보드가 내장되어 있다. 또한 DYNA 로봇은 기능적인 면에서 CCD카메라 정보를 이용한 움직임 감지기능 및 물체 추적기능, 음성 출력 및 인식시스템을 이용한 청각기능, 팔을 이용한 작업능력, 이동성들을 들을 동시에 구현할 수 있게 되어있다.이를 위해 3개의 독립된 제어보드를 상위 수준에서 제어할 수 있는 기능을 하는 PC가 내장되어 있다.

다음의 그림은 로봇의 전체 하드웨어 시스템의 구조도이다. 휴먼로봇의 영상처리, 음성인식 및 팔의 각 관절 각도 제어등 여러 기능을 수행하기 위해선 빠른 처리능력을 가진 프로세서를 필요로 한다. 또한 영상입력을 위한 CCD카메라 및 음성출력 및 인식을 위한 사운드 처리기 등 여러가지 기능의 장비를 붙일 수 있는 호환성도 필요하다. 따라서 로봇의 중앙 처리부분을 VIA사의 EPIA PC 보드가 사용되었다. EPIA PC보드는 C3-1Ghz 메인 프로세서를 탑제하고 있으며, 소형, 저발열, 저전력 소모가 특징이다.

영상처리를 위한 CCD카메라는 USB포트로 연결이 가능한 QUICK CAM시리즈의 카메라가 사용되었으며, 음성의 출력 및 인식은 보드에 내장된 AC97코덱을 이용하고 있다. 또한 로봇에는 각종 프로그램 작동 및 상태를 확인하기 위한 LCD SCREEN 및 외부 컴퓨터를 통한 로봇접속 및 원격감시등을 위해 USB무선랜이 내장되어 있다.

DYNA 로봇에 내장된 PC는 시리얼 통신을 통해 각 제어보드로 명령을 보내고, 또한 현재의 제어보드 정보를 읽어와 로봇을 전체적으로 움직이는 기능을 수행한다. 팔 및 각 부위에 내장된 DC서보모터를 구동하기 위해서 제작된 2개의 제어보드는 ATmega128을 CPU로 해서 설계되어 있으며, 보드당 최대 6개의 모터를 제어가능 하고, 4개의 초음파 센서를 읽을 수 있다. 이 제어보드는 또한 USB-시리얼 인터페이스를 통해 PC에 연결된다. USB-시리얼 인터페이스는 PC에서는 가상의 시리얼포트가 생겨, 기존 로봇제어에서 가장 손쉽고 많이 쓰이는 시리얼

(RS-232)인터페이스를 통해 로봇의 제어가 가능하다. DYNA 로봇은 이렇게 두개의 제어보드를 두개의 가상 COM포트를 통에 로봇에 내장된 PC에서 제어하게 된다.

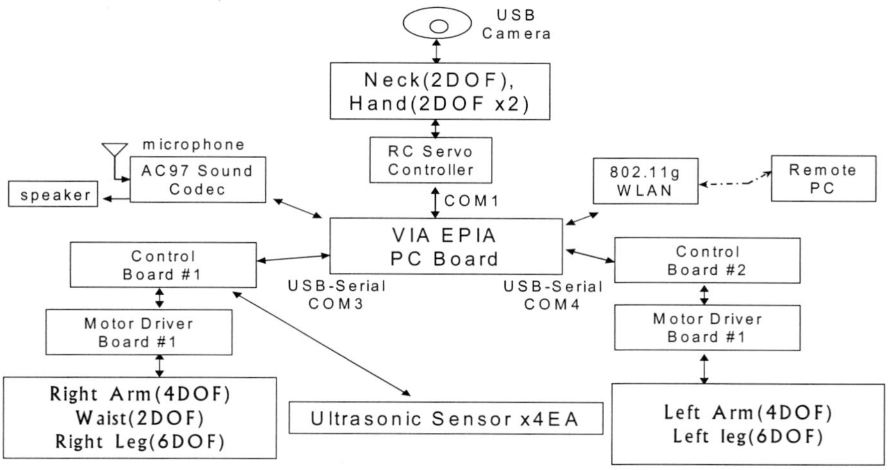

[그림 4.22] DYNA로봇 하드웨어 시스템 구조

4.2.2 DC 모터 및 RC 서보모터

(1) DC 서보모터

DC 모터란, 고정자로 영구자석을 사용하고, 회전자(전기자)로 코일을 사용하여 구성한 것으로, 전기자에 흐르는 전류의 방향을 전환함으로써 자력의 반발, 흡인력으로 회전력을 생성시키는 모터이다. 소형 모형 자동차, 무선조정용 장난감 등을 비롯하여 자동 로봇에 이르기 까지 여러 방면에서 가장 널리 사용되고 있는 모터이다.

일반적으로 DC 모터는 회전 제어가 쉽고, 제어용 모터로서 아주 우수한 특성을 가지고 있다고 할 수 있다. DC 모터의 특징으로는 기동 토크가 크고, 인가전압에 대하여 회전특성이 직선적으로 비례하며, 입력전류에 대하여 출력 토크가 직선적으로 비례하며, 또한 출력 효율이 양호하다는 점이다.

제어상의 장점으로 흘린 전류에 대해 깨끗하게 직선적으로 토크가 비례한다. 즉, 큰 힘이 필요한 때는 전류를 많이 흘리면 되는 것이다(토크 대 전류). 또한 토크에 대하여 회전수는 직선적으로 반비례한다(토크 대 회전수). 즉, DC모터는 무거운 것을 돌릴 때는 천천히 회전시키게 되고, 빨리 회전시키기 위해서는 전류를 많이 흘리게 된다.

DC 모터의 가장 큰 단점으로는 그 구조상 브러시(brush)와 정류자(commutator)에 의한 기계식 접점이 있다는 점이다. 이것에 의한 영향은 전류 인가시의 전기불꽃(spark), 회전 소음, 수명의 단축등으로 나타난다. 도한이라는 형태로 나타난다. 또한 마이컴 제어를 하려는 경우는 "노이즈"가 발생하게 된다. 따라서 제어보드 설계시 이러한 노이즈를 막기 위한 대처가 필요하다.

DYNA로봇에는 양팔의 4축 및 허리, 바퀴에 디엔지(D&J)사의 IG42GM W/ENCODER가 사용되었다. 이 모델은 1/4 ~ 1/3600 총 20종류의 다양한 감속비를 가지고 있으며, 유성기어 방식 적용으로 뛰어난 감속기 내구성이 있으며, Rated Torque 30kg-cm(기어드 모터), 순간허용토크 90kg-cm(감속기)의 Power가 특징이다. 로봇에 사용된 모터는 기어를 내장하고 있으며, 기어비는 212:1 및 104:1을 채용하였다. 또한 이 모델의 경우, 위치 제어를 위한 홀센서 타입의 엔코더가 내장되어 있다. 엔코더에서 출력된 펄스 신호를 통해 모터의 회전 각도를 얻어내어 로봇 제어에 이용한다.

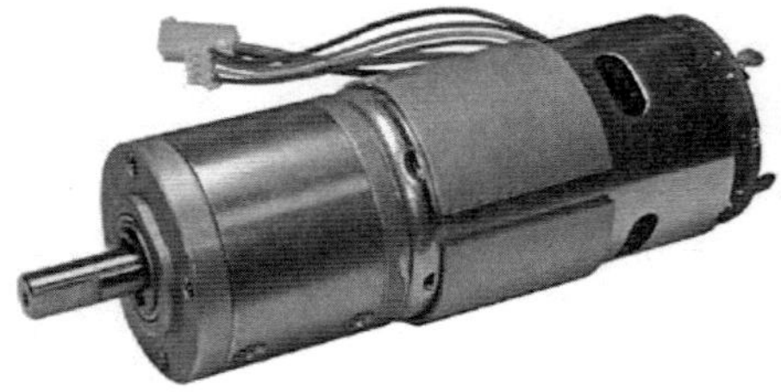

[그림 4.23] IG42GM W/ENCODER DC서보모터+엔코더

(2) RC 서보모터 및 컨트롤러

DYNA 로봇의 목 부분 및 손목 및 손 부분구현을 위해 사용된 모터는 RC 서보모터이다. RC 서보모터는 모형 비행기나 자동차 등에서 흔히 사용되는 모터로 주로 동체의 조향이나 각도제어가 필요한 곳에 사용되어져 왔다.

RC 서보모터는 감속기가 부착된 DC 모터 부분과 아날로그 제어 회로부로 구성되어져 있다. 따라서 이 통합된 모터 모듈은 레퍼런스 각도만을 전달하여 손쉽게 사용될 수 있다. 또한 RC 서보모터는 그 크기가 기존 모터에 비해 작기 때문에 소형로봇제작에 매우 적합하다. RC 서보모터에 내장된 제어회로는 레퍼런스 각도가 입력되면 이를 포텐셔미터(Potentio Meter)를 통해 알아낸 현재 모터의 절대적 위치상태와 비교하여 그 차이 만큼을 오차로 보고 이를 보정하기 위해 비례

(P: propotional) 제어를 수행하여 그 오차에 대한 보상결과 값을 증폭하여 모터 출력을 내보내는 회로로 구성되어져 있다.

본 로봇제작에 사용된 RC 서보모터는 HITEC의 디지털 서보모터인 HS-5645MG 모델이다. 이 모델은 여러 RC 제품군들 중에서도 크기에 비해 높은 토크를 나타내는 서보모터이며, 특히 메탈기어를 채용하여 기어의 강도가 높아 동력의 효율적 전달 및 내구성이 좋다. 또한 서보모터 내부에 사용된 코어리스 DC 모터 역시 크기에 비해 높은 토크를 지니며 출력특성이 좋아 각도 제어를 원활히 하는데 적합한 모터이다.

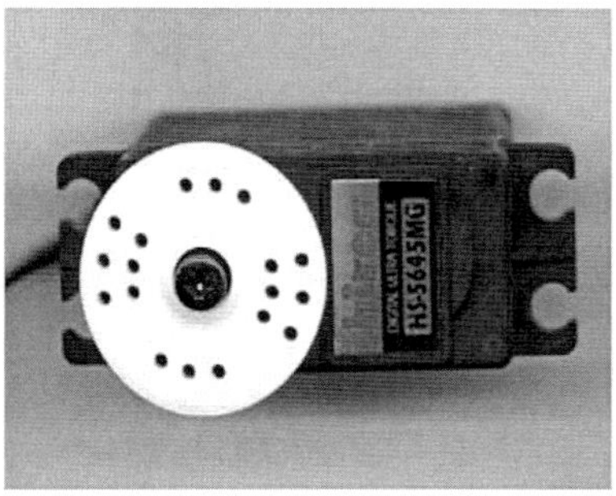

특징	높은 토크, 코아리스 DC모터, 이중 볼베어링, 메탈 감속기 기어내장
동작범위	-90도~ +90도(180도)
동작속도	4.8V에서 0.23초/60도 , 6.0Volt에서 0.18초/60도
출력토크	4.8V에서 7.7kg.cm, 6.0Volt에서 9.6kg.cm
무게	58g
크기	39.2 x 20 x 37.8 mm

[그림 4.24] 서보모터 HITEC-5645MG 외형 및 사양

RC 서보모터(이하 서보모터라 칭함)는 원래 취미용 무선제어 자동차, 비행기등에서 핸들 각도 등을 조정하는 용도로 제작된 모터이다. 그러나 최근 들어 사용의 편리함과 크기에 비해 높은 토크 등으로 로봇 응용분야에서 많이 사용되고 있다.

서보모터의 구동원리는 1초에 50회~60회 정도로 1~2msec의 펄스를 반복적으로 송신하는 방식으로 각도를 조정하는 것이다. 즉, 제어신호를 펄스주기 100Hz-50Hz로 주기적인 0.7-2.3msec의 펄스를 공급하여 원하는 각도를 제어하는 방식이다. 이러한 펄스폭(0.7~2.3msec)에서 약 100usec의 분해능을 가진 펄스를 만들 수 있는 회로나 프로그램으로서 아래의 [그림 4.25]와 같이 펄스를 인가하면 공급되는 펄스폭에 따라서 서보가 정해진 각도로 움직여 정지된다.

서보모터는 일반적으로 1.5msec에서 중심각도를 가지며 0.7msec -90도 2.3msec에서 +90의 각도로 움직인다. 이러한 연속되는 입력신호를 PWM(Pulse Coded Modulation)이라 부르며, 특히 서보제어의 경우에는 PWM펄스에서 제어폭이 실제 7%에서 23%의 범위만을 사용함으로 각도제어를 하는 방식을 취한다.

DYNA 로봇에서는 서보모터 제어를 컨트롤러로 COMFILE 사에서 개발된 SMC Pro 서보모터 콘트롤러를 사용하였다. SMC(Servo Motor Controller) Pro는 RS232C

방식 시리얼 접속으로 8개의 서보모터를 동시에 제어할 수 있다. SMC PRO의 특징은 5V 단일전원으로 동작가능하며, 각 서보별 각도와 속도를 독립적으로 제어 가능한 점이다.

단, 서보모터의 단점은 속도조절이 어렵다는 점에 있으며, 목표 각도를 펄스로만 제어하고자 하므로 모터에 의한 링크 회전의 시작 시점과 정지 시점 시 연결 부위에 관성에 의한 진동이 유발된다. 따라서 마이크로 컨트롤러에서 타이머를 이용한 각 샘플링 시간의 미세각 제어로서 움직임을 좀 더 유연하게 할 필요가 있다.

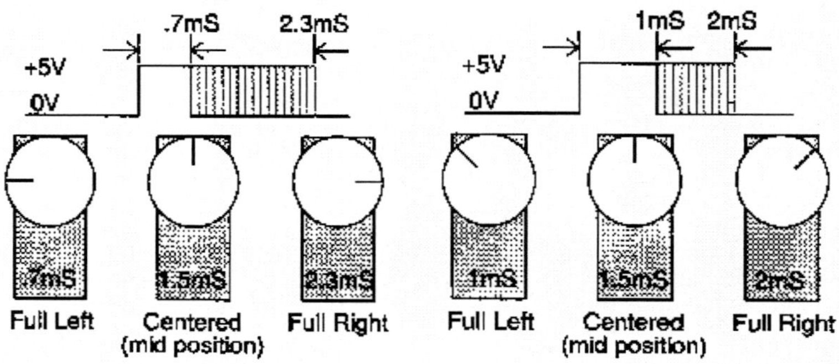

[그림 4.25] 입력 PWM펄스와 그에 따른 RC서보모터의 동작

[그림 4.26] RS서보 컨트롤러 SMC-Pro

4.2.3 초음파 센서

외부의 장애물을 감지하고, 회피하기 위해 로봇은 여러 가지 센서를 이용한다. DYNA 로봇은 그중 대표적인 센서인 초음파 센서를 로봇 몸체 주변에 4개 내장하고 있다. 로봇에 사용된 초음파 센서모듈은 영국의 로봇 일렉트로닉스사의 SRF04이다. SRF04는 사용이 편리하고, 30cm이내의 근접 측정이 가능하며, 타 모듈에 비해 정밀도가 비교적 우수한 것이 특징이다.

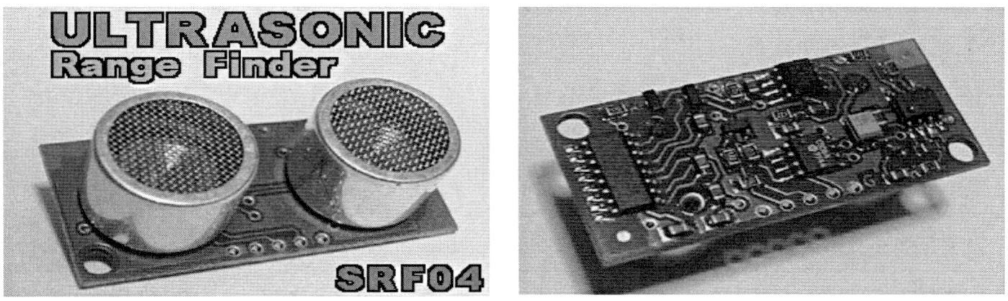

[그림 4.27] SRF04모듈

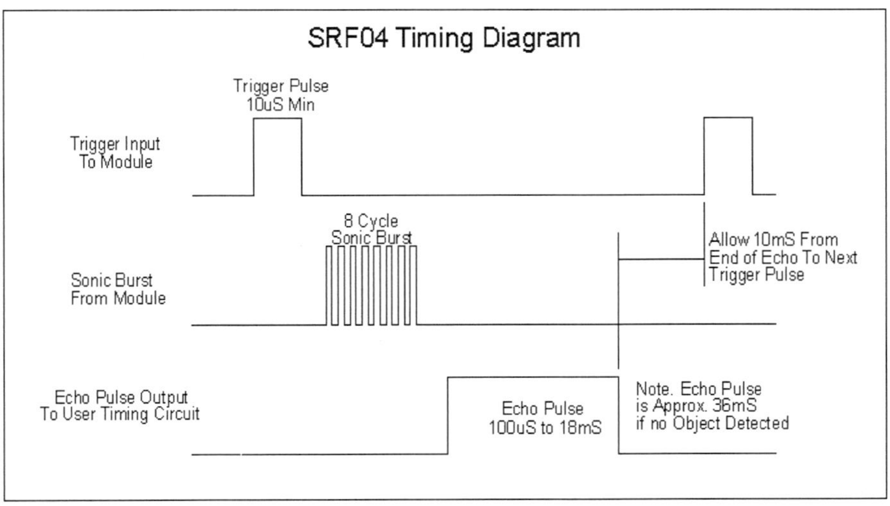

[그림 4.28] SRF04 I/O 타이밍 스팩

4.2.4 메인 제어보드 및 모터 드라이버

DYNA 로봇 제어부분은 아래의 그림과 같이 ATmega128을 CPU로 한 메인 제어 보드와 모터 구동을 위한 모터 드라이버 보드로 구성되어 있다. 한 보드 당 최대 6개의 DC 서보모터가 구동가능하며, 최대 4개의 초음파 센서연결이 지원된다. PC와는 USB를 통해 연결되며, PC상에서는 가상의 COM포트가 설정되어, 이를 통해 고속의(~1Mbps) RS-232시리얼 통신이 가능하다.

아래의 그림에서와 같이, 제어보드는 PC와의 통신을 위한 USB-Serial 부분 회로를 통해 PC에서 온 각도명령을 받아 들이고, 또한 제어보드 내부 정보를 PC로 전달한다. 받아 진 각 모터별 각도 정보는 ATmega128의 모터 제어기 프로그램에 의해 속도 제어신호인 PWM과 방향정보인 Direction 정보로 나뉘어 LM18200 모터 드라이버로 전달된다. DC모터 드라이버인 LM18200은 모터를 구동하게 되며, 구동된 모터의 회전 값은 모터에 내장된 엔코더 신호로 다시 피드백된다. 출력된 2채널의 엔코더 신호는 HCTL2016 엔코더 카운터를 통해 누적되며, 이를 ATmega128이 I/O interface를 통해 읽어들어 제어에 사용한다. 또한 4개의 SRF04 초음파 센서모듈도 I/O interface를 통해 제어보드의 CPU인 ATmega128에 연결되어 진다.

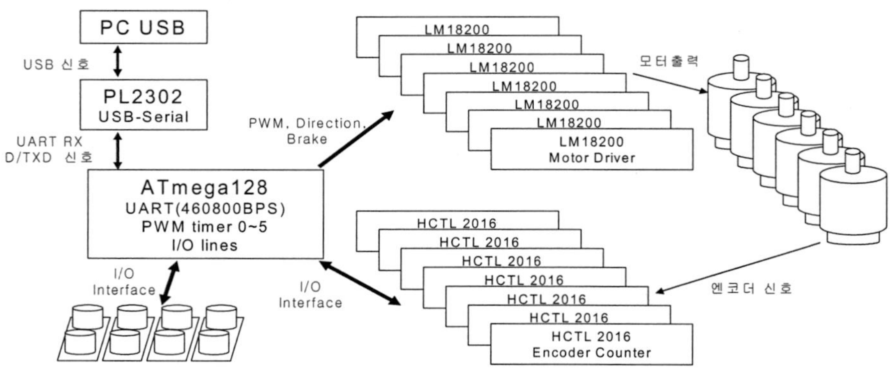

[그림 4.29] DYNA로봇의 제어보드 및 모터드라이버 구조

(1) PL2303 USB-Serial 인터페이스

DYNA 로봇의 컨트롤 보드는 PC와의 통신을 위해 PL2303 USB-Serial 통신칩을 사용하고 있다. PC의 USB 포트에 아래의 회로가 연결되면 가상의 Com포트가 생성되며, 이를 통해 시리얼 통신이 가능하다. DYNA 로봇은 2개의 컨트롤 보드가 USB포트 2개를 통해 통신 속도 460800BPS로 시리얼 통신하게 설정되어져 있다. 이 칩의 최대 통신속도는 1Mbps이다. 회로 제작 시 주의 할 점은 12Mhz 크리스탈 부분의 CAP은 20pF을 반드시 사용해야 한다는 점이다.

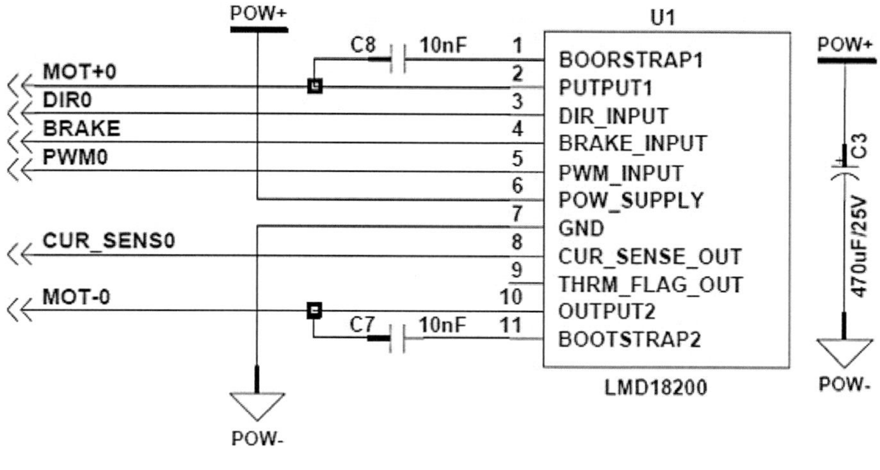

[그림 4.30] 모터 구동 IC로 사용된 LMD18200

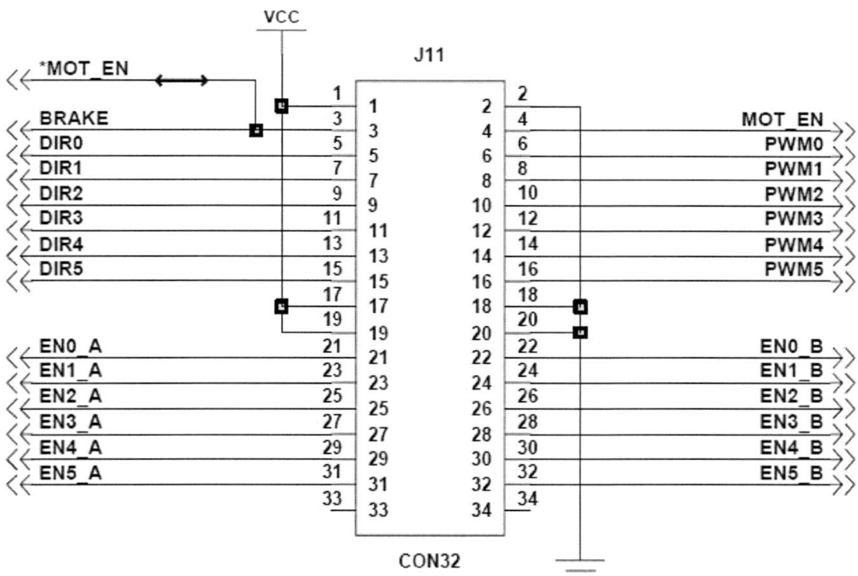

[그림 4.31] 6개의 모터와 엔코더 신호들을 다루기 위한 컨넥터

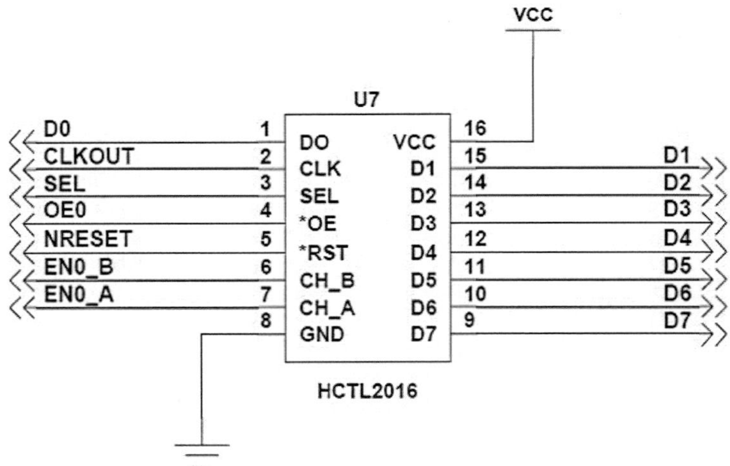

[그림 4.32] 엔코더 신호 분석을 위한 HCTL2016 디코더/카운터 IC

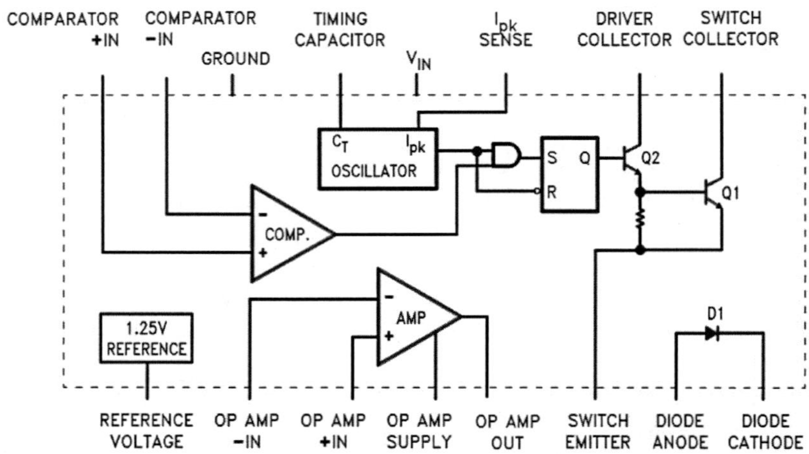

[그림 4.33] HCTL2016의 내부 결선도

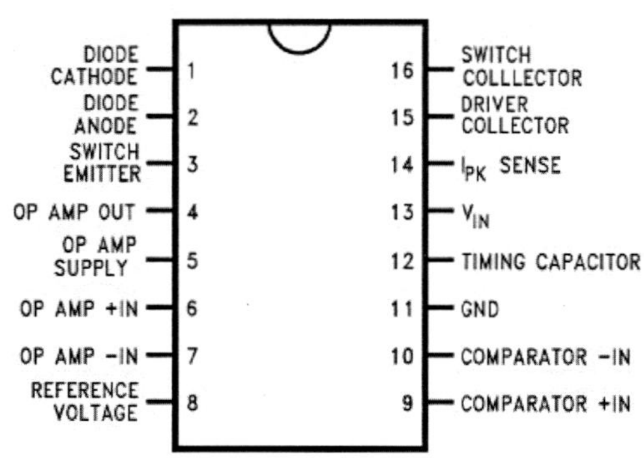

[그림 4.34] HCTL2016의 외장과 핀의 접속 기능

HCTL 2016은 Quadrature Decoder/Counter Interface IC로서 엔코더와 MCU의 연결회로로서 14 MHz의 클럭주파수를 갖는 16카운터이다.

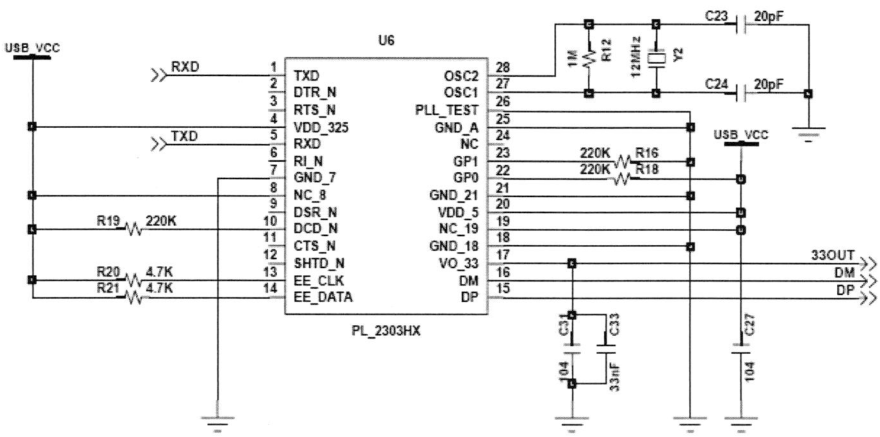

[그림 4.45] PL2303 USB-Serial 인터페이스 회로

(2) 모터 드라이버 LMD18200

DYNA로봇에 내장된 DC서보 모터들을 구동하기 위해 모터드라버 보드는 6개의 LMD18200을 내장하고 있다. LMD18200은 모터 제어를 위한 3A의 H-Bridge 내부구조를 가지고 있으며, 순간 최대 6A의 구동이 가능하다. 또한 55V까지 DC 전원인가가 가능하며, 내부적으로 온도가 섭씨 170도 이상 올라가면 작동이 정지되는 Thermal Shutdown기능이 내장되어있다. 아래는 LMD18200의 회로도이다.

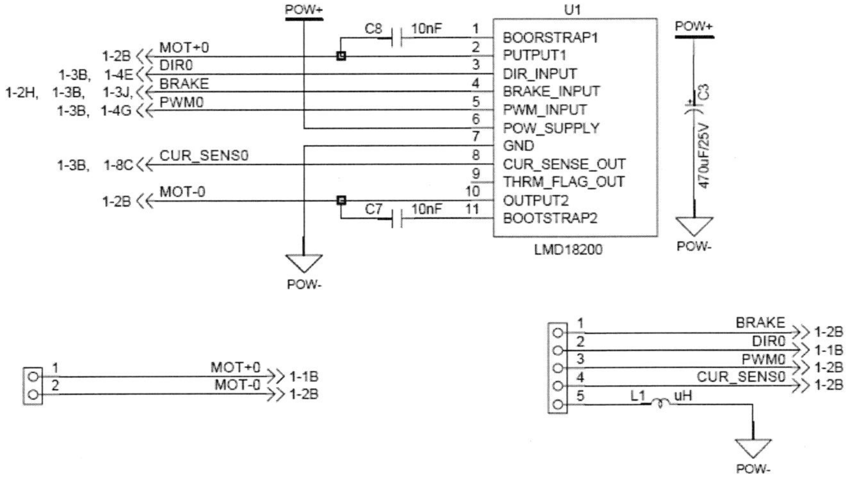

[그림 4.46] LMD18200 모터 드라이버 회로

4.2.5 EPIA PC보드

EPIA Mini-ITX PC 메인보드는 Mini-ITX라는 규격을 준수하는 매우 작은 크기를 가지는 메인보드이다. 이 제품의 가장 큰 특징은 170mm×170mm의 매우 작은 크기에, CPU 및 기타 PC주변장치가 모두 내장되어 있다는 것이다. 내장된 VIA C3 Processor는 특히 저발열 Processor로써, 다른 CPU보다 30%의 에너지를 절약할 정도로 발열이 매우 낮은 CPU입니다. 이는 초소형, 저소음 PC를 설계하는데 이상작이며, 오랜시간동안 전원이 꺼지지 않는 환경에서의 높은 안정성과 함께 매우 적은 전력사용이 특징이다.

EPIA Mini-ITX는 VIA Apollo PLE133의 메인 칩셋을 사용하고 있다. 이 칩셋은 노스브릿지에 VT8601A, 사우스브릿지에 VIA VT8231이 장착되어 있다. 이 메인칩셋의 가장 큰 특징은 AGP 2X 그래픽 코어를 내장하고 있다는 것이다. 메인보드 및 주변기기들과의 동작구조와 세부기능은 아래의 그림과 같다.

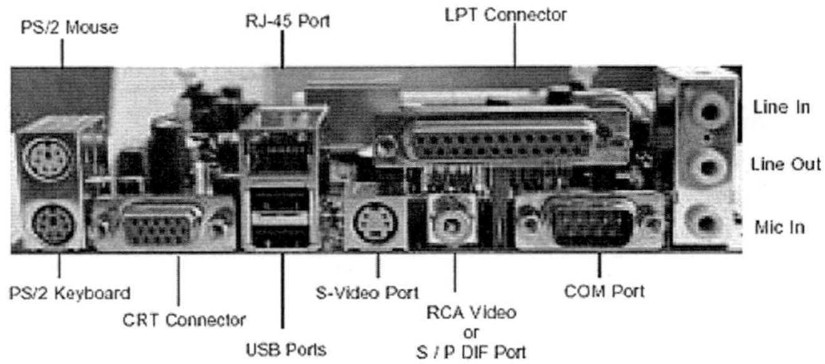

[그림 4.47] EPIA Mini-ITX 메인보드 백패널 구조

■ **EPIA Mini-ITX 의 제원 및 구성**

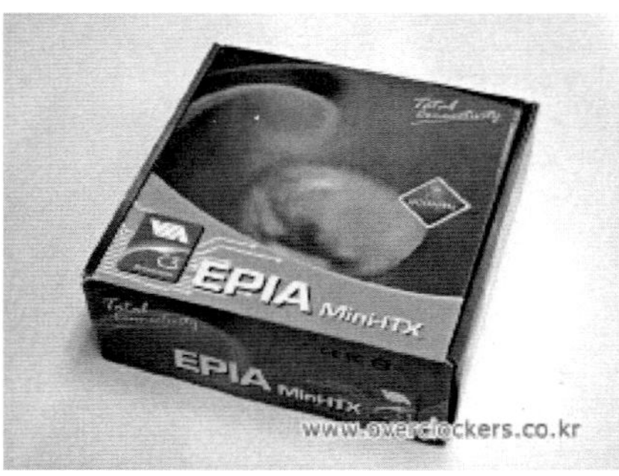

〈 EPIA Mini-ITX 박스 외형 〉

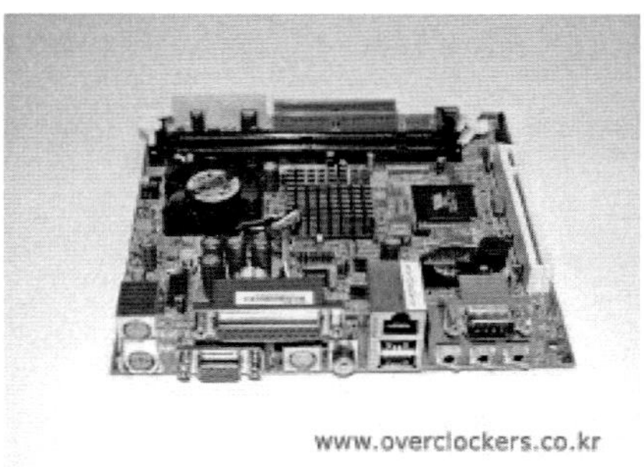

〈 전체적인 MB의 레이아웃 〉

제품명	VIAEPIA Mini-ITX
CPU	VIA C3 E-Series Processor (1Ghz) 100/133MHz FSB, 128K L1 & L2 cache
Chipset	VIA Apollo PLE133 chipset (NorthBridge : VIA 8601A, SouthBridge : VT8231)
Graphic	Integrated Trident Blade 3D graphics core
Memory	2 DIMM socket up to 2GB PC100/133 SDRAM
IDE	support DMA 33/66/100 (supports up to 4 IDE deviced)
Audio	VT1612A AC`97 Codec
LAN	VIA VT6103 Ethernet PHY (supports Ethernet 10/100Mb)
전원	ATX type power sypply
Form Factor	Mini-ITX (Micro ATX호환) 170mm × 170mm (W × L)
구성품	VIA EPIA Mini-ITX Mainboard (1), ATA100 HDD cable (1), User`s manual (1), Driver Ytilities CD (1), I/O Bracket (1)

특 징	내 용
Enhanced BGA Package	높은 원가 절감과 낮은 발열량으로 인해 시장진입이 용이하며, 신뢰성이 향상됨
World's smallest x86 processor die size	매우적은 전력을 소모하며, 열분산에 효과적인 형태.
LongHaulTM Technology	매우적은 전원을 사용하기 때문에 다양한 주파수와 전압에서도 CPU의 구동이 가능, 배터리의 성능 향상
Clock Speeds up to 1GHz	인터넷과 모든 업무에서 강력한 성능 개인이나 , 교육 및 기타 여러용도에 활용 가능.
Up to 192KB full speed Level 1 and Level 2 cache	데이터의 빈번한 교류에 즉각적인 반응능력 향상.
3DNow!TM and MMXTM Technology	각종 3D그래픽과 video 애플리케이션등의 멀티미디어의 성능향상
Full x86 Operating System & software application compatibility	높은 호환성으로 각종 Microsoft® Windows® and Linux. 등의 OS기반의 각종 애플리케이션 개발이 용이

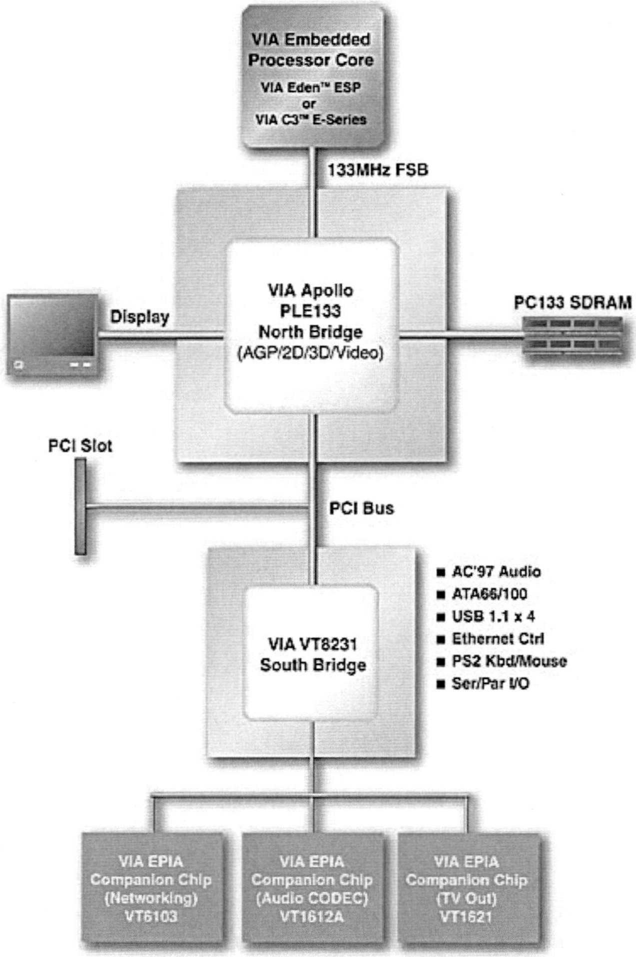

[그림 4.48] ©2002 VIA Technologies, Inc. All rights reserved

■ 기 타

☐ Graphic 내장

- AGP 2X의 2D/3D Graphics Accelerator
- Motion Compensation for DVD playback
- VIP port for video overlay function

☐ LAN 내장

- VIA VT6103 Ethernet PHY
- supports Ethernet 10/100Mb

□ Sound 내장

- VIA VT1612A AC'97 onboard
- 3 Audio Jacks - Line-Out, Line-In and Microphone-In
- Sound Blaster, Sound Blaster Pro Compatible
- Digital I/O compatible with consumer mode S/PDIF

□ TV-Out 지원

- Integrated Macro Vision 7.01
- High quality scaling and filtering
- S-Video or Composite video output

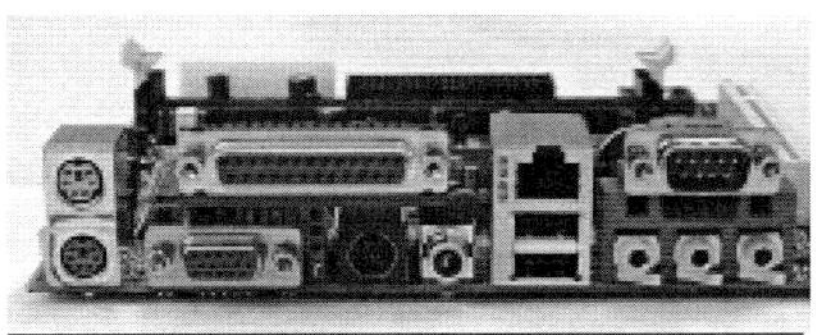

〈 EPIA Mini-ITX의 백패널 〉

〈 메인보드 전체 모습 〉

〈 Graphic 코어를 내장한 VT8601A 〉

〈 LAN: VT6103, TVOut: VT1621〉

[그림 4.49] Supports NTSC/PAL TV formats

:: 관련 참고사이트 : www.mini-itx.com

4.3 로봇 전원 시스템

4.3.1 전원 인터페이스

DYNA 로봇은 외부 전원없이 독립적으로 작동이 가능하여야 한다. 서비스 로봇 및 휴머노이드로봇은 자율형 로봇(Autonomous Robot)으로 실내 환경 곳곳을 움직이며, 사람에게 필요한 여러 서비스를 제공해 주어야 하기 때문이다. 따라서 로봇은 내장된 전원을 사용하여 가동되어야 한다. 로봇의 주전원으로는 자동차용 배터리를 장착하였다. 약 30분 정도를 외부전원의 공급 없이 동작하기 위해 12V 30AH의 황산 납 배터리를 사용하여 로봇의 모든 부분에 전원을 공급한다. 내장된 배터리는 내장된 PC의 전원 공급을 위한 DC-DC컨버터로 12V를 공급하며, 로봇 제어보드 및 모터드라이버의 구동을 위해서 12V를 공급한다. 또한 제어보드는 다시 5V를 RC서보컨트롤러로 보내어 목 및 손목과 팔에 내장된 RC서보모터를 구동하게 된다. DYNA 로봇은 외부 전원 및 배터리 충전기의 연결을 위해 외부 전원 입력 플러그를 내장하고 있다. 이 플러그에는 12V 20AH의 외부 파워 서플라이를 연결할 수 있게 제작되어 있다. 주로 로봇의 프로그램 수정 및 동작 테스트를 위해 배터리를 쓰지 않고, 장시간 로봇을 구동 하는데 이 외부 전원이 이용된다. 또한 배터리의 충전을 위해 이 입력 플러그에는 배터리 충전기를 접속할 수 있다. 본 로봇은 12V 2AH의 자동 배터리 충전기가 제공되며, 이 배터리 충전기를 이용하여 24시간 이내에 내장된 배터리의 충전이 가능하다.

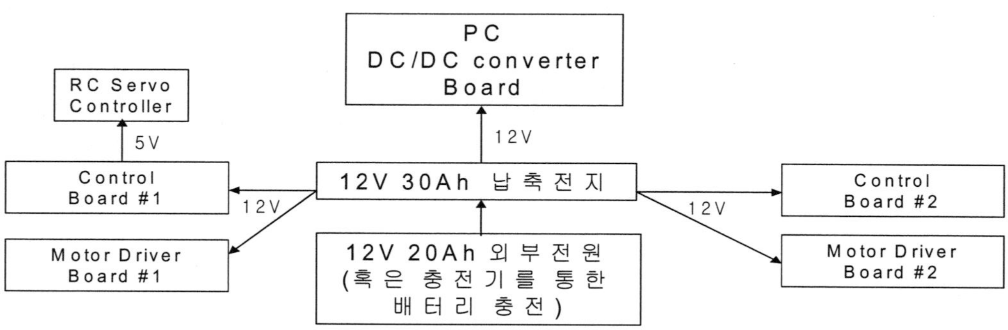

[그림 4.50] DYNA로봇의 전원 구조도

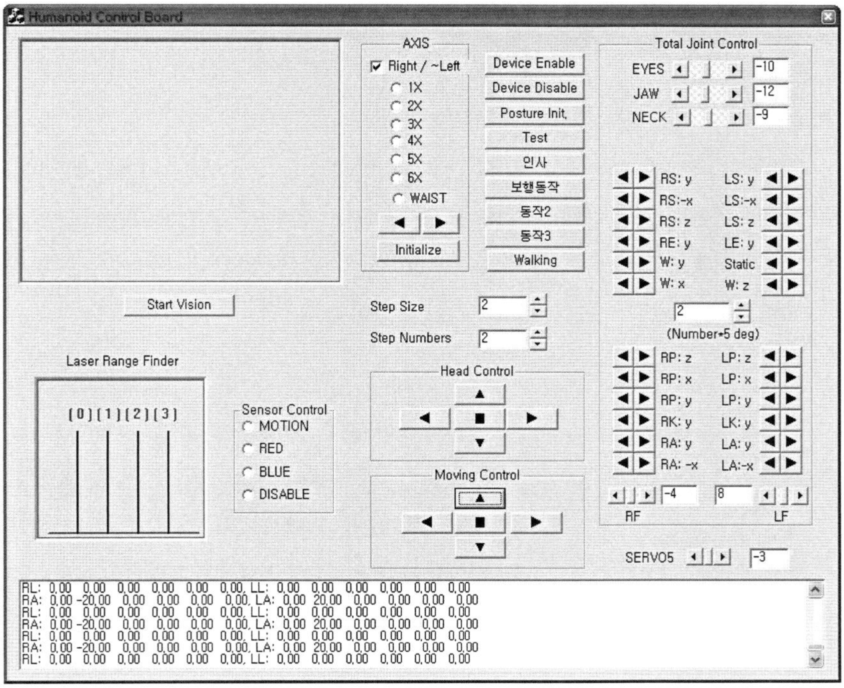

[그림 4.51] 동작프로그램 모듈

본 프로그램은 크게 정보 표시 부분과 로봇 동작 제어부분으로 나눌 수 있으며, 프로그램의 각 부분에 대한 설명은 다음과 같다.

- **정보 표시부분**

① 영상 화면

로봇에 장착된 카메라를 통해 입력받는 영상을 보여주는 부분이다. 5번의 설정에 따라서 동작을 인식한 모습을 보여주거나, 빨간색 또는 파란색의 물체를 쫓아다니는 작업을 수행할 수 있다.

② 초음파 센서

로봇에 장착된 초음파 센서에 들어오는 값을 보여주는 부분이다. 초음파 센서를 통해서 로봇의 주위에 장애물이 존재할 때, 어느 방향에 장애물이 있는지를 파악할 수 있으며, 이를 통해서 로봇이 장애물을 피해갈 수 있도록 할 수 있다.

③ 메시지

로봇 내부에서 일어나는 일들에 대한 정보를 보여주는 창이다.

- **로봇 동작 제어 부분**

④ 영상 on / off

카메라에서 입력받은 화면을 보여주는 일은 매우 많은 계산을 필요로 하는 작업이라서, 화면을 켜 놓은 경우에 로봇의 동작에 필요한 컴퓨터의 능력이 부족할 수 있으므로, 사용하고 싶지 않은 경우에 이 버튼을 통해서 카메라 부분을 설정하거나 해제할 할 수 있다.

⑤ 영상처리모드

로봇의 카메라로 입력받는 영상에 대해서 간단한 영상처리를 수행하도록 할 수 있는 부분이다. Motion을 선택하면 화면에서 움직이는 부분이 있는지를 찾아서 그 부분을 표시해주게 되며, Red를 선택하면 화면에 빨간색을 가지는 물체가 있는지를 찾아서 그 부분을 표시해준다. 또한 Blue를 선택하면 화면에 파란색을 띄는 물체가 있는지를 찾아서 그 부분을 표시해 주는 역할을 한다.

⑥ 모터 작동 설정

로봇의 각 관절에 있는 모터가 명령에 따라 동작할 수 있도록 모터를 설정하는 버튼이다. 이 버튼이 눌러지고 난 후에는 로봇의 모터에 힘이 들어가 있어서 손으로 모터를 움직일 수 없으며, 무리한 힘을 주어 모터를 움직이려고 할 경우에는 모터가 손상될 수 있으므로 주의하자.

⑦ 모터 작동 해제

로봇의 각 관절에 있는 모터의 동작상태를 해제하여 손으로 로봇의 각 관절을 움직여 볼 수 있도록 하는 버튼이다. 이 버튼을 누르고 난 후에는 각 관절을 마음대로 움직여 볼 수 있다.

⑧ 로봇의 동작을 초기화

로봇의 자세가 어떤 자세에 있던지 처음 초기 자세로 돌아오게 만들어주는 버튼이다. 일반적으로 로봇의 기본자세는 차려 자세이다.

⑨ 자세 테스트

프로그램 소스코드에서 설정된 로봇의 자세를 테스트해 볼 수 있는 버튼이다. 소스코드를 수정하여 해당 로봇의 자세가 어떤 모습을 보이는지 알아볼 수 있다.

⑩ 인사

로봇이 인사 동작을 하도록 하는 버튼이다. 인사 동작은 프로그램 내에 미리 정의되어 있으며, 인사 동작과 함께 간단한 인사말을 음성합성을 통해 표현한다.

⑪⑫⑬ 동작 1,2,3

로봇에 미리 입력되어진 기본 동작들을 테스트해 볼 수 있는 버튼들이다. 각 버튼에 각기 다른 동작이 입력되어 있어서 로봇이 어떤 동작을 할 수 있는지 확인해 볼 수 있다.

⑭ 로봇의 이동 제어

이 부분의 버튼을 통해서 로봇의 이동을 제어할 수 있다. 위/아래 화살표는 로봇을 앞/뒤로 움직이게 하며, 좌/우 화살표는 로봇을 각 방향으로 회전시킨다. 가운데 있는 사각형은 바퀴의 움직임을 멈추는 역할을 한다.

⑮ 카메라의 움직임 제어

로봇의 머리 부분에 있는 카메라의 시선을 제어하는 버튼이다. 위/아래 화살표는 카메라를 각각 위/아래로 움직이는 역할을 하고, 좌/우 화살표는 카메라를 좌/우로 회전시키는 역할을 한다. 가운데 있는 사각형은 카메라를 초기 위치로 돌아오게 하는 역할을 한다.

⑯ 로봇팔의 관절 제어

로봇의 양 팔을 움직여 사용자가 원하는 자세를 만들어 볼 수 있는 부분이다. Right/~Left 라는 부분의 체크박스에 선택이 되어있으면 오른팔, 선택이 해제되어 있으면 왼팔을 동작시킨다. 밑의 1~6까지는 로봇 팔의 관절 번호로써 해당하는 관절 모터를 선택하게 된다. WAIST는 로봇의 허리 관절을 담당하는 모터를 선택하는 것이다. 움직이고자 하는 관절 모터를 선택하고 아래의 화살표를 사용하여 각 관절을 움직여 볼 수 있다. INIT를 선택하면 해당 관절의 초기 자세로 돌아가게 된다.

⑰ Servo Motor의 초기화

로봇을 조립할 때 서보모터를 신경써서 조립을 했다면 특별히 조절할 일은 없겠지만, 모든 서보모터를 각도에 신경써서 조립하기란 어려운 일이므로 로봇을 조립하고 나서 서보 모터의 초기값을 조정하는 일이 필요하다. 그 작업을 이 부분을 이용하여 조절할 수 있다. 로봇에 서보모터가 사용된 부분이 나열되어 있고, 각 서보모터의 초기치를 이곳의 슬라이더 바를 통해서 조절할 수 있다.

4.3.2 프로그램 구조

본 로봇 제어 프로그램은 다음과 같은 구조로 이루어져 있다.

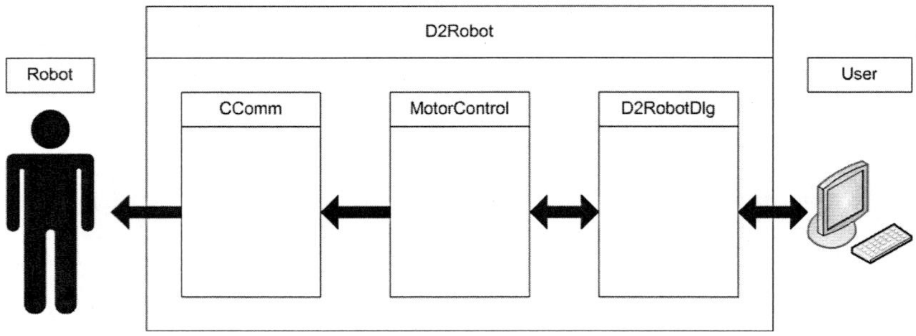

[그림 4.52] 제어프로그램 구조도

- **Class 정보**

① CComm class

모터 제어보드와의 시리얼 통신을 담당하는 클래스이다. 이 클래스는 MotorControl 클래스에서 로봇을 제어하기 위하여 사용하는 클래스이며, 실제로 로봇을 제어하기 위한 프로그램을 작성하는 동안에는 이 클래스의 내용을 수정할 일이 없으므로 이 클래스에 대해서 크게 신경 쓰지 않아도 된다.

② MotorControl class

로봇의 움직임을 제어하는 클래스이다. 기본적인 로봇 동작에 대한 함수들이 정의되어 있으며, D2RobotDlg 클래스에서 이 함수들을 호출함으로써 로봇을 제어하게 된다.

③ D2RobotDlg class

유저 인터페이스를 담당하는 클래스이다. 유저 인터페이스의 버튼 등을 다루는 클래스로써, 실제로 로봇에 추가 구현하고 싶은 동작이 있는 경우에는 이 클래스에서 기능을 추가하게 된다.

4.3.3 클래스 및 함수

(1) CComm Class

로봇의 움직임을 제어하기 위해서는 PC에서 로봇의 모터제어보드와의 통신을 필요로 한다. D2Robot은 시리얼 통신을 통해 PC에서 모터로 명령을 내리도록 하고 있으며, PC의 시리얼 통신을 위해 사용하는 것이 CComm 클래스이다. CComm 클래스는 수정할 일이 없으므로 구현된 클래스를 그대로 사용하면 된다.

```
public BOOL InitSerial(int port, DWORD baud)
```

input : port - 시리얼 통신을 위한 포트 넘버
        baud - 시리얼 통신의 통신 속도
return value : 초기화의 성공 여부.
설명 : 시리얼 통신을 사용할 수 있도록 초기화하는 함수이다. port에 해당하는 포트를 baud에 해당하는 속도로 통신을 초기화 하고, 초기화에 성공하면 TRUE값을, 실패하면 FALSE값을 리턴한다.

```
public void CloseSerial()
```

input : 없음.
return value : 없음
설명 : 더 이상 시리얼 통신을 사용하지 않고자 하는 경우에 시리얼 통신을 닫는 일을 하는 함수이다.

```
public void SetHWND(HWND hwnd)
```

input : hwnd - 시리얼 통신 설정을 위한 윈도우 핸들
return value : 없음.
설명 : 시리얼 통신을 사용하기 위해서 윈도우 핸들을 설정한다.

```
public void SetReadBuffer(LPSTR, int)
```

input : readBuf- 버퍼로 사용할 배열 변수
        size- 버퍼의 크기
return value : 초기화의 성공 여부.
설명 : 통신을 주고받기 위해 필요한 버퍼를 설정한다. readBuf는 설정한 버퍼 배열의 변수 이름이며, size는 그 배열의 크기를 의미한다.

(2) MotorControl Class

MotorControl 클래스는 주로 모터의 값을 입력받아서 실제로 모터가 그 값으로 움직일 수 있도록 하는 함수들을 모아놓은 클래스이다. 로봇은 다음과 같은 함수들을 사용하여 동작한다.

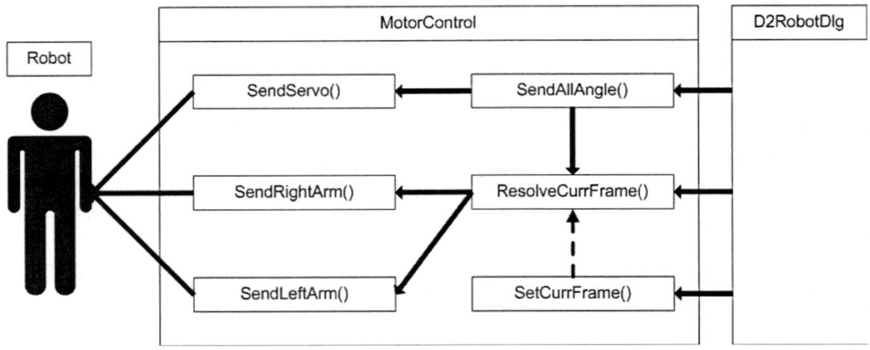

[그림 4.53] 모터제어부 함수구조도

기본적으로 로봇에 동작을 주기 위해서는 SetCurrFrame() 함수를 사용해서 로봇의 자세를 설정해 준 뒤, SendAllAngle() 함수를 호출하면 ResolveCurrFrame() 함수와 SendServo() 함수를 통해서 로봇에 동작 명령을 주게 된다.

① 멤버 변수

```
CComm m_comm1; // 왼팔 제어를 위한 시리얼 통신
CComm m_comm2; // 오른팔 제어를 위한 시리얼 통신
CComm m_comm3; // 허리와 바퀴 제어를 위한 시리얼 통신

FILE *fp;        // 서보 모터의 초기값을 파일에서 읽고 쓰기 위한 변수
FrameStruct m_currFrame;          // 현재 로봇의 동작을 표현
int m_frameIndex;                 // 미사용
int m_wheelSpeed;                 // 바퀴의 속도를 결정하는 변수

char m_abIn[MAX_BUFFER+1];        // 시리얼 통신을 위해 사용되는 변수
char m_abIn2[MAX_BUFFER+1];       // 시리얼 통신을 위해 사용되는 변수
char m_abIn3[MAX_BUFFER+1];       // 시리얼 통신을 위해 사용되는 변수
char m_abIn4[MAX_BUFFER+1];       // 시리얼 통신을 위해 사용되는 변수
BYTE m_command[MAX_COMMAND+1]; // 시리얼 통신을 위해 사용되는 변수
BYTE tempBuffer[MAX_BUFFER];      // 시리얼 통신에서 사용되는 버퍼
```

```
int m_ultra[6];                   // 초음파 센서값을 위한 변수

int m_KP[4];              // 모터의 P-gain을 저장하는 변수
int m_KD[4];              // 모터의 D-gain을 저장하는 변수

CComm *m_pComm;           // 각 부위에 맞는 시리얼 통신을 사용하기 위한 포인터

int m_totalFrame;         // 현재 움직임을 표현하는 전체 프레임 수
BOOL m_playMotion;        // 현재 로봇이 동작중인지를 표현하는 변수

LONG Head[6];             // 로봇에 명령을 주기 위해 모터의 값을 저장하는 변수
LONG RightArm[6];         // 로봇에 명령을 주기 위해 모터의 값을 저장하는 변수
LONG LeftArm[6];          // 로봇에 명령을 주기 위해 모터의 값을 저장하는 변수
LONG ChestMobile[6];      // 로봇에 명령을 주기 위해 모터의 값을 저장하는 변수

LONG R_Head[6];           // 머리의 현재 모터값을 저장할 변수
LONG R_RightArm[6];       // 오른팔의 현재 모터값을 저장할 변수
LONG R_LeftArm[6];        // 왼팔의 현재 모터값을 저장할 변수
LONG R_ChestMobile[6]; // 허리와 바퀴의 현재 모터값을 저장할 변수
LONG ServoOffset[6];      // 서모 모터의 초기화를 위한 보정값

DWORD temp;               // 시리얼 통신을 위해 사용되는 임시 변수
```

② 멤버 함수

- 생성자 & 소멸자

```
public MotorControl()
```

설명 : MotorControl class에 포함된 각 멤버 변수들을 초기화한다.

```
public ~MotorControl()
```

설명 : MotorControl class에 포함된 멤버 변수 중 메모리 영역을 해제해줘야 할 필요가 있는 변수들을 delete한다.

- 초기화관련 함수

```
public BOOL Initialize(HWND m_hwnd)
```

input : m_hwnd - 시리얼 통신을 위한 윈도우 핸들

return value : 초기화의 성공 여부

설명 : 각종 변수들의 값과 시리얼 통신을 초기화 하고, 서보 모터의 속도를 설정 한 후에 초기화 성공하면 TRUE, 실패하면 FALSE 값을 리턴한다.

```
public void MotorInit()
```

input : 없음

return value : 없음

설명 : 현재 로봇의 모터 값을 0(초기자세)으로 인식하도록 설정한다. 로봇을 처음 동작하고자 할 때, 로봇을 차려 자세로 맞춰놓고 이 함수를 수행하면 로봇의 초기 자세를 설정할 수 있다.

- 모터의 동작 환경을 다루는 함수

```
public void MotorEnable(char ID,char enable)
```

input : ID - Enable하고자 하는 모터의 ID

enable - 1이면 모터를 동작시키고, 0이면 모터에 명령을 무시하도록 함

return value : 없음

설명 : ID에 해당하는 모터의 동작 여부를 설정한다. enable 값이 1이면 모터를 동작하도록, 0이면 모터를 동작하지 않도록 한다. 모터가 동작하고 있는 동안에는 모터를 손으로 무리하게 움직이면 모터에 손상을 줄 수 있으므로 주의한다. 모터가 동작하지 않는 경우에는 관절을 마음대로 움직여서 로봇의 자세를 잡을 수 있으며, 특히 로봇의 초기 자세를 설정하고자 할 때 모터를 동작하지 않도록 할 수 있다.

```
public void SetGain(char ID)
```

input : ID - 게인을 설정하고자 하는 모터의 ID

return value : 없음

설명 : ID에 해당하는 모터의 p-gain을 m_KP 변수에 저장된 값으로, d-gain을 m_KD변수에 있는 값으로 설정한다. 각 모터의 ID는 다

음과 같다.

unique board ID = [A,B]

A = Right Arm(R1~R4), Waist Motor(W1)

B = Left Arm(L1~L4), Mobile Wheel Motors(WH1~WH2)

- 로봇의 동작을 다루는 함수

```
public void InitCurrFrame()
```

input : 없음

return value : 없음

설명 : 로봇의 자세가 초기 자세를 취할 수 있도록 모터를 움직인다. 로봇의 초기 자세는 MotorInit() 함수가 호출되었을 때의 로봇의 자세를 의미한다.

```
public void SetCurrFrame(FrameStruct *input)
```

input : input - 로봇의 자세를 나타내는 모터값을 저장한 변수

return value : 없음

설명 : 로봇의 자세를 input에 해당하는 자세로 바꿀 수 있도록 m_currFrame의 값을 input에 저장된 값으로 설정한다. 이 함수를 호출한 후에 SendAllAngle() 함수를 호출하여 로봇을 동작하게 할 수 있다.

```
public void ResolveCurrFrame()
```

input : 없음

return value : 없음

설명 : SendLeftArm(), SendRightArm() 함수를 호출하여 LeftArm, RightArm, 변수에 설정된 자세로 로봇이 움직이게 한다.

```
public void SendAllAngle()
```

input : 없음

return value : 없음

설명 : 각도 값으로 저장되어 있는 m_currFrame값을 각 모터에 해당하는 Pulse값으로 변환한 다음 ResolveCurrFrame() 함수를 호출하여 로봇의 팔 동작을 수행하고, SendServo() 함수를 호출하여 로봇의 머리와 손목 동작을 행하도록 한다.

- Send 함수

```
public void SendRightArm()
```

input : 없음

return value : 없음

설명 : RightArm 변수와 ChestMobile 변수에 저장된 값으로 로봇의 오른팔을 구성하는 모터들을 움직여 로봇의 오른팔과 로봇의 허리를 움직이도록 한다. RightArm[0]~RightArm[3]은 로봇의 오른팔의 움직임을 담당하는 모터의 값이고, ChestMobile[0]은 로봇의 허리를 움직이게 하는 모터의 값이다.

```
public void SendLeftArm()
```

input : 없음

return value : 없음

설명 : LeftArm 변수와 ChestMobile 변수에 저장된 값으로 로봇의 왼팔을 구성하는 모터와 로봇의 바퀴를 움직이는 모터들을 움직여 로봇을 동작시킨다. LeftArm[0]~LeftArm[3]은 로봇의 왼팔의 움직임을 담당하는 모터의 값이고, ChestMobile[1], ChestMobile[2]는 로봇의 바퀴를 움직이게 하는 모터의 값이다.

```
public void SendServo()
```

input : 없음

return value : 없음

설명 : 로봇에 사용된 서보 보터들을 움직이게 하는 함수이다. 서보모터는 머리와 양 손목에 사용되었으며, 이 함수의 호출을 통해 머리와 손목이 움직이도록 한다. 서보모터를 사용하는 변수는 Head[0], Head[1],

RightArm[4], RightArm[5], LeftArm[4], LeftArm[5] 의 6 개의 변수이다.

- Read 함수

```
public BOOL ReadRightArm()
```

input : 없음

return value : 없음

설명 : 현재 오른 팔의 모터값을 읽어서 R_RightArm 변수에 저장한다. 이 함수를 통해 로봇 오른팔의 현재 모터값을 알 수 있으며, 나중에 새로운 동작을 만들고자 할 때 쉽게 로봇 왼팔의 자세를 알아낼 수 있다.

```
public BOOL ReadLeftArm()
```

input : 없음

return value : 없음

설명 : 현재 왼 팔의 모터값을 읽어서 R_LeftArm 변수에 저장한다. 이 함수를 통해 로봇 왼의 현재 모터값을 알 수 있으며, 나중에 새로운 동작을 만들고자 할 때 쉽게 로봇 왼팔의 자세를 알아낼 수 있다.

- 기타 함수

```
public LONG AngleToPulse(double angle, int motorType)
```

input : double angle, int motorType

return value : motorType에 해당하는 angle의 pulse값

설명 : angle 값을 motorType의 모터에 맞는 펄스값으로 변환해 주는 함수이다. motorType의 값은 MotorControl.h에 정의되어있으며, 그 값은 다음과 같다.

```
#define    MOTOR_HEAD         0
#define    MOTOR_ARM_0        1
#define    MOTOR_ARM_1        2
#define    MOTOR_ARM_2        3
```

```
#define    MOTOR_ARM_3         4
#define    MOTOR_ARM_4         5
#define    MOTOR_ARM_5         6
#define    MOTOR_CHEST         7
#define    MOTOR_WHEEL         8
```

(3) CD2RobotDlg class

이 클래스는 사용자와 로봇의 인터페이스 역할을 하는 클래스이다. 윈도우 창의 각 버튼과 스크롤바, 텍스트 창에 대한 내용을 이 클래스에서 다루며, 그러한 윈도 구성요소들을 통해서 로봇을 조작할 수 있도록 하는 내용이 이 클래스에서 구현된다.

로봇의 동작을 만들기 위해서는 동작의 주요 특징점인 keyframe을 생성하고, 현재 로봇의 자세에서 그 keyframe까지의 로봇 동작이 부드럽게 연결되도록 동작을 만들어줘야 한다. 이를 위해 두 값을 인터폴레이션 하는 함수를 사용하며, 일정 시간간격으로 인터폴레이션 한 값을 로봇에 적용할 수 있도록 타이머를 사용하여 로봇에 명령을 준다.

① 멤버 변수

```
public CDib *m_pDib;
public MotorControl *m_ptrMC;   // 모터를 움직일 클래스에 대한 포인터

public int m_interpolationType;// 인터폴레이션 종류를 결정하는 변수
public bool m_bOnInterpolation;// 인터폴레이션의 On/Off를 결정하는 변수
public int m_frameIndex;          // 인터폴레이션에서 프레임의 위치를 나타냄
public int m_frameMax;            // 인터폴레이션할 간격 설정

public FrameStruct m_preFrame;  // source frame
public FrameStruct m_currFrame;// 현재 동작할 frame
public FrameStruct m_targFrame;// target frame

public double m_wheelSpeed;       // 바퀴의 속도를 저장하는 변수
public int m_axis;                // 개별적으로 움직일 모터를 설정하는 변수
public int m_motionCount;         // 여러 자세로 이루어진 동작을 다루는 변수

public bool m_bReadyVoice;        // 음성명령이 있는지를 확인하는 변수
```

② 멤버 함수

- 초기화

```
public CD2RobotDlg(CWnd* pParent)
```

input : pParent - 부모 윈도우의 포인터

return value : 없음

설명 : 멤버 변수들을 초기화 한다.

```
public BOOL OnInitDialog()
```

input : 없음

return value : 없음

설명 : 로봇의 동작을 위하여 모터의 값을 초기화 시키고, 기본적인 로봇의 동작을 위해 타이머를 호출한다.

```
public bool LoadInit()
```

input : 없음

return value : 없음

설명 : init.dat 파일에서 서보 모터의 초기 자세 보정을 위한 보정값을 불러온다. 파일에 저장된 보정값을 불러옴으로써 쉽게 이전에 저장했던 설정을 적용시킬 수 있다.

```
public void SaveInit()
```

input : 없음

return value : 없음

설명 : init.dat 파일에 프로그램의 슬라이더로 조절해 놓은 서보 모터의 초기 자세 보정을 위한 보정값을 저장한다. 보정값을 파일에 저장함으로써 매번 서보 모터의 초기값을 보정해야 하는 번거로움을 덜 수 있다.

```
public void InitFrame(FrameStruct *input)
```

input : FrameStruct *input

return value : 없음

설명 : input 변수에 저장된 각 모터의 값을 모두 0으로 초기화 해주는 함수이다. 이 함수를 통해 쉽게 로봇 자세를 제어하는 모든 변수들을 초기화 할 수 있다.

```
public void InitCurrFrame()
```

input : 없음

return value : 없음

설명 : 현재 로봇이 취해야 할 자세를 모두 0으로 초기화해주는 함수이다. 이렇게 초기화된 자세를 기준으로 로봇이 동작을 취할 수 있다.

```
public void OnInitPos()
```

input : 없음

return value : 없음

설명 : 로봇의 모든 동작을 멈추고 초기자세를 취하게 하는 함수이다. 로봇의 초기자세란 로봇이 처음 켜졌을 때 취하고 있던 자세를 의미한다. 일반적으로 로봇에 전원을 넣기 전에 차려 자세를 만들어놓고 로봇에 전원을 넣도록 한다.

- 스크롤바 관련 함수

```
public void LoadScrollValue()
```

input : 없음

return value : 없음

설명 : 각 스크롤바의 값을 설정하는 함수이다. 사용자가 이동한 값으로 스크롤바의 위치를 옮겨주는 역할을 수행한다.

```
public void InitializeScrollBar()
```

input : 없음

return value : 없음

설명 : 각 스크롤바의 특성을 정의해주는 함수, 최대값, 최소값 등을 설정하고, 스크롤바의 위치를 초기위치로 이동시킨다.

```
public void OnHScroll(UINT nSBCode, UINT nPos, CScrollBar* pScrollBar)
```

input : UINT nSBCode, UINT nPos, CScrollBar* pScrollBar

return value : 없음

설명 : 각 스크롤바에 액션이 발생했을 경우 - 스크롤바를 움직인다던지 스크롤바의 화살표를 클릭한 경우에 처리해야 할 작업들을 정의한다.

- 로봇 전체에 명령을 주는 함수

```
public LRESULT WindowProc(UINT message, WPARAM wParam, LPARAM lParam)
```

input : message - 입력받은 메시지의 종류
　　　　wParam - 메시지의 내용
　　　　lParam - 메시지의 내용

return value :

설명 : 프로그램에서 발생하는 메시지를 받아 처리하는 부분이다. 입력받은 message의 값이 MsgVoiceResult인 경우, 이곳에서 로봇에 음성으로 명령을 처리한다. 각 인식된 음성 명령에 대해 수행해야 할 작업들을 이곳에 정의한다.

```
public void OnTimer(UINT nIDEvent)
```

input : nIDEvent - timer의 id

return value : 없음

설명 : SetTimer 함수로 설정된 타이머의 nIDEvent에 따른 작업을 정의해주는 함수이다. 이곳에서 정의된 작업이 SetTimer 함수에 의해 설정된 시간 간격으로 반복된다. 실제 로봇의 동작에 관한 부분을 이곳

에서 추가하여 로봇의 동작을 만들어 낼 수 있다.

- 모터 움직임

```
public void OnMotUp()
```

input : 없음
return value : 없음
설명 : 선택된 모터의 값을 일정각도만큼 올리는 역할을 한다.

```
public void OnMotDown()
```

input : 없음
return value : 없음
설명 : 선택된 모터의 값을 일정각도만큼 내리는 역할을 한다.

```
public void OnButtonInitpos()
```

input : 없음
return value : 없음
설명 : 현재 로봇의 자세를 초기 자세로 설정한다. MotorControl 클래스의 MotorInit() 함수를 호출하여 로봇의 초기 자세를 설정한다.

```
public void UpdateServoOffset()
```

input : 없음
return value : 없음
설명 : 서보 모터를 초기화하기 위해 쓰는 offset값을 바꾸는 역할을 한다. 이 offset은 프로그램 실행화면의 슬라이더 바를 이용하여 바꿀 수 있고, 저장되어있는 파일에서 불러와서 사용할 수도 있다.

```
public void OnMotEn()
```

input : 없음

return value : 없음

설명 : 로봇의 모터를 사용하도록 하는 함수이다. MotorControl 클래스의 MotorEnable 함수를 사용하여 모든 모터에 명령이 들어갈 수 있도록 설정한다. 이때 로봇의 관절을 손으로 움직이면 모터가 손상될 수 있으므로 주의한다.

```
public void OnMotDis()
```

input : 없음

return value : 없음

설명 : 로봇의 모터를 사용하지 않도록 하는 함수이다. MotorControl 클래스의 MotorEnable 함수를 사용하여 모든 모터의 명령이 무시되도록 설정한다. 이 상태에서는 사용자가 마음대로 로봇의 관절을 움직일 수 있다.

- 바퀴

```
public void OnWheelFoward()
```

```
public void OnWheelBackward()
```

```
public void OnWheelLeft()
```

```
public void OnWheelRight()
```

```
public void OnWheelStop()
```

설명 : 각각 로봇을 앞으로, 뒤로, 왼쪽, 오른쪽, 정지를 하도록 하는 함수이며, 로봇의 하체에 달려있는 두 개의 바퀴의 속도를 조절함으로써 로봇을 움직이도록 한다. m_wheelSpeed 값에 저장된 속도로 로봇을 움직인다.

- 모터 선택

```
public void OnRadio1x()
```

```
public void OnRadio2x()
```

```
public void OnRadio3x()
```

```
public void OnRadio4x()
```

```
public void OnRadio5x()
```

```
public void OnRadio6x()
```

```
public void OnRadio7x()
```

설명 : 모터를 하나씩 움직여보기 위해 움직일 모터를 선택하는 함수들이다. 1장의 프로그램 설명의 그림에서 16번 부분의 동작을 제어한다. 1~6은 각각 로봇 팔 관절의 모터들이고, 7번은 허리 모터를 의미한다.

- 인터폴레이션 함수

```
public double LinearInterpolation(double src, double target, double
interval)
```

input : double src, double target, double interval

return value : src와 target 사이의 interval 의 위치에 해당하는 값

설명 : src와 target 두 점을 부드럽게 연결하는 사이의 점을 직선함수를 사용하여 생성해낸다. interval의 값은 0~1 사이의 실수값을 가진다. interval이 0이면 src, 1이면 target의 값과 같다. 다음 그림과 같은 모양의 데이터가 생성된다.

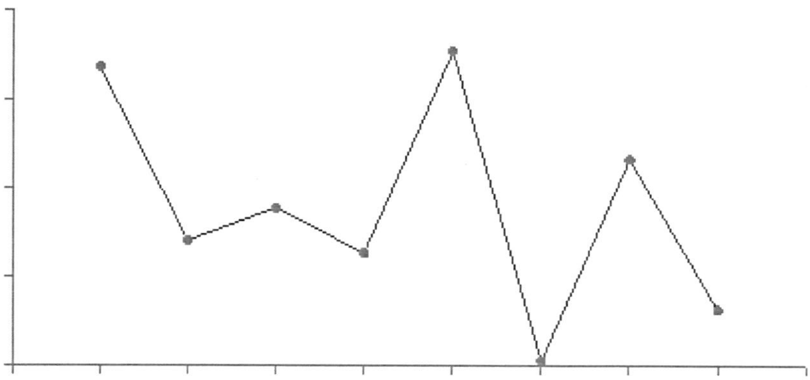

```
public double CosInterpolation(double src, double target, double
interval)
```

input : double src, double target, double interval

return value : src와 target 사이의 interval 의 위치에 해당하는 값

설명 : src와 target 두 점을 부드럽게 연결하는 사이의 점을 cos 함수를 사용하여 생성해낸다. interval의 값은 0~1 사이의 실수값을 가진다. interval이 0이면 src, 1이면 target의 값과 같다. 다음 그림과 같은 모양의 데이터가 생성된다.

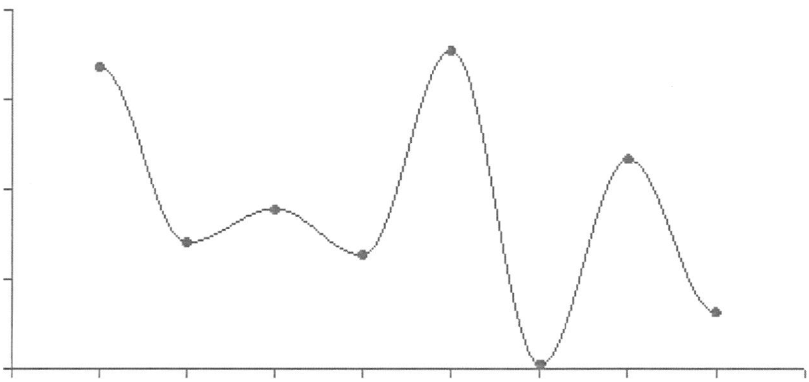

```
public void InitInterpolation()
```

input : 없음

return value : 없음

설명 : 인터폴레이션과 관련된 변수들을 초기화한다. 로봇의 자세를 다루는 변수들을 모두 초기화하고, 인터폴레이션에 사용되는 m_frameIndex와 m_frameMax 변수를 0으로 초기화한다.

```
public void StartInterpolation(int frameMax)
```

input : 없음

return value : 없음

설명 : 설정된 srcFrame과 targetFrame을 frameMax수만큼 인터폴레이션하도록 하는 함수이다. m_bOnInterpolation 값을 true로 바꿔서 타이머를 통해 일정한 시간 간격으로 수행중인 ProcessInterpolation 함수에서 인터폴레이션을 시작하도록 한다.

```
public void StopInterpolation()
```

input : 없음

return value : 없음

설명 : m_bOnInterpolation 값을 false로 바꿔서 동작중인 인터폴레이션을 멈추도록 하는 함수이다. ProcessInterpolation 함수 안에서 로봇의 동작이 끝났을 경우에 이 함수를 호출하여 인터폴레이션을 중지하고 이전 자세를 계속 유지하도록 하는 역할을 한다.

```
public void ProcessInterpolation(int interpolationType)
```

input : int interpolationType

return value : 없음

설명 : 타이머에 의해서 일정한 간격으로 항상 수행되며, m_bOnInterpolation 변수의 값을 참고하여 값이 false면 이전 자세를 계속 유지하고, true면 인터폴레이션을 수행하도록 하는 함수이다. interpolationType의 값이 LINEAR (=0) 이면 LinearInterpolation 함수를, COSIN (=1)

이면 CosInterpolation함수를 이용하여 src 프레임과 target 프레임 사이를 인터폴레이션한 값을 현재 프레임에 설정하는 함수이다. 로봇에 동작 명령이 있을 경우에 로봇의 현재 자세와 움직이고자 하는 자세 사이의 움직임을 보정하는 역할을 한다.

- 테스트 동작

```
public void OnTest()
```

설명 : 지정된 동작을 시험하기 위해서 만들어진 함수이다. m_targFrame 변수에 원하는 자세를 설정해 놓고 StartInterpolation 함수를 호출하여 로봇을 동작시킬 수 있다. OnTest() 함수의 내용을 바꿔서 로봇의 새로운 동작을 만들어 볼 수 있다.

```
public void OnGreeting()
```

설명 : 로봇이 인사하는 동작을 하도록 하는 함수이다. 인사 동작과 함께 간단한 인사말을 음성으로 출력하도록 한다.

```
public void OnMotion1()
```

```
public void OnMotion2()
```

```
public void OnMotion3()
```

설명 : 위 함수들은 로봇의 기본 동작을 선언해 놓은 함수이다. m_targFrame 변수에 원하는 자세를 설정해 놓고 StartInterpolation 함수를 호출하여 로봇을 동작시킨다. OnMotion4()와 같이 함수를 추가해서 로봇에 새로운 동작들을 만들 수 있다.

- 초음파 센서

```
public void DrawUltra()
```

설명 : 로봇에 부착된 초음파 센서의 값을 읽어서 화면에 출력해 주는 역할을

하는 함수이다. 1장에서 설명된 프로그램에서 2번의 위치에 초음파 센서의 값을 출력해준다. 초음파 센서의 값은 로봇이 장애물을 탐지하여 피해갈 수 있도록 하는데 사용된다.

③ 인터폴레이션

로봇의 동작은 로봇의 정지 자세들을 연결하여 만들 수 있다. 그러나 로봇의 한 동작에서 다음 동작으로 명령을 바로 주게 되면, 관절이 움직이는 이동 속도가 너무 빠를 뿐만 아니라, 이러한 명령은 모터에 무리를 주게 되어 고장의 원인이 된다. 로봇의 동작을 만들기 위해서는 각 정지 자세 사이의 값을 부드럽게 보완해 주는 보정 방법이 필요하다. 이러한 작업을 인터폴레이션(interpolation)이라고 한다.

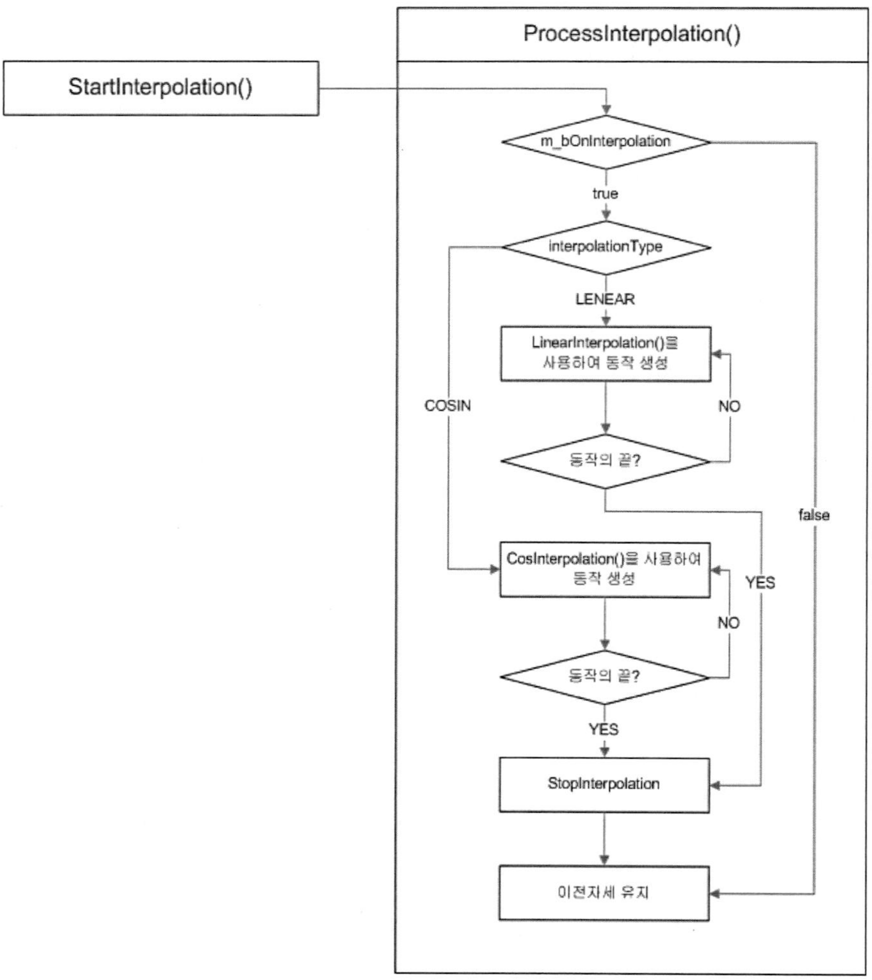

본 프로그램에서는 interpolation을 수행하기 위해서 타이머와 3개의 함수, ProcessInterpolation(), StartInterpolation(), StopInterpolation()를 사용한다.

프로그램이 처음 시작될 때, Timer를 사용하여 일정 시간 간격(0.5초)으로 ProcessInterpolation() 함수를 호출하도록 설정한다. ProcessInterpolation() 함수는 m_bOnInterpolation 변수의 내용을 보고 false면 인터폴레이션을 수행하지 않고 이전 자세를 그대로 유지하도록 한다. m_bOnInterpolation값이 true이면 인터폴레이션을 수행한다. 본 프로그램에서 제공하는 Interpolation 방법은 2가지로 Linear Interpolation과 Cosine Interpolation이다. 각 인터폴레이션 방법에 대한 설명은 위 함수 설명 중 CosInterpolation() 함수와 LinearInterpolation() 함수를 참고하기 바란다.

동작이 끝났는지의 여부를 확인하기 위해서 StartInterpolation() 함수의 인자로 받는 frameMax값을 m_frameMax값에 설정해 두고, 인터폴레이션이 한 번 일어날 때마다 m_frameIndex를 하나씩 증가시켜서 이 m_frameIndex와 m_frameMax의 값을 비교하여 두 값이 동일하면 동작이 끝난 것으로 생각한다.

다음은 인사 동작을 수행하는 예이다. 아래와 같이 m_targFrame의 값을 원하는 자세로 설정하고 StrartInterpolation 함수를 호출하면 로봇의 부드러운 동작을 수행할 수 있다.

```
// 머리와 손목 자세는 그대로
m_targFrame = m_currFrame;

// 오른팔 자세 설정
m_targFrame.rightArm[0] = 30;
m_targFrame.rightArm[1] = 20;
m_targFrame.rightArm[2] = 20;
m_targFrame.rightArm[3] = 45;
m_targFrame.rightArm[4] = 10;
m_targFrame.rightArm[5] = -30;

// 왼팔 자세 설정
m_targFrame.leftArm[0] = 0;
m_targFrame.leftArm[1] = 0;
```

```
m_targFrame.leftArm[2] = 0;
m_targFrame.leftArm[3] = -20;
m_targFrame.leftArm[4] = 40;
m_targFrame.leftArm[5] = -30;

// 인터폴레이션 시작
StartInterpolation(20);
```

다음은 총 16개의 센서신호를 받아들여 시리얼통신으로 출력하는 프로그램이다.

ADC 변환과 통신에 효율적인 mega8535를 사용하였다.

```
#include <mega8535.h>
#include <stdio.h>

#define F_CPU 8000000  // 클럭 속도
#define BAUD 38400      //  보율(통신속도)
#define MYUBRR F_CPU/16/BAUD-1  //보율계산 수식

void uart_init( unsigned int ubrr)
{
   UBRRH = (unsigned char)(ubrr>>8); // 보율(통신속도) 설정
   UBRRL = (unsigned char)ubrr;
   UCSRB = 0x18; // 수신기(RXEN), 송신기(TXEN) 허용
   UCSRC = 0x86; // 프레임 형식 설정: Async, 8bit 데이터, 1 스탑 비트
}

unsigned char uart_getc( void )
{
   while (!(UCSRA & (1<<7)));    // 데이터 수신을 기다린다
   return UDR;             // 버퍼로부터 데이터를 받아서 반환
}

void uart_putc( unsigned char data )
{
   while(!(UCSRA & (1<<5)));    // 송신 버퍼가 비기를 기다린다
   UDR = data;                              // 데이터를 버퍼에 넣고, 데이터를
보낸다.
}
```

```
void main(void)
{
   unsigned char str[20];
   unsigned char ch;

   uart_init( MYUBRR );

   while (1)
   {
      uart_putc('a');
      uart_putc('b');
      uart_putc('c');

      //ch=uart_getc();
      //uart_putc(ch);

      //printf("serial test %d\r\n",123);

      //scanf("%s",str);
      //printf("%s\r\n",str);
   };
}
```

Chapter

5

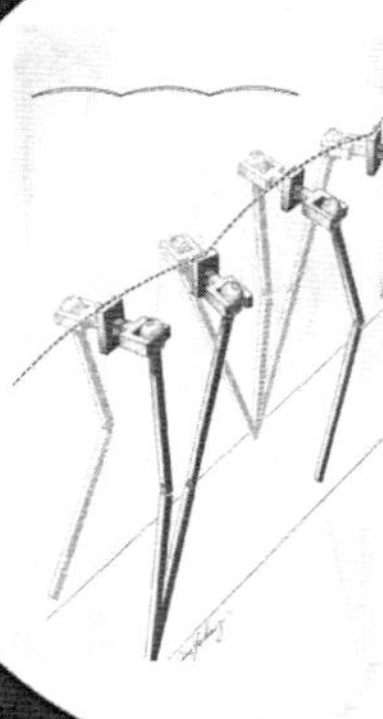

휴머노이드 로봇의 인공지능

5.1 휴머노이드로봇과 인공지능

인간의 지능은 시각적 장면을 인식하고 분석하는 능력, 언어를 이해하고 생성하는 능력 등을 포함하여 많은 능력을 포괄하며, 이러한 주제는 많은 주목을 받아왔다. Roberts는 초기 화면 분석 프로그램 중 하나를 개발하였다. 이것은 동물의 시지각에 대한 과학적 연구로부터 많은 영향을 받았다. 자연언어를 이해하는 초기의 시스템으로는 Winograd가 개발한 것이 있다. 1970년대에 수행된 한 프로젝트에서는 프로토타입에 기반한 연속 음성인식 시스템이 개발되었고 Woods에 의해 개발된 LUNAR 시스템은 미항공우주국이 달에서 가져온 암석 표본에 관한 영어 질문에 대답할 수 있었다. 오늘날에도 몇몇 자연언어 음성인식 시스템이 존재하고 있지만 이들의 경쟁력은 특화된 문제 영역이나 어휘에 제한되고 있다. 보다 넓은 범위를 처리하게 되기까지는 다량의 일반 상식을 표현하는 방법에 있어 많은 진보가 있어야 할 것이다. CYC 프로젝트에서는 이와 같은 지식의 수집, 표현을 과제 수행 목적 중 하나로 설정하고 있다.

1950년대 말 Rosenblatt 의 선진적 연구 이후 신경망에 대한 관심이 잠시 가라앉기는 했지만 1980년대 들어서면서 이에 관련된 연구가 다시 활발하게 진행되었다. 연결 강도를 조절할 수 있는 비선형 구성요소로 이루어진 네트워크는 오늘날 비선형 모델링 툴의 분야에서 중요한 요소로 여겨지고 있다. 현재 신경망은 여러 중요한 응용 프로그램에 활용되고 있다. 인공지능 연구는 신경망과 함께 생명화 접근법을 통하여 기호처리 과정을 물리적 환경 속에 있는 로봇의 센서와 작동기(effector)에 연결시키는 문제에 촛점을 맞추게 되었다.

현 추세로부터 앞으로의 경향을 예측해 볼 때 통합적 자율 시스템, 즉 로봇(robot)과 소프트봇(softbot)이 새로이 강조될 것이라고 생각된다. 소프트봇 [Etzioni & Weld 1994]은 사용자들에게 흥미로울 것이라고 생각하는 정보를 찾아 인터넷을 돌아다니는 소프트웨어 로봇이다. 로봇과 소프트봇의 성능을 개선하려는 시도는 미래의 인공지능 연구에 활력을 불어넣는 주도적 연구 방향으로 자리잡게 될 것이다.

인공지능 연구자들은 기계가 지능을 갖도록 하기 위해 많은 아이디어와 기술을 개발해 왔다. 이 책에서는 이러한 다양한 시도들을 보다 유능하고 복잡한 로봇라는 주제로 서술하고자 한다. 다양한 종류의 로봇과 환경을 생각해 볼 수 있다. 예를 들어, 우주공간의 무중력 상태, 바다 밑바닥의 캄캄한 물 속, 빌딩이나 공장, 또는 인터넷상의 상징적인 데이터 세계에서 작동하는 로봇을 상상해 볼 수 있다. 하지만 이러한 현실세계의 실제적인 로봇은 너무나 복잡해서 그것들에게 지능을 부여하는 인공지능의 개념을 명확하게 설명할 수 없는 경우가 많다. 따라서 이 책에서는 격자공간의 세계(grid-space world)라고 불리는 가상적인 환경에 존재하는 일련의 장난감 수준의 로봇을 다룰 것이다. 이로써 기본적인 세계를 쉽게 기술할 수 있고, 그 세계에 존재하는 로봇들이 갖추어야만 하는 지능을 다양한 확장을 통해 충분히 복잡하게 만들 수 있다.

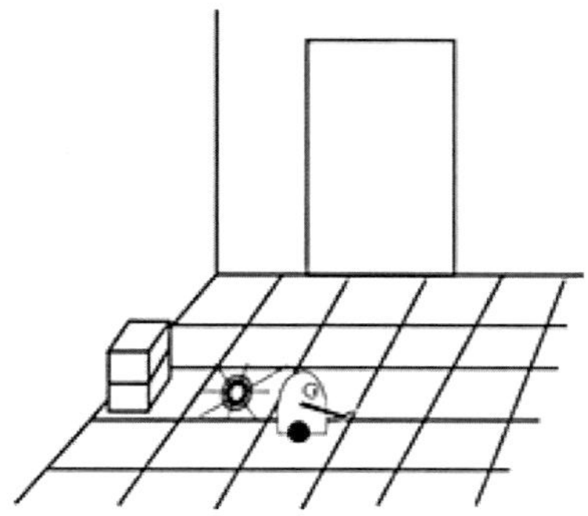

[그림 5.1] 2격자공간 세계

격자공간 세계는 "층"이라고 불리는 2차원 격자형의 셀(cell)들에 의해 구분되는 3차원 공간이다. 셀은 다양한 속성을 지니는 물체들을 포함할 수 있으며 셀 집단 사이에는 벽과 같은 경계가 존재할 수 있다. 로봇은 활동 범위가 해당 층으로 제한되며, 셀과 셀 사이를 왕래할 수 있다. 물체들은 층 위에 존재하거나, 층 위에 있는 다른 물체 위에 존재한다. 이 책에서는 때때로 하나의 층으로만 구성된 2차원 공간을 사용할 것이다. 그림 5.1은 전형적인 격자공간 세계를 보여주고 있는데, 여기에는 두 대의 로봇이 존재하고 있다. 2차원상의 기본적인 로봇은 이웃한 셀로 이동할 수 있는지의 여부를 감지하는 센서를 갖추고 있다. 보다 복잡한 로봇은 물체를 조작할 수 있는 팔을 갖고 있기도 하다.

인공지능에 관한 내용을 어느 정도 접해 본 독자들은 격자공간을 인공지능 연구에서 사용된 다른 많은 세계로 변환할 수 있다는 것을 알 수 있을 것이다. 이러한 세계에는 블록세계, 타일세계 [Pollack & Ringuette 1990], wumpus 세계 [Russell & Norvig 1995, pp.153ff], 개미세계 [Koza 1992, pp.54ff] 등이 있다. 위치, 로봇, 물체, 시점(time point)을 셀 수 있다는 점에서 이러한 세계는 이산적이라 부를 수 있다. 이 책에서 기술될 인공지능 기법 중 대부분은 이산적인 세계에 적용되며, 이를 연속적인 세계에 접목하기 위해서는 비기호적(subsymbolic) 처리들이 필요하다.

이 장에서는 먼저 자신이 속한 세계를 여러 가지 방법으로 감지하고 그 속에서 행동하는 반응형 로봇을 설명한다. 보다 복잡한 로봇은 속성들을 기억하고 자신이 속한 세계의 내부 모델을 저장하는 기능을 가지고 있다. 어떤 경우든지 반응형 로봇이 취하는 동작은 그것이 감지하고 기억한 세계의 현재와 과거 상태의 함수로 정의된다. 반응형 로봇은 아주 복잡한 지각 및 운동처리 과정을 가질 수 있다. 시각에 대해 어느 정도는 자세히 다루고 있지만, 로봇 동작의 저수준제어에 관련된 주제는 지면 관계상 다루지 않기로 한다.

대부분의 인공지능 시스템은 그것이 속한 세계와 작업에 대한 특정 종류의 모델이나 표현 양식을 사용한다. 이 책에서는 모든 기호 구조와 그 구조에 관련된 계산 집합을 "모델"로 정의한다. 이러한 계산 과정은 로봇들에 유용한 정보를 제공해 주며 이 정보는 로봇의 현재 상태나 가능한 미래 상태에 관한 내용일 것이다. 이 책에서는 단순한 로봇부터 복잡한 로봇까지 설명해 가면서, 크게 두 가지 유형의 인공지능 시스템을 설명한다. 첫 번째 유형은 아이콘 모델(iconic model)을 사용한다. 이 모델은 자료 구조, 로봇이 속한 환경, 그 환경에서 로봇의 행동에 의한 효과를 시뮬레이션하는 계산 작업을 포함한다. 체스 말이 놓여진 8 × 8 크기의 셀 배열로 체스 게임의 상태를 표현하는 것이 아이콘 표현 방법의 한 예가 될 수 있다. 아이콘 표현 체스 모델은 모든 말의 위치에 관한 정보를 포함하고 있다는 점에서 완전하다.

두 번째 유형의 모델은 특징기반(feature based) 모델이라고 부른다. 이러한 종류의 모델은 환경에 대한 선언적 서술을 사용한다. 예를 들어, 체스에서 루크(rook)가 킹을 보호(castle)하고 있는지의 여부와 장군을 몇 번이나 불렀는지가 하나의 특징이 될 수 있다. 서술적인 특징 집합은 일반적으로 불완전하다. 이 점은 특징기반 표현의 한 가지 장점으로 생각할 수 있다. 왜냐하면 이러한 복잡한 세계에 대해 로봇이 갖고 있는 지식이 필연적으로 부족하다는 것을 인정하기 때문이다.

다음으로 설명할 로봇은 자신의 행동에 대한 효과를 예측하고 자신의 목적에 부합될 것으로 기대되는 행동을 취할 수 있는 능력을 지니고 있다. 이러한 로봇들은 계획을 수립한다고 말할 수 있다. 몇몇 연구자들은 이러한 능력이 지능의 척도라고 생각한다. 즉, 그들에게는 이 점이 인공지능이 시작되는 부분이다. 완벽한 감지와 모델링이 불가능한 세계에서 동작하는 로봇의 경우도 그것의 행동이 예측한 효과를 나타내는지를 잘 지켜볼 필요가 있다.

대부분의 격자공간 세계는 실제 세계와 유사한 제한 사항을 내포하고 있다. 예를 들어, 한 물체가 어느 지점에 있다면 이 물체가 동시에 다른 지점에도 존재하는 것은 불가능하다. 일반적으로 이러한 제약 사항을 고려할 수 있는 로봇들이 보다 더 효용성이 있다. 다음으로 설명할 로봇은 추론을 할 수 있다. 이 로봇들은 여러 제약 사항들에 내재되어 있는 그들이 속한 세계의 속성을 추론할 수 있다.

끝으로, 다른 로봇과 공생하는 로봇을 설명한다. 이 경우, 효과적인 성능을 얻기 위해서 다른 로봇들의 행동을 예측하고, 그 행동에 영향을 줄 필요가 있다. 이 경우, 로봇들간의 통신은 그 자체만으로도 중요한 행위가 된다.

좀 더 복잡한 로봇들에 대한 설명을 진행해 나가면서, 이 책에서는 또한 각 로봇들이 주변 환경에 대해 어떻게 학습해 나가는지를 설명할 것이다. 학습할 수 있는 능력은 계획할 수 있는 능력과 더불어 지능 시스템의 중요한 특징 중 하나이다.

학습은 자율성의 중요한 부분이다. 어떤 시스템의 자율성의 정도는 설계자가 아니라 현재 입력과 과거 경험에 기반하여 시스템의 행동이 결정되는 정도에 따라 알 수 있다. 로봇은 어떤 한 종류의 환경에 대해 설계되는데, 같은 부류에 속한 각각의 환경은 그 로봇들에 담겨질 실제 환경에 대해 설계자가 알고 있는 내용과 일치한다. 하지만 내재된 가정들에 기반하여 작동하는 시스템은 그러한 가정들이 성립되는 환경에서만 성공적으로 작동할 뿐이며, 따라서 융통성이 부족하다. 적응을 위한 시간이 충분히 주어질 때, 어떤 환경에서도 성공적으로 동작할 수 있어야만 진정한 자율 시스템이라고 할 수 있다. 원칙적으로 시스템의 내부 지식 구조는 외부 세계의 경험으로부터 구축 가능해야 한다. 자율 시스템을 백지상태(tabula rasa) 시스템과 혼동하지는 말아야 한다. 보다 합리적으로 중도적인 입장에서 생각해 볼 때, 적어도 초기 단계에서는 설계자의 지식에 의해 시스템의 대부분의 행동이 결정될지라도, 시스템 내부적으로 그러한 가정들이 명확하게 기술되어야 하고 로봇에 의해 쉽게 변경될 수 있어야 한다. 자율에 대한 이러한 개념은 지능에 관한 우리의 직관적인 생각과 대체로 일치한다.

5.2 휴머노이드로봇의 이동능력

보행을 유지하기 위해서는 주변 환경에 대한 지형 정보가 필요하다. 마치 인간이 눈을 가린 채 걸을 때 계속 걸어갈 수 없는 것처럼, 로봇도 보행 중에 계속 주변 환경 정보의 인지 작용과 함께 목적지와 경유지 등에 대한 지도 정보가 구축되어 나가야 한다. 주행 로봇에서 주로 사용되어 온 비접촉 거리센서들, 예를 들어 초음파 센서(Ultrasonic sensor), 적외선 센서(Infrared sensor), 레이저 검색 센서(Laser range finder) 등은 주로 2차원 평면상의 지형 정보를 제공하는 데에만 적합하다는 단점이 있다. 반면에 카메라를 이용한 인공 시각 시스템은 물체의 크기, 방향 및 거리와 심지어는 종류까지 연상시킬 수 있을 정도로 강점을 지니고 있다. 휴머노이드로봇의 운동 반경 및 작업 영역들이 인간 친화적인 환경에서 계단, 경사면, 문턱과 같은 장애물 지형물에 익숙해지고 물체 또는 사람 등을 인지하는 능력이 요구되면서, 감지 시스템은 점차적으로 입체 시각 시스템(Stereo vision system)에 집중되고 있다.

휴머노이드로봇의 보행 이동 지능을 위한 주요기술은 크게 지도형성, 자기위치인식, 장애물 감지 및 회피, 경로경유 및 복귀 등으로 나뉘며, 센서시스템에 의한 환경인식과 함께 향후 로봇의 임무 수행 기능 도약을 위하여 그 중요성이 크다고 할 수 있다. 이 중 센서시스템에 의해 환경정보를 받아들이고 이를 공간정보로 변환하여 인지하는 지도형성 과정과 형성된 지도정보를 바탕으로 현재의 자기 위치를 인지할 수 있는 자기위치 인식과정은 상호 연관되어 있는 문제로서 동시에 이를 추정하고 조정하는 과정을 통해 위치 정확성을 향상시키려는 연구분야를 동시적 자기위치인식 및 지도형성(SLAM; Simultaneous Localization And Map building)이라 한다.

SLAM 기술은 적외선 센서, 초음파 센서와 레이저 검색 센서에 이르기까지 주로 비접촉에 의한 인식 시스템을 이용하고, 지도형성 및 자기위치 인식의 기술로서는 주로 표식(Landmark)과 외부의 고정된 추가 시스템을 이용하였다. 로봇의 독립적 플랫폼 내에 지도형성 및 자기위치 인식 기술과 위치보정 기능을 갖고 있으며, 다른 비접촉 센서와는 달리 자기장이나 반향효과 등의 오차 요소가 없는 입체 시각 기술을 사용함으로써, 실제 환경에의 적응도가 높고, 로봇의 용도에 따른 적용의 확대가 가능하다. 또한, 이를 3차원 공간인식으로 그 범위와 성능을 확대하고 입체 정합과정과 능동적 영상정보취득 과정을 분리하여 공간지도형성이 기저 구조의 움직임이나 진동에도 영상정보의 처리 과정의 성능에 영향을 받지 않도록 한다. 초기에 일정 공간의 영역을 검색하여 지도를 형성한 후 경유점들과 목적 지점을 찾아 이동하는데 자동적으로 데이터 용량 및 이동지령 정보가 간단한 위상정보로 변환됨으로써 복잡한 환경이나 넓은 실내, 실외 구조에까지 추가적인 외부의 정보전달 시스템이나 표식이 없이 우월한 SLAM 성능을 유지할 수 있다.

SLAM 분야는 90년대 중반부터 주행로봇의 이동정확성 및 반복적인 서비스기능 수행 등을 위한 평면 지도 기억 기능을 갖춘 지능로봇 구현의 기반 연구로서 실내, 실외, 잠수 환경 등 다양한 환경에 적합성을 갖추게 되었다. 로봇이 외부의 고정된 위치인식 장비 없이 독립하여 이동하면서 정해진 목적을 수행하기 위해서는 목적지까지 장애물을 우회하면서 도달하고 이후에는 이동한 위치를 다시 지나갈 수 있는 지도상의 자기위치 및 이동의 정확성이 요구된다. 로봇의 자기위치인식은 기계적 오차와 노면의 평면성, 센서 정보의 정확성, 제어시스템의 불확실성 등의 요인에 의해 오류가 발생하게 되는데, 이를 효과적으로 극복하여 정확성을 높이고자 하는 것이 SLAM의 주요한 목적이다.

3차원 공간정보의 SLAM 기술은 비접촉 센서를 이용한 2차원 평면에서 또는 좁은 실내 공간기능을 수행할 수 있는 한계를 뛰어 넘어, 넓은 외부 환경 및 굴곡 있고 복잡한 3차원 공간지형을 인지할 수 있다. 입체 시각 시스템은 인간의 두 눈과 입체 감각 지능을 흉내 냄으로써, 주로 초음파 센서 등을 이용하는 방식으로 장님의 더듬거리며 진행하는 방식에서 능동적으로 주변 환경을 인지하고 이에 대처할 수 있는 인지 능력을 갖도록 하는 데 목적이 있다. 다만, 수백만 이상의 화소들로 구성되는 CCD(Charge Coupled Device) 카메라의 영상정보들을 실시간으로 처리하고 복잡한 알고리즘을 수행하기 위해서는 인지과정과 처리과정에서 데이터 처리양이 기하급수적으로 증가하고, 연산 수행동안의 시간지연 또한 커지기 때문에 정보량이 적고 명확한 공간정보를 보유할 수 있는 위상기하정보로의 변환 및 인식과정과 처리과정의 분리를 통한 병렬처리기법 등의 특수한 방법이 요구된다.

3차원 공간지도 SLAM 기술의 구현을 위해서 입체 시각 시스템의 능동화가 필수적으로 요구되며, 적합하고 효율적인 데이터베이스 구축에 맞춘 하드웨어 및 소프트웨어적으로 제어 가능한 시스템이 지능 입체 시각 시스템의 주요한 기술이 된다. 지능 입체 시각 시스템은 고정된 한 개의 CCD 카메라와 팬-틸트(Pan-tilt) 자유도를 갖고 제어 가능한 다른 한 개의 CCD 카메라를 통하여 영상정보를 개별적으로 취득하며, 이를 각 순간에서 취합, 정합 처리하는 과정을 통해 3차원 공간지도를 능동적으로 구성하는 역할을 한다. 이는 기반 구조의 움직임과 진동에도 강인하고, 주변 환경이 동적인 상황 또는 이동물체의 추적 상황에도 강인한 성능을 갖는다.

5.3 인공지능 개요

5.3.1 인공지능 분류

인공지능의 전문가들에 의하면 물리적 기호 체계는 디지털 컴퓨터와 비슷한 기계로서 이름들을 알파벳순으로 나열하는 것과 같이 덧셈, 기호들의 목록 재배열, 기호들의 대체 등과 같은 기호 데이터 조작 능력이 있다. 지능적 개체는 단백질로 이루어질 수도 있고 기계적 연결이나 트랜지스터 또는 다른 어떤 것으로 만들어질 수도 있다. 단지 그것이 상징을 처리할 수만 있으면 되는 것이다. 그들은 많은 지능적 행위가 비기호적(subsymbolic) 처리라고 부르는 과정의 결과라고 생각하는데 이 처리 과정은 기호의 처리가 아니라 신호의 처리 과정을 의미한다. 예를 들어 낯익은 얼굴을 인식하는 것을 생각해 볼 때, 이미지나 이미지의 일부를 기호가 아닌 다차원 신호들로 취급하는 방식으로 수행한다.

즉, 사람의 뇌는 정보를 병렬적으로 처리하는 데 비해 기존의 컴퓨터는 정보를 직렬로 처리한다는 것이다. 기존의 계산 기계는 참 또는 거짓의 이진 논리에 기초하고 있다. 그러나 진정한 지능 시스템에서는 일종의 퍼지논리를 사용한다. 동물의 신경세포는 컴퓨터를 구성하는 기본요소인 스위치들보다 훨씬 복잡하다. 지능적 기계에서는 생물학적으로 보다 유사한 인공 신경세포를 사용할 필요가 있다.

가장 어려운 문제인 '생각한다' 라는 개념에 관하여 Turing은 이 말에 대해 정의를 내리는 대신에 튜링 테스트라는 실험을 제안하고 이 테스트를 통해 특정한 기계가 지능이 있는지를 결정할 수 있다고 하였다. 튜링 테스트는 종종 기계가 질문자(인간)를 설득해서 기계 자신이 사람이라고 생각하게 할 수 있는지의 간단한 게임으로 단순화된다. 이와 같이 단순화된 테스트 버전이 여럿 발표되었지만 아주 보잘 것 없는 기계도 인간 질문자를 얼마동안은 속일 수 있기 때문에 보통 이러한 단순한 버전은 기계의 지능을 검사하는 유용한 테스트로 간주되지 않는다.

굳이 튜링 테스트를 언급하지 않더라도, 기계가 지능이 있다고 말할 수 있으려면 어떤 능력을 가져야 하는지 질문해 보는 일은 가치있는 시도이다. 놀랄 만한 작업을 수행하는 컴퓨터 프로그램들이 이미 많이 나와 있는데 이들의 예로는 최적화된 방법의 계획, 연료 효율을 최대화하는 비행로 탐색, 세계의 기후 상태 모의실험, 공장내 기계 사용 스케줄링 등이 있다.

5.3.2 인공지능의 접근 방법

인공지능 분야에서 몇몇 실용적인 시스템이 이미 만들어졌지만 일반적으로 볼 때 인간 수준의 지능을 갖는 기계의 제작이라는 인공지능의 궁극적 목적에 비해서는 아직 상당히 뒤쳐져 있는 것이 사실이다. 이러한 상황에서 무엇이 단기적 결과를 위해서 뿐만 아니라 장기적 목표를 달성하기 위한 핵심적 기초를 마련한다는 의미에서 가장 좋은 접근법인지에 대해서는 다양한 주장과 견해들이 제기되어 왔다. 지난 40여년 동안 이에 대한 수많은 패러다임들이 등장한다. 각 패러다임마다 열렬한 옹호자들이 있으며 몇몇 패러다임은 주의깊게 지켜봐야 할 중요한 결과를 내고 있다. 아마 이러한 패러다임들 간의 결합도 필요하게 될 것이다. 어쨌든 각 패러다임의 지지자들은 자신들의 방법이 각별히 주목할 만한 혁신적인 방법이라고 생각한다. 이 패러다임들은 크게 두 개의 주요 그룹으로 나누어 생각해 볼 수 있다.

첫 번째 그룹은 기호처리 접근법 들이다. 이 방법들은 Newell과 Simon의 기호 체계 가설에 기초하고 있으며 아직 보편적으로 받아들여지고 있지는 않지만 종종 고전적 인공지능이라고 불리는(철학자 Haugeland는 이들을 GOFAI(Good Old-Fashioned AI)라고 한다) 많은 방법들이 이 가설의 영향을 받고 있다. 이러한 접근법들 중 주목할 만한 것으로는 선언적 지식기반 시스템에 적용된 논리연산 방법이 있다. 원래 McCarthy의 advice-taker라는 메모에서 영감을 얻은 [McCarthy 1958] 이러한 형태의 인공지능 기법에서는 문제영역에 관련된 지식을 1차 술어논리 문장에 기초를 둔 선언적 문장으로 표현한다. 그리고 논리적 추론 방법이 이러한 지식의 결과를 연역하는 데 사용된다. 이 방법에는 논리적 언어에 있어서 문제 영역의 형식적 공리화의 역할을 강조하는 방법들을 포함한 여러 변종들이 있다. 실제 문제에 적용될 때 이 접근법에서는 문제 영역에 대한 실질적 지식이 필요하기 때문에 지식기반 접근법이라고도 불린다. 이 방법을 사용하여 많은 시스템들이 구축되었고 이 책에서는 이들 중 몇 가지를 언급할 것이다.

대부분의 기호처리 접근법에서 원하는 행동에 대한 분석과 이를 달성하기 위한 기계의 종합적 제작은 여러 수준을 거쳐 확장된다. 최상위에는 지식수준이 있는데[Newell 1982] 여기서 기계가 필요로 하는 지식이 명시된다. 다음은 기호수준으로 이전 단계에서 명시된 지식이 여기서 LISP 프로그래밍 언어의 리스트와 같은 기호 구조로 표현되고 이러한 기호 구조에 대한 연산이 결정된다. 그 아래에 상징처리 연산이 실제로 구현되는 수준이 위치한다. 대부분의 기호처리 접근법에서는 하향식(top-down) 설계 방법을 사용하는데 지식 수준에서 시작하여 기호와 구현 수준을 거쳐 아래쪽으로 진행한다.

두 번째 그룹의 인공지능 접근법들에는 비기호적(sub-symbolic) 접근법 이라고 하는 것들이 포함된다. 이 방법은 보통 최하위 수준에서 시작하여 위쪽으로 올라가는 상향식(bottom-up) 방법으로 진행된다. 최하위 수준에서는 기호라는 개념이 신호라는 개념만큼은 적절하지 못한다. 비기호적 접근법 중 잘 알려진 것으로는 생명화 접근법(animat approach)이 있다. 이 방법을 지지하는 사람들 [Wilson 1991, Brooks 1990]은 인간의 지능이 지구상에 생명이 존재하기 시작한 지 수십 억년이 지난 후에야 진화되었다는 점을 지적한다. 그들은 지능적인 기계를 만들어내기 위해 이와 같은 진화의 단계 중 많은 부분을 답습해야 할 것이라고 주장한다. 이에 따르면 우선 곤충과 같은 단순한 동물의 기호처리 능력과 제어 시스템을 재현하는 데 주력하고 점차 진화의 상위 단계로 진행해가야 한다. 이러한 전략은 단기적으로는 유용한 인공제품을 만들어낼 수 있게 할 뿐 아니라 보다 높은 수준의 지능이 반드시 기초해야 하는 하부 계층을 발달시킬 것이다.

또 이 두 번째 그룹 접근법들에서는 기호 토대(symbol grounding)를 강조한다. Brooks는 물리적 기호 체계 가설과 자신의 물리적토대가설(physical grounding hypothesis)을 대비시키고 있는데 이 가설에서는 에이전트의 여러 행위 모듈이 복잡한 행위를 수행하기 위해 중앙 집중적 모델을 사용하지 않고 환경과의 상호작용을 수행한다

기계와 환경간의 상호작용에서 창발행동(emergent behavior) 라고 불리는 개념이 사용된다. 한 연구자의 말[Maes 1990b, p.11]에 의하면 에이전트의 기능은 시스템과 이의 동적 환경간에 이루어지는 강한 상호작용의 발현적 특징을 간주할 수 있다. 에이전트의 행위에 대한 기술만으로는 에이전트가 동작하고 있을 때 나타나는 기능들을 설명할 수 없다. 그 대신에 이러한 기능은 많은 부분이 환경의 특성에 기초하고 있다. 환경은 단순히 동적으로 참조될 뿐만 아니라 그 특징들이 시스템의 기능 수행에 이용된다.

비기호적 계열의 기계 중 잘 알려진 것으로는 소위 신경망 시스템이 있다. 이 시스템은 생물학적 모델에서 영감을 얻어 개발된 것으로 주로 학습 능력의 측면에서 많은 관심을 끌고 있다. 교차, 돌연변이, 적합도에 비례한 복제 등을 포함한 생물 진화의 측면들을 시뮬레이션한 계산 방식에 의해 생성된 시스템들도 관심을 끌고 있다. 그밖에 제어이론이나 동적 시스템의 분석 등에 기초한 상향식, 생명화 접근법들이 있다.

하향식과 상향식의 중간적 입장을 취하는 방법에는 상황 오토마타(situated automata)에 기초한 접근법이 있다. Kaelbling과 Rosenchein은 원하는 에이전트의 행위를 높은 수준에서 기술하기 위한 언어와 이 언어로 작성된 프로그램으로부

터 동작을 일으키는 회로를 설계하기 위한 컴파일러를 제안하였다.

5.3.3 인공지능의 역사

1940년대와 1950년대에 디지털 컴퓨터가 처음 개발될 무렵, 여러 연구자들이 기초적 추론 작업을 수행할 수 있는 프로그램을 작성하였다. 이들 중 주목할 만한 것으로는 체스나 체커 게임을 할 수 있거나 평면 기하학의 정리들을 증명 할 수 있는 컴퓨터 프로그램을 기술한 논문들이 있다. 1956년에는 McCarthy, Shannon이 함께 오토마타 연구라는 제목의 책을 편찬한다. 이 책에 실린 논문들이 대개 오토마타의 수학적 이론을 다루고 있는 것에 실망한 McCarthy는 1956년 Dartmouth 학술대회의 타이틀로 인공지능이라는 용어를 사용하였다. 이 학술대회에서 몇몇 중요한 초기 논문들이 발표되었는데 이들 중에는 명제 논리로 표현된 정리를 증명할 수 있는 Logic Theorist라는 프로그램에 대한 내용이 포함되어 있다 . 이 학문분야에 대해 복합 정보처리, 기계 지능, 휴리스틱 프로그래밍, 인지학 등의 명칭들이 사용되기도 하였으나 교과서, 대학 강좌, 학술대회, 학술지 등에서 많이 사용된 인공지능이라는 이름으로 자리를 잡게 되었다.

인공지능을 향한 첫걸음은 아리스토텔레스(382~322 B.C.)가 삼단논법이라는 연역추론 형식을 설명하고 기록한 시기까지 거슬러 올라간다. 그 후 수행된 지능을 자동화하려는 시도들 중에는 오늘날 우리들에게 매우 공상적인 것으로 보이는 것도 있다. 마술사이자 시인이었던 Llull(1235~1316)은 위대한 예술작품을 뜻하는 Ars Magna라는 바퀴들로 이루어진 기계를 만들었는데, 이는 원래 모든 질문에 대답할 수 있는 기계를 만들기 위해 시도한 것이었다. 이성을 구현하려는 탐구에 있어 과학자나 수학자들을 빼놓을 수 없다. Gardner[Martin Gardner 1982, p.3]에 따르면 Leibniz(1646~1716)가 처음으로 보편적 대수학에 대해 꿈꾸었다고 하는데 이를 통해 언젠가는 도덕이나 형이상학을 포함한 모든 지식을 하나의 연역적 체계 안에 포함시킬 수 있을 것이라고 하였다. Leibniz는 이 체계를 철학자의 계산법 (calculus philosophicus) 또는 ratiocinator 라고 명명했는데 물론 이것은 당시의 기술 장치로는 구현할 수 없는 꿈에 지나지 않았다. 실질적 진보가 이루어지기 시작한 것은 Boole이 명제논리의 토대를 발전시키고 난 이후이다[Boole 1854]. Boole의 주목적은 인간 정신의 본질과 구성에 관계된 가능한 발현들의 수집이었다. 19세기 말엽에 Frege는 기계적 추론을 위한 표기 체계를 제안했고 이를 통해 현재 우리가 술어논리(predicate calculus)라고 알고 있는 분야의 대부분이 만들어졌다[Frege 1879]. 그는 이것을 Begriffsschrift라고 불렀는데 번역하면 개념 기술법(concept writing) 이라는 뜻이다.

1958년에 McCarthy는 advice-taker라고 명명한 시스템에서 지식을 표현, 사용하기 위한 언어로서 술어논리를 제안하였다[McCarthy 1958]. 이 시스템에는 프로그램이 입력되는 것이 아니라 알아야 할 것이 무엇인지가 입력된다. Green은 이러한 생각을 QA3이라는 자신의 시스템에서 구현하고 있다[Green 1969]. 술어논리와 이의 다양한 변형들은 인공지능 연구자들간의 수많은 논쟁을 거쳐 입증되어 인공지능 분야에서 지식 표현을 위한 기초를 형성하고 있다.

20세기 들어 Gödel, Kleene, Post, Church, Turing 등의 논리학자들은 논리 또는 계산 시스템에서 가능한 일과 불가능한 일에 관한 많은 사실들을 밝히고 형식화하였다. 보다 최근에는 Cook과 Karp을 포함한 컴퓨터 과학자들이 이론적으로는 가능하지만 시간과 저장 공간의 측면에서 완전히 수행 불가능한 계산 문제의 부류를 밝혀내었다.

이러한 논리학과 컴퓨터 과학의 적지 않은 연구결과들은 연역적으로 추론할 수 없는 진리와 수행 불가능한 계산에 관한 것들이다. 몇몇 과학자들은[Lucas 1961, Penrose 1989, Penrose 1994] 이러한 회의적 견해의 결과들을 인간의 지능이 기계화될 수 없다는 확실한 증거로 해석하였다. 그들은 기계는 계산적 한계라는 본질적 문제를 갖고 있는 반면, 인간은 이에 대해 자유롭다고 생각했다. 그러나 대부분의 논리학자들과 컴퓨터 과학자들은 이러한 부정적 결과들이 인간에게는 결코 적용되지 않는 한계를 기계가 가지고 있다는 것을 의미하지는 않는다.

5.4 지능형 SLAM과 이동지능

휴머노이드로봇의 보행 안정성 확보를 위해서는 앞에서 언급하였듯이 역학적 안정성의 확립과 이를 실제의 보행 환경에서 유지하기 위해서 환경 인지 능력 및 처리 기술 그리고 이동 지능을 함께 갖추어야 한다. 앞 장에서는 이러한 관점에서 보행 안정화를 위한 ZMP 이론과 수동동보행 이론에 대해 장 · 단점을 분석하고 두 이론을 상호 보완하여 3차원 휴머노이드로봇의 보행과 다양한 운동 동작 등에도 적합한 전신 모멘트 평형화(Whole body moment balance) 이론을 다루었다. 부가적으로 현실적 상황에서 안정적으로 제어하고 안정성을 유지하기 위한 골반 기구와 제어 시스템을 기술하고, 입체 시각 시스템에 의한 환경 인지 능력과 이동 지능 확보를 위해서 지능형 SLAM을 기술한다.

이번 장에서는 안정적인 보행의 유지를 위해서, 입체 시각 시스템과 통합적 센서 시스템을 구축하고 빠른 컴퓨터 성능에 의한 영상처리 알고리즘을 적용으로 실제 환경에의 적응성과 이동 지능을 갖추기 위한 것이다.

효율적이고 자동으로 수행되도록 하기 위한 SLAM 기술을 위해 그래픽 기반의 시뮬레이터를 구성하고 이동로봇이 미지의 영역에 접하였을 때 사용자에 의한 경유점들 설정만으로 지도검색, 지도인식 및 자기위치인식과정을 통합적으로 수행할 수 있도록 한다. 지도검색은 모든 영역을 오류없이 검색해나가기 위해 알고리즘이 적용되어야 하고, 지도형성과정에서 지도의 데이터형태는 격자지도방식 또는 기하지도방식을 이용할 수 있다. 자기위치인식 및 보정은 주행 중에 인공적 경계표식(Landmark)이나 외부에서의 기준점 정보가 주어지지 않으므로 주변 정보나 작성된 지도의 정보를 이용하고 다음 이동 단계에서의 위치의 보정은 이전단계에서의 오차정보를 반영한 제어 알고리즘으로 위치의 정확성을 높일 수 있다.

5.4.1 지능형 SLAM 연구

SLAM 기술에서 환경의 복잡성 및 광활한 영역에도 적응성이 있도록 하고 동시에 위치 및 경로이동의 정확성을 향상시키기 위해선 다수의 정밀한 센서와 수많은 영역정보를 저장하기 위한 컴퓨터상의 메모리 그리고 이를 주행 중에 신속하게 처리하기 위한 하드웨어 및 소프트웨어 프로그램의 속도의 신속성이 요구된다. 하지만, 현실적으로 많은 데이터를 처리하기 위한 컴퓨터의 용량 및 속도는 한계가 있으므로 주로 지도형성과정에서의 효율성 증진을 위해 격자지도(Grid based map)와 위상기하지도(Topology map)의 방식이 연구되어 왔다. 한편 자기위치인식(Localization)은 GPS나 수신기, 인공표식에 대한 화상 또는 적외선감지 시스템과 같이 외부의 고정된 지점에서 이동로봇의 위치정보를 송수신할 수 있는 방식의 경우 비교적 용이하지만, 위치정보의 실시간 수신이 없이 독립적으로 공간상을 이동하는 경우에는 위치 정확도가 떨어지게 되므로 이러한 경우 위치 정확성을 확보하기 위한 기술의 중요성이 부각된다. 이와 관련하여 초음파 센서와 레이저 센서 배치 및 해석, 인공지능 제어(Fuzzy-neural inference), 확률적 위치추정(Stochastic position estimation), 검색 정합(Scan matching)을 비롯하여 기구적 오차 보상 제어에 이르기까지 다양한 방법이 연구되어 왔다[12-17].

거리정보를 인지할 수 있는 센서시스템을 이용하여 지도를 형성하게 되는데, 일반적으로 측정 대상 영역의 크기, 센서 측정의 정밀도에 따라 구현방법 및 제원은 다양하다. 격자지도방식은 Moravec, Elfes와 Borenstein, Koren에 의해 제안된 방법으로서 주변환경을 등간격으로 설정된 격자로 표현함으로써 지도를 형성한다[18-19]. 위상기하지도는 Kuipers, Bynn과 Mataric에 의해 제안된 점, 선, 길이, 각도 등의 위상기하정보로 지도를 표현한다[20-22]. 이 경우 절대적인 기준좌표점이 설정되지 않고, 주변 환경과의 특징적 관계만 나타나고, 격자지도방식에 비하여 경로계획이 간단하고 간결한 반면 복잡한 환경에서 정보가 급격히 증가하고 자기위치인식 과정에서 오차가 커지고 보정이 어려워 정확성을 높이기 어려운 단점이 있다. Thrun[23]은 이 두 가지 방법을 병행한 혼합(Hybrid) 방식을 제시한 바 있다. 자기위치인식은 국소 영역에서의 위치인식과 전체영역기반에서의 위치인식으로 구분이 가능한데, 전자의 경우는 대부분 스캔정합으로 후자의 경우에는 확률통계에기반한 미세 시간 반복수행 방식에 의한다[24-28]. 전자의 경우 Hough 변환방법, IDC(Iterate dual correspondence)방법, Cox 방법, 각도히스토그램, 강도히스토그램(Force histogram) 등의 방법이 사용되었다. 후자의 경우는 대표적으로 Markov 상태추정방식과 Monte Carlo 상태추정방식 그리고 확장된 칼만필터방식(Extended kalman filtering)이 센서의 노이즈와 오차정보 등을 확률적인 정규분포 데이터로 가정하고 반복적인 갱신과 최적화 추정 과정을 통하여 위치정보의 정확성을 기하는 방법이다.

5.4.2 입체 시각 시스템 연구

입체 영상 정합에 관한 연구는 영상감시 시스템에서부터 항공, 및 위성사진에 의한 공간지형복원기술 등의 분야와 반도체, 정밀부품검사 등의 공장자동화 영역 등에 이르기까지 목적에 따라 광범위하게 이루어져 왔다. 3차원 지도형성과 입체시각에 관한 연구는 국내에서는 1990년대부터 주로 연구실 수준의 실험적 연구가 이루어졌으며, 3차원 영상 정합과 영상처리 등의 알고리즘에 집중되어 왔다.

포항공대에서는 시스톨릭 배열(Systolic array) 기반한 DP 방식을 사용한 실시간 병렬처리 입체 시각 칩을 개발하였고, 2003년에는 KIST에서 3차원 복원이 가능한 병렬 처리형 고속 영상처리 하드웨어와 소프트웨어가 발표된 바 있다. 이후에도 많은 연구기관과 기업체들의 협력으로 VGA급(640×480), 초당 30프레임이상, 64단계 거리 분해능에 이르기까지의 고성능 제원 입체 매칭 시스템을 개발한 바 있다. (주)이너텍은 기존의 LCD 패널에 입체효과를 내는 첨단 광학 배리어를 장착하여 3차원 입체 영상과 기존 2차원 영상 이미지를 자유롭게 구현할 수 있는 실용적인 3차원 형상 측정 시스템을 상용화하였으며, 연세대에서는 구조광 시스템의 영상정보처리기법, 서강대에서 칼라 영상을 이용한 운동 물체의 형상 측정, 성균관대 등에서는 신호분리코딩 등 세계적 수준의 관련 연구를 수행한 바 있으며, 입체 시각의 경우 (주)NextEye에 의해 입체 전용 프레임 그래버 개발, 서울대에서 대응점 계산 알고리즘 및 거리영상 계산 모듈의 단일모듈화가 이루어졌다. 최근에는 한국전자통신연구원에서 URC(Ubiquitous robotic companion)사업의 일환으로 가정용 서비스 로봇에의 장착을 위해 입체 시각 처리시스템을 일체형 집적 칩형태로 개발중에 있고, KAIST, KIST, 전자부품연구원, 생산기술연구원 삼성테크윈, 대우일렉트로닉스 등 국내 유수 기관에서 능동 입체 시각에 대한 연구를 진행 중에 있다. 관련 연구들을 정리하면 다음 표와 같다[29-32].

[표 5.1] 입체 시각 시스템의 국내 관련 연구(Domitory related works about stereo vision)

국내 연구기관	관련 내용
서울대 컴퓨터시각 연구실	· 에지 특징을 이용한 물체인식 연구에서 연구 성과가 큼 · 확률적 관계그래프 모델을 이용한 정합기법을 제안하여 물체의 회전, 크기, 가림현상, 조명변화에 강인한 물체인식기법 개발 · 통계적 방법 활용하여 특정 물체를 인식하고 동시에 분할하는 기법개발
KAIST 로보틱스 및 컴퓨터시각 연구실	· 특징점 추출 방식으로서 G-RIF를 제안하고, 확률 그래프 모델을 사용한 맥락 기반 물체 인식에 대한 연구 진행 중
서강대 시각그래픽스 연구실	· 3차원 거리정보와 색상 특징점을 융합, 고유의 거리영상 통합 및 물체인식 방법을 개발하여 3차원 물체 입체 정합에 이용
KAIST 21C 프론티어 사업단	· 곡면 조각과 다양한 국부특징점을 결합, 준감독방식의 학습과 스펙트럴 매칭 기법을 이용하여 실시간성 확보 연구 중 · 로봇응용을 위해 로봇에 물체모델 등록 및 데이터베이스 구축 연구 중
전자부품연구원	· 고기능 시각 인식 및 학습기술 연구 · 감응성 에지 향상기법, 3차원 객체 자세 인식 기술개발을 토대로 색상 시각 센서를 사업화 노력
한국생산기술연구원	· 스마트 로봇환경을 구축하고 그 환경 내에서 로봇 물체인식, 자세 추정, 조작 연구 · 비주얼 기술자를 통한 물체 인식 및 자세 추정 시스템 개발
삼성종합기술원	· 지능형 보안, 감시, 멀티미디어 컨텐츠 검색, 인간-컴퓨터 상호작용 등 기능을 제공하기 위한 영상처리 기술과 패턴인식 기술 연구 · 얼굴인식 분야에서 미국 NIST 주최한 FRVT 대회에서 우수한 성능 구현

국외의 경우 1980년대 말부터 동경공대, CMU, INRIA, Teleos Research 등의 연구기관에서 입체 시각 시스템에 관한 연구가 수행되었고, 카네기 멜론 대학의

로봇공학 연구소는 1990년대 초반부터 실시간 3차원 입체영상복원 기술을 위한 알고리즘 프로그램과 하드웨어 장치를 개발해 왔다. 미국의 CMU에서는 여섯 개의 카메라를 동시에 사용하면서 FPGA로 이를 처리하고 VME bus에 기초한 실시간 영상정합 시스템을 개발하였는데 파트 기반의 화면 스캐닝 기법으로 매우 높은 인식 성공률을 보인 바 있다. 캐나다 토론토 대학에서 개발된 입체 매칭 시스템의 경우 360×256 픽셀 크기의 영상을 초당 30프레임 속도로 처리 가능한 작은 크기의 하드웨어 시스템으로 향상시켰다.

주목되는 상용화 제품 기술로서 미국 TYZX 사에서 개발한 DeepSea G2 모델은 VGA 급 CMOS 카메라를 사용하여 해상도 및 영상정보의 질을 높이면서 census 변환기법을 적용하여 계산량을 줄이면서 초당 200프레임 정도의 고속처리가 가능한 제품이다. 이 시스템은 임베디드 프로세서(Power PC)와 자체에서 개발한 DeepSea칩, DSP와 FPGA로 구성된다. 이 모델은 입체 시각 시스템의 응용 소프트웨어 패키지로 사람 추적과 장애물 검출 및 동작인식 알고리즘을 구현이 가능하다. 캐나다의 Point Grey Research 사에서는 현재까지 가장 우수한 성능을 구현할 수 있는 BUMBLEBEE™를 개발해서 시중에 판매하고 있는데, 이는 1/3의 고성능 CCD 카메라를 사용하고, QVGA급 영상화질에서 초당 2~3 프레임을 처리할 수 있다. 카메라 보정 오차는 0.05 픽셀 이하로 상당히 정교하며, 교정된 좌우 영상을 IEEE 1394 통신방식에 의해 PC로 전송 후 SAD 알고리즘을 적용하여 3차원 영상지도가 형성된다.

미국의 VIDERE Design 사는 입체영상처리 전문개발업체로 STH-MDCS 제품을 개발한 바 있다. 저가 제원 공급을 위해 30만 화소의 CMOS 카메라를 사용하고, QVGA급에서 초당 16~17 프레임을 처리할 수 있으며, 두 카메라 상의 이격거리를 가변적으로 조정할 수 있는 장점이 있으며, 영상정합에 의한 거리 분할이 약 10단계로 제한되는 단점이 있다. 국외 연구기관의 능동 입체 시각 관련 기술을 정리하면 다음 표와 같다[29-32].

[표 5.2] 입체 시각 시스템의 국외 연구(Foreign countries' related works about stereo vision)

국외 연구기관	관련 내용
Cyberware(미국), Wicks & Wilson(영국)	· 능동 3차원 모델링 기술개발 · Wheeler 등이 제안한 취득거리영상을 이용한 객체 모델링 기법 · 실험실 내부 장면을 모델링 한 Sequeria 기법과 Dias 기법 개발 · 고가이며 보통의 비디오 프레임 비율로 장면 구성이 어려운 단점
펜실버니아 주립 대학	· 구조화된 광선 패턴 방법 응용 · 대응점의 정확도 향상되지만 원래의 컬러와 텍스처 정보를 빔 패턴에 의해 잃어버리는 단점 존재
3DV systems(이스라엘), NHK사(일본)	· AxiVision 카메라를 이용하여 레이저나 IR 센서를 객체나 대상영역에 비추어 되돌아오는 광선 취득한 거리계산법 개발 · 실내 스튜디오 환경에 적합하고, 거리범위에 따른 해상도변화가 단점
노스캐롤라이나대학(미국)	· Pollefeyes에 의해 움직임 기반 모양 추정 방법 개발 · 증강 현실 및 영상기반 모델링, 렌더링 분야 개척
O.Grau(영국)	· 실루엣 기반 모델링 기법 개발 · 가상 스튜디오 시스템에서 선 요소 기반한 방법으로 모델링 구축
Kubota(일본)	· 초점변화영상 기반 모델링 기법 개발 · 서로 다른 깊이 위치에 초점이 맞춰진 영상에 선형필터 적용, parallax 효과로 변화시킴으로써 3차원 정보 구하고, all-focused영상 생성
카네기멜른 대학(미국)	· 복셀 컬러링(Voxel Coloring) 기반 모델링 기법 개발 · 음영기반 모델링 기법 연구
헤르질리야(이스라엘), HHI(독일)	· 다시점(Multi-View) 영상기반 모델링 기법 · 비대칭 3 view 카메라 및 영상 분할 결과의 3차원 계층 모델 변환기법 개발, IVVV 시스템 개발

상기에 기술한 주요 연구를 정리하면 다음과 같다[29-32].

[표 5.3] 입체 시각 시스템 개발의 주요 부분(Research focus on development of stereo vision)

주요 연구	세부 내용
능동 입체 시각 시스템 개발	· 인공시각 시스템 위치정밀제어 기술 · 입체 영상처리 알고리즘 통합 및 효율 개선 · 고속 영상처리 임베디드 칩 개발 · 공간구조 복원률, 탐지 인식률 95% 이상 확보
3차원 SLAM 기술	· SLAM 정확도 향상(5cm) 및 자율이동영역 확대(150m) · 3차원 공간 정보의 추출 기법 및 고속 처리 구축 기술 · 이동 중의 공간지도 연동 정확성
실시간 처리 성능 확보	· 통합 시스템의 실시간 처리 속도 · 발열 안정성 및 전력 소모 효율 향상 · 이동 중 충격, 진동 등 외란에 대한 안정성능 구현 능력
가상환경(Virtual Reality) 인터페이스 구축	· 3차원 정보의 비쥬얼 인터페이스 연계 · 실시간 가상환경 처리속도 향상 및 데이터베이스 정보 단순화 처리 효율 개선

거리정보를 인지할 수 있는 센서시스템, 즉 예를 들어 초음파, 적외선, 레이저, 입체카메라 등을 이용하여 지도를 형성하게 되는데, 일반적으로 측정 대상 영역의 크기, 센서 측정의 정밀도에 따라 구현방법 및 사항은 다양하다. 격자지도방식은 Moravec, Elfes와 Borenstein, Koren 등에 의해 제안된 방법으로서 주변 환경을 등간격으로 설정된 격자로 표현함으로써 지도를 형성한다[18-20]. 위상기하지도는 Kuipers, Bynn 과 Mataric에 의해 제안된 점, 선, 길이, 각도 등의 위상기하정보로 지도를 표현한다[20-22]. 이 경우 절대적인 기준좌표점이 설정되지 않고, 주변환경과의 특징적 관계만 나타나고, 격자지도방식에 비하여 경로계획이 간단하고 간결한 반면 복잡한 환경에서 정보가 급격히 증가하고 자기위치인식 과정에서 오차가 커지고 보정이 어려워 정확성을 높이기 어려운 단점이 있다. Thrun은 이 두 가지 방법을 병행한 하이브리드(Hybrid) 방법을 제시한 바 있다[23]. 자기위치인식은 국소적 영역에서의 위치인식과 전체영역기반에서의 위치인식으로 구분이 가능한데, 전자의 경우는 대부분 스캔정합으로 후자의 경우에는 확률통계에 기반한 미세시간의 반복수행 방식에 의한다. 전자의 경우 Hough 변환방법, IDC(Iterate Dual Correspondence)방법, Cox 방법, 각도히스토그램(Angle Histogram), 강도히스토그램(Force Histogram) 등의 방법이 사용되었다. 후자의 경우는 대표적으로 Markov 상태추정방식과 Monte Carlo 상태추정방식 그리고 확장된 칼만필터방식(Extended Kalman filtering)이 센서의 노이즈와 오차정보 등을 확률적인 정규분포 데이터로 가정하고 반복적인 갱신과 최적화 추정 과정을 통하여 위치정보의 정확성을 기하는 방법이다.

5.5 보행 안정성을 위한 SLAM

5.5.1 지능형 SLAM 개요

로봇은 여러 다양한 제품에 상용화되어, 공장, 회사, 가정 등에 이용되고 있다. 수하물운반로봇, 접대로봇, 청소로봇 등은 외부의 도움 없이 독립하여 이동하면서 정해진 목적을 수행하게 된다. 목적지까지 장애물을 우회하면서 도달하고 이후에는 이동한 위치를 다시 지나갈 수 있으며 이때, 원하는 목적을 효과적으로 달성하기 위해서 자기위치인식의 위치와 복귀 정확성이 요구된다. 로봇의 자기위치인식은 노면의 평면성, 센서와 액추에이터 정보의 정확성, 제어시스템의 불확실성 등의 요인에 의해 위치오차가 발생하게 되는데, 이는 로봇의 공간지도 형성 및 위치인식 과정에 어려움을 야기하게 된다.

로봇의 정확한 위치인식을 위해 3차원 입체공간인식과 구성능력을 위해서는 능동 입체 시각 기술을 개발하고, 정확한 위치 인식 및 위치지도의 효율적인 데이터베이스 구성 및 연결과 이를 위한 능동 입체 시각시스템을 개발하는 것은 차세대 로봇의 개발을 위해 필요하다고 할 수 있다[56-60].

상하, 좌우 움직임이 있는 기저 구조물 상황, 즉 휴머노이드로봇, 4족 로봇 등과 같은 동적인 시스템에서, 연속적으로 환경인식과 공간정보 형성과정을 능동 입체 시각 시스템을 통해서 보다 효과적이고 명확하게 구현해 내고, 3차원 공간정보를 효율적으로 구축하기 위해서는 아직 많은 기술이 필요하다.

전 장에서는 보행 안정화를 위한 ZMP 이론과 수동동보행 이론에 대해 장 · 단점을 분석하고 두 이론을 상호 보완하여 3차원 휴머노이드로봇의 보행과 다양한 운동 동작 등에도 적합한 전신 모멘트 평형화(Whole body moment balance) 이론을 소개하였다. 안정적인 보행의 유지를 위해서, 입체 시각 시스템과 통합적 센서 시스템을 구축하고 빠른 컴퓨터 성능에 의한 영상처리 알고리즘을 적용으로 실제 환경에의 적응성과 이동 지능이 필수적이다.

본 장에서는 휴머노이드로봇의 보행 안정화 확보를 위한 지능형 SLAM 성능 향상을 위하여 지도형성과정과 자기위치인식과정의 자동화와 입체 시각 시스템을 이용하여 주변 환경을 보다 능동적으로 인지하기 위한 방안에 관하여 논의한다. 단, 휴머노이드로봇의 보행은 보폭의 변화와 보행 단계에 따라 센서 시스템의 위치가 불규칙하게 움직이므로 주행 로봇을 기준으로 적용되어 온 SLAM 기술을 그대로 도입할 경우 성능을 보장할 수 없다. 따라서 본 장에서의 SLAM은 주행

로봇에 적용되는 경우를 논하며, 이는 휴머노이드로봇이 환경 인식 및 위치 인식 과정에는 정지해 있는 것으로 본다.

휴머노이드로봇은 다음 그림 5.2와 같은 종합적인 능력을 필요로 한다.

우선 입체 시각 시스템에 의하여 물체를 인식하고, 지도를 형성하며, 특징을 찾아내고 구별할 수 있는 인지 능력을 갖춘 후, 주어진 목적이나 상황에 대처하기 위한 특정한 행동을 하기 위한 판단 작용을 하게 된다. 또한 입체 시각 시스템에 의해 거리와 물체를 인식하면서 이동을 하더라도, 비스듬하게 경사진 면이나 지면에 움푹 패거나 솟아 나온 지형물이 있을 때, 이 영역을 장애물이나 극복해야 할 상황으로 인지해야 한다.

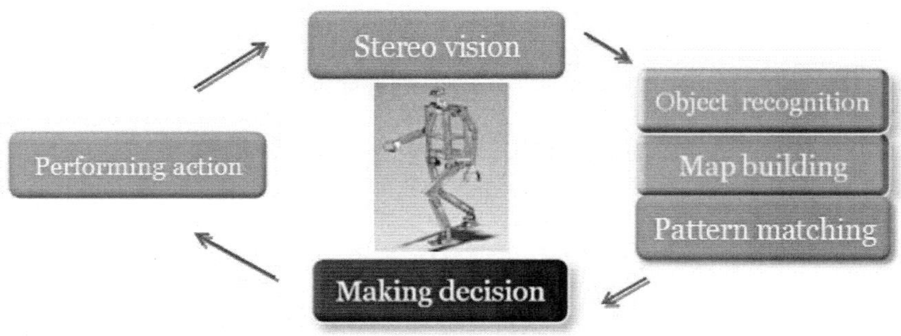

[그림 5.2] 휴머노이드로봇의 지능(Intelligence of humanoid robot)

본 연구에서는 다음과 같은 지능형 SLAM을 구현하고자 한다. 지도형성과정에서 격자방식으로 형성한 후, 로봇의 이동경로형성과 위치인식 및 보정은 위상지도방식으로 수행하도록 한다. 센서로부터 얻어진 정보를 종합하여 전방향의 장애물위치를 찾아낼 수 있는 능동 입체 시각 시스템 활용하여, 효과적인 격자방식 지도형성을 수행하고, 이 결과는 컴퓨터의 메모리에 저장된다. 또한 이 과정이 컴퓨터의 시뮬레이터 상에 실시간으로 표현되며, 사용자의 초기위치와 경유점, 종착지점을 정해주고, 명령을 주면 시뮬레이터 상에서 최단경로를 형성하고 이 정보는 위상지도 방식으로 로봇의 이동 경로 정보를 주게 된다. 위상지도 정보는 초기위치와 방향전환점을 기준으로 로봇의 방향각도와 다음 경유지까지의 거리 정보로 구성되는데, 추가적으로 이동로봇은 운동학적 오차, 노면상 미끄러짐 또는 각 관절부의 제어 오차 등 현상으로 인한 위치오류의 보정을 위해 센서정보를 활용하여 위치 정확화 과정을 수행한다.

지도형성을 위해 이동로봇이 일정 평면공간을 검색하기 위해서, 누락되는 지형없이 모두 검색하려면 특별한 검색패턴이 필요하다. 이는 일정검색방식

(Coverage pattern)에 관한 문제로 많은 알고리즘이 개발되어 왔고, 환경의 복잡성, 공간넓이 및 경로의 폭 등의 요인에 따라 그 장단점이 다르게 평가된다 [69-71].

능동 입체 시각 시스템에 의하여 공간지도를 구성하기 위하여 모든 지역을 빠짐없이 파악하기 위해 역검색 알고리즘을 응용하고 지도를 검색해 가는 과정에서 분리된 특정 영역을 탈출할 때 이미 검색되어 저장된 영역의 일부를 다시 지나가게 되는 고립, 이탈 문제는 다음과 같이 해결한다. 탈출지점과 고립지점으로의 경로는 A* 알고리즘을 적용하고, 센서신호를 다시 받아들이지 않도록 추가 프로그램 루프를 구성한다. 모든 지도영역이 검색된 이후에는 시작점과 경유점들, 그리고 종착점을 선정한다. 동일한 기능을 반복적으로 수행하는 상황, 예를 들어 음식점에서 손님이 새로 들어왔을 때, 손님이 앉은 테이블로 이동하여 주문을 받은 후, 주방으로 이동하는 과정을 되풀이해야 하고, 이때는 시작점을 주방, 경유점을 새로운 손님이 앉은 테이블, 종착점을 다시 주방으로 처음부터 지정해 주면 된다. 하지만, 매번 시작점과 경유점들, 종착점이 달라지는 상황을 고려하여, 개발된 SLAM 시뮬레이터 상에서 사용자가 직접 검색된 지도상에 선정을 할 수 있다. 따라서 로봇은 지정된 바대로 목적을 수행하기 위한 최단경로형성을 위해 A* 알고리즘을 이용한다.

로봇이 이동하는 중에 발생하는 문제는 예를 들어 지나가는 사람이나 다른 이동로봇 등과 같이 동적 장애물의 회피문제이다. 이때에는 스캔방식의 전방향 센서 정보를 종합하여 장애물의 좌측 또는 우측 선회여부를 결정한 후, 좌측 또는 우측 센서와의 일정한 근접 거리를 유지한 채 장애물을 선회해 간다. 이동하면서 현재 위치 정보가 기하정보방식으로 시뮬레이터 상에 표시되며, 도중에 시뮬레이터 상에 이미 형성된 경로좌표에 도달했다면, 다시 이 경로를 따라 이동하게 됨으로써, 효과적인 동적장애물 회피가 가능하다.

5.5.2 위치인식(Localization)

Localization 수행 과정은 다음과 같다.
N개의 particle이 map에 흩어져 있을 때,
그 중 하나의 particle이 가지는 데이터는 다음과 같다.

- P_i : Position $(x,\ y,\ \theta)$
- p_i : Probability

(1) Initialize

지도 안에서 N개의 무작위 particle을 생성한다.

- Particle의 위치값 $(x,\ y,\ \theta)$는 지도 내에서 랜덤하게 결정한다.
- Particle의 probability는 1/N 값으로 결정한다.

(2) Prediction

N개의 particle을 모바일 로봇의 변위만큼 이동한다(Kalman Filter에서 Act 모델의 계산과정 참고).

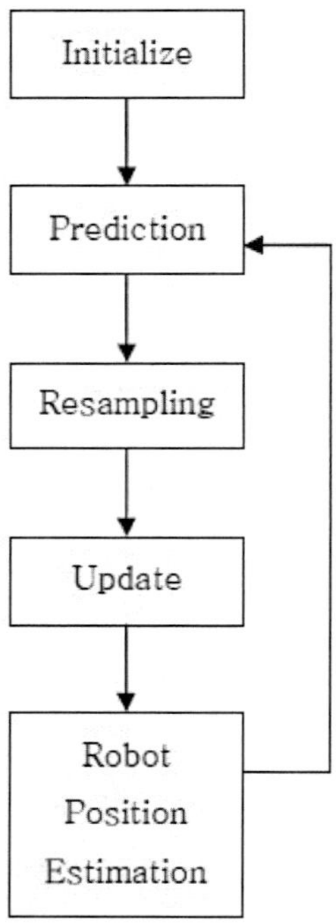

추가로 particle이 가지는 variance만큼의 비율로 Gaussian random 하게 이동한다.

$$P_i = P_i + \triangle P + \sqrt{V_i} \times gauss\_rand()$$

- P_i : particle의 위치
- $\triangle P$: Mobility의 이동량
- V_i : Mobility의 variance

(3) Resampling

모든 particle의 확률의 합이 1이 되도록 normalize 한다.

Particle의 확률을 weight로 변환한다(Weight의 비율에 따라 새로 생성되는 particle의 수가 결정됨).

$$W_i = round(N \times p_i)$$

- W_i : Weight(0보다 크거나 같은 정수)
- N : Particle의 개수
- p_i : Particle이 가지는 probability

기존 particle을 복제하여 weight 만큼의 새로운 particle을 만들어낸다.

(4) Update

Particle이 가지는 위치 Position (x, y, θ)에서 idela 센서값과 측정(real) 센서값을 비교하여 particle이 존재할 확률을 계산한다.

$$P_j = \frac{e^{\frac{-(d_{ideal} - d_{real})^2}{2 \times v_{sensor}}}}{\sqrt{2\pi \times v_{sensor}}}$$

$$P_i = \frac{\Sigma p_j}{N_{sensor}}$$

- dideal : ideal 센서 값
- dreal : real(측정) 센서 값
- vsensor : Sensor의 variance
- p_j : 하나의 센서에 대한 확률
- p_i : particle 확률
- Nsenso r : Sensor의 개수

(5) Robot Position Estimation

모든 particle의 확률의 합이 1이 되도록 normalize 한다.

지도 상의 particle을 x, y, θ축으로 투영하여, x, y, θ축에 대한 histogram을 만든다.

- Histogram을 만드는 이유는 지도 상에서 particle의 최대 군집 위치를 찾기 위

해 서다

- Histogram에서 최대값을 가지는 각 축의 x, y, θ는 (xmax, ymax, θmax)가 된다.

x, y, θ의 최대값에서 특정 범위 내에 드는 particle만 골라서 particle Position 평균을 구한다.

$$P_{sum} = \frac{\sum(P_i \times p_i)}{\sum p_i}$$

조건 $(|x_{\max} - x_i| < 1000,\ |y_{\max} - y_i| < 1000,\ |\theta_{\max} - \theta_i| < 15)$

- P_i : particle의 위치
- p_i : particle의 확률
- P_{sum} : particle 군집의 평균 위치

위에서 골라낸 particle로 position과 variance를 계산한다.

- P_{robot} : Robot의 추정 위치
- V_{robot}: Robot의 추정 variance
- P_i : particle의 위치
- p_i : particle의 확률
- P_{sum} : particle 군집의 평균 위치

$$P_{robot} = P_{sum}$$

$$V_{robot} = \frac{(P_i - P_{sum})^2 \times p_i}{\sum p_i}$$

위에서 골라낸 particle로 position과 variance를 계산한다.

- P_{robot} : Robot의 추정 위치
- V_{robot} : Robot의 추정 variance
- P_i : particle의 위치
- p_i : particle의 확률
- P_{sum} : particle 군집의 평균 위치

5.5.3 거리와 경사도 인식

(1) 물체 인식

카메라로부터 얻어진 2차원 평면 영상에서 물체 영역을 분리하는 것은 입체 영상 정합 과정의 첫 번째 단계가 된다. 물체 인식을 위해서는 주변을 포함한 관심 여역에 대한 특정한 정보를 필요로 한다. 우선 경계선의 안쪽을 구분해야 한다. 물체의 영역은 경계선을 기준으로 안쪽 영역과 바깥쪽 영역으로 나뉜다. 얻어진 영상의 좌상단에서부터 특정 영역이 검출될 때까지 Canny 경계 검출법, Sobel 방법, PMF 알고리즘과 Hough 변환법이 경계 꼭지점을 찾기 위해 이용된다 [56-57]. 이후 다음과 같은 경계선 검출 방법이 사용된다.

① 얻어진 경계 꼭지점이 P_0일 때 연결점을 찾기 위해 주변 1픽셀들이 반시계방향으로 검색된다.

② 현재 화소(Pixel)와 동일한 값을 가진 화소가 발견되면 새로운 경계요소 P_n이 된다. 다음 점으로 갱신하고, 경계선을 X_i로 지정한다. X_j는 P_i방향으로 X_i와 인접한 화소로 정의된다. X_j의 기울기 값이 설정값보다 크다면 X_j는 경계선으로 결정되고, 이러한 과정은 반복된다.

③ 화소 X_j의 3행 3열 영역의 인접 화소들의 평균 회색 강도(Average grey level)을 구하고 X_j가 영역의 안쪽에 있는지, 바깥쪽에 있는지를 결정한다. 경계선이 계속되면, 2단계로 되돌아가고, 검색점이 경계선 점에 해당하지 않으면 새로운 경계선을 찾을 때까지 검색을 계속한다.

④ 이전에 표시된 경계선들은 제외하고 영상에서 강도가 가장 강한 경계선을 찾아서, 시각적으로 경계선으로 가능한지를 판별한다. 경계선이 설정된 임계 기준을 넘지 못할 시에는 이러한 경계선은 삭제된다.

⑤ 결정된 시작 경계점들을 새로운 연결점들이 연속될 때까지 확장한다. 3단계와 4단계에는 이미 존재하는 경계선 연결부가 없다. 이 과정에서 최종 경계선 연결부가 3개 이상이 되면, 연결 리스트에 저장하고, 그 이외는 삭제한다.

영역의 구분(Region identification)은 영역 상세화(Region description)를 위해서 필요하다. 영역 구분을 위한 방법 중 하나는 특정 수를 부여하는 것이다. 이를 라벨링(Labeling) 또는 컬러링(Coloring)이라고 하며 다음과 같은 알고리즘을 이용하여 수행된다.

① 전체 영역을 한줄 한줄씩 검색하면서 0값이 아닌 화소 Q(x,y)에 임의의 0의 아닌 값 v를 부여한다. v 값은 그 화소의 주변 화소값에 따라 결정되며, 주변 화소값이 배경값과 같으면, 즉 0이면, v도 0으로 결정되고, Q(i,j)는 폐기된다.

② 인접한 화소가 0이 아닌 유일한 화소라면 화소 Q(x,y)에 번호를 부여한다. 0이 아닌 화소가 2개 이상 있다면 번호가 부여된 기존의 화소 번호로 통일하고, 이러한 번호 부여 과정은 영상의 전 영역에 걸쳐서 이루어지며, 결과적으로 한 물체의 영역은 동일한 번호로 표기된다.

화소의 선명도(Acuity)는 카메라 렌즈로부터 멀어질수록 그 값이 감소한다. 인간의 시각은 약 500 lux 의 광원에서 약 250 mm 인 거리에 있을 때 물체에 대한 최적의 해상도를 가질 수 있다. 색(Color)은 밝기(Brightness)보다 인식하는 데 있어 더 민감하게 작용하므로 영상의 중요한 특성이며, 빨강, 녹색, 파랑의 3 가지 주요한 성분으로 나눌 수 있다. 색을 나누는 또 하나의 분류 방법은 강도(Intensity), 색상(Hue), 채도(Saturation) 즉 HSI 방법은 색의 인지에 더 효과적이라고 알려져 있다[67].

강도는 빨강, 녹색, 파랑 색 성분의 평균값이고, 색상은 색의 평균 파장에 비례하며 채도는 백색의 결핍도로 산정된다. 예를 들어, 풀의 녹색이나 내연기관 엔진 폭발색인 빨강은 채도가 높다. 하지만 분홍이나 밝은 파랑은 채도가 낮다. 물체가 2차원 평면에 투영되었을 때, 물체의 경계 주위로 이러한 색의 성질에 급격한 차이가 발생한다. 또한 카메라에 가까울수록 더 높은 값을 갖는다.

영상 정합 과정에서 독립한 물체는 이러한 색의 성질들에 의해 인식되며, 물체까지의 상대적인 거리가 좌우 두 영상의 정합 결과로 계산된다. 물체의 분리를 위한 세선화 과정(Thinning process)이 수행되고[21], 물체에 대한 번호 부여가 이루어진다.

H, S, I는 다음 식들에 의해 결정된다[67].

$$H = \begin{pmatrix} \theta \quad if(B \le G) \\ 360 - \theta if(B > G) \end{pmatrix} \tag{5-1}$$

$$S = 1 - \frac{3}{(R+G+B)} \cdot \left[\min(R,G,B)\right] \tag{5-2}$$

$$I = \frac{1}{3}(R+G+B) \tag{5-3}$$

여기서 $\theta = \cos^{-1}\left(\dfrac{\frac{1}{2}[(R-G)+(R-B)]}{[(R-G)^2+(R-B)\cdot(G-B)]^{\frac{1}{2}}} \right)$ 이다.

(2) 입체 영상 정합

입체 시각은 다른 관점에서 바라본 두 개 이상의 영상으로부터 공간의 물체를 인식하고 물체와의 거리를 알 수 있다.

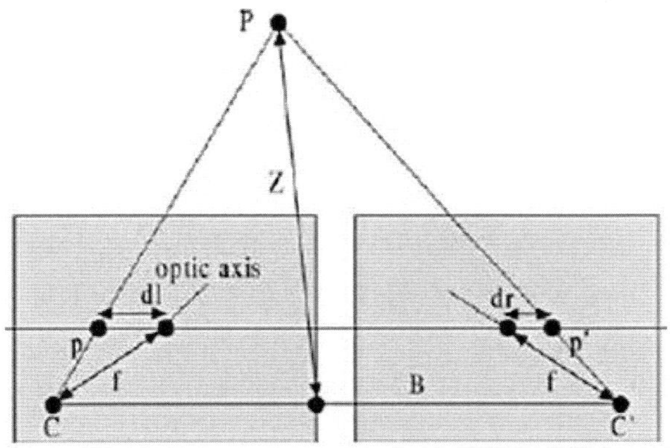

[그림 5.4] 입체 영상 정합에 의한 물체 거리 계산(Calculation of object distance by stereo image matching)

위 그림에서 두 카메라의 거리가 B이고 초점거리가 f이면, 물체의 P점에 대한 좌측과 우측 영상은 이격거리가 발생하며 각각의 거리를 dr, dl로 정의했을 때, 물체까지의 거리 Z는 다음과 같은 식에 의해 결정된다.

$$Z = \frac{Bf}{d} \tag{5-4}$$

이때, $d = dl - dr$이다.

입체 영상 정합은 영역 기반 정합(Area based matching)과 특징 기반 정합(Feature based matching)으로 구분된다. 영역 기반 방법에서는 영상을 일부 영역으로 분할하면서 두 개의 영상으로부터 동일한 영역 사이의 상관도가 가장 높은 영역을 찾아낼 수 있고, 이 영역이 동일한 물체를 의미하게 된다. 특징 기반 방법은 두 개의 다른 영상으로부터 특징점을 추출해 내고 이러한 특징점은 독특성, 반복성, 물리적 유의미성 등에 의해 결정된다. 바라본 동일한 물체는 투영변환에 의해 정의될 수 있으며, 물체를 구별하기 위한 모서리 추출(Corner detection)과 경계선 인식(Edge detection)과정으로 정확도를 향상시킬 수 있다[67].

다른 각도에서 얻어진 두 개의 영상을 정합하는 과정에서 등극선 제한조건(Epipolar line constraint)이 적용되어야 하는데, 두 영상의 수평한 선상에 특징점들이 존재하기 때문에 공통되는 특징점을 찾을 때 시간을 단축할 수 있다. 영역 기반 방법은 각 영상에서 화소 별로 다음과 같은 상관 지수에 의해 동일한 영역을 결정한다.

$$Corr(x,\,y,\,d) = \frac{\sum_{n=y-L}^{y+L}\sum_{m=x-K}^{x+K}[I_R(x+m+d,\,y+n)-\mu_r]-[I_L(x+m,\,y+n)-\mu_l]}{\sqrt{\sum_{n=y-L}^{y+L}\sum_{m=x-K}^{x+K}P+\sum_{n=y-L}^{y+L}\sum_{m=x-K}^{x+K}Q}} \tag{5-5}$$

여기서 $\begin{cases} P = I_R(x+m+d,\,y+n)-\mu_r)^2 \\ Q = (I_L(x+m,\,y+n)-\mu_l)^2 \end{cases}$ 이다.

특징 기반 정합 방법은 세 단계로 이루어지는데, 특징점 추출, 등극선 계산 그리고 등극선 상의 일치되는 특징점 결정이다. 이때에는 RANSAC과 LMedS와 같은 잡음에 강인한 알고리즘들이 사용된다[70-71].

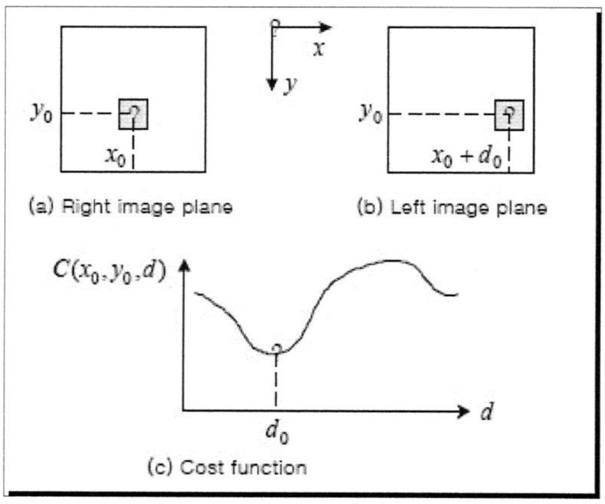

[그림 5.5] 영역 기반 방법에 의한 정합(Stereo matching by area based method)

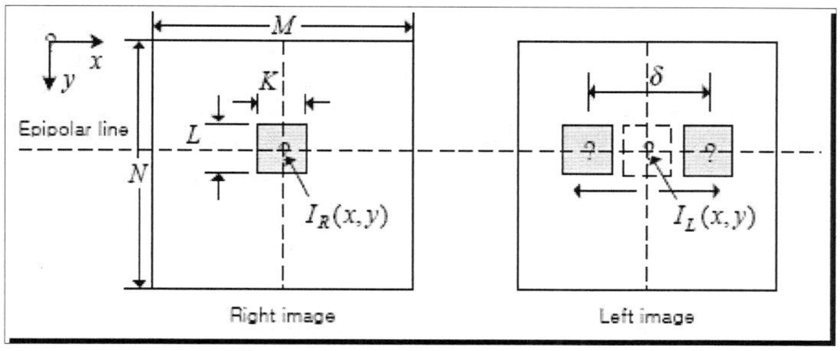

[그림 5.6] 등극선에 의한 정합(Stereo matching by epipolar constraint)

5.5.4 동시적 자기위치인식 및 지도형성(SLAM)

(1) 지도형성

일정 영역을 지도화 하는 과정에서 모든 영역을 빠짐없이 정보로 저장하기 위해서는 작은 공간 또는 격자 형태로 나누는 것이 필요하다. 환경정보를 세밀하게 표현하기 위해서는 격자의 크기는 작을수록 좋으나, 센서의 성능 및 개수와 로봇의 이동정확성 등의 한계에 의해 격자크기는 제한된다. 격자지도는 표현정보가 격자의 점유와 비점유의 두 형태로 표현되므로 간단하지만, 검색영역이 넓어질수록 정보가 대량화되는 단점이 있다[21].

격자지도와 달리 위상기하지도는 전 영역에 걸친 세부적 정보를 다루지 않는 대신, 로봇 이동 거리와 방향 등 지형과의 상대적 위치관계 정보를 이용한다. 위상기하지도방식은 격자지도방식에 비하여 이를 적용한 로봇의 이동속도가 비교적 빠르고, 인간의 인식과 유사한 방식으로 이동정보가 간단명료하게 표현되는 장점이 있다. 또한 주변지형정보에 대한 정확한 인식 정보가 필요하지 않으므로 격자지도에서 발생한 이동로봇의 미끄러짐 또는 거리격차 등의 오차현상에 비교적 안정적이다. 또한 센서잡음과 미소한 환경의 변화에 강인한 특성을 보이며 저장되는 정보가 상대적으로 적으므로 넓은 이동영역까지의 지도확장이 가능하다. 하지만 이는 환경이 복잡할수록 더욱 많은 정보량이 필요해지고, 이미 지나간 지점으로의 회귀 정확성이 낮은 단점이 있다[69-71].

지도형성과정은 센서의 특성과 센서로부터의 정보에 크게 의존하는데, 센서정보의 분석, 시간에 대한 분리과정, 로봇 자세 추정, 일부영역 지도 생성 그리고 이동의 순서로 진행된다. 초음파센서는 가격이 저렴하고, 비교적 넓은 영역(30cm ~ 3m)에 이른 거리정보를 제공하지만, 초음파의 진행형태가 거리에 따라 원추형으로 전개되므로 이로 인한 인식 방향정보가 부정확할 수 있다. 반면에 입체 시각 시스템은 두 개의 영상으로부터 물체를 식별해 내고, 각각의 물체의 거리를 알 수 있다. 일반적으로 정지된 상태에서 물체의 거리를 식별해 내는데 유리하지만 이동 상태에서는 영상 처리 속도의 한계상 물체 인식에서부터 거리 측정의 단계가 원활하게 이루어지지 않는다. 따라서 광류(Optical flow) 알고리즘을 추가하여 물체 인식과 거리 측정 성능을 높일 수 있다. 광류 알고리즘은 시간적으로 연속된 두 개 영상이 있을 때, 움직이는 물체의 화소위치 변화에 의해 움직이는 물체의 윤곽을 추출하는 방식이다. 이동 중인 로봇의 경우 카메라의 위치가 변하면서 연속된 두 영상이 얻어진다. 이때, 물체가 카메라로부터 떨어진 거리에 따라 물체 윤곽의 이동 화소 폭이 달라진다. 즉, 물체가 카메라로부터 가까이 있을수록 움직이는 화소의 폭이 커지며, 멀어질수록 화소의 변화는 미약하게 된다. 이 관계를 이용하여 로봇의 이동 속도에 비례한 이동 화소의 폭에 따라서, 물체와의 거리를 추정될 수 있다. 따라서 움직이는 물체나, 고정된 물체에 관계없이, 일련의 연속된 두 영상의 광류 분석에 의해 물체의 거리를 추정할 수 있다. 입체 시각 시스템에서 한 개의 카메라에서 연속적으로 얻어진 2개의 영상에 의한 물체의 외곽 추출과 이 외곽선의 중심점을 알아내고, 좌, 우의 다른 각도에서 얻어진 물체 중심점에 대한 정보로부터 물체의 실제 거리를 추정할 수 있다.

(2) 자기위치인식 및 정확도 향상

외부적인 기준 위치정보가 주어지지 않으므로 이동로봇은 이동 경로 중의 방향 전환점에 이르렀을 때, 주변 정보를 입체 영상으로 검색 취득하고 이에 관한 정보를 분석함으로써 국소영역에서의 자기위치인식을 수행하게 된다. Weiβ가 제안하고 Röfer[25]가 개선한 각도히스토그램(Angle histogram) 방법과 Martinelli[26] 등의 상대지도지형필터(RMGF; Relative map geometric filter)로 보완하여 코너 및 모서리의 인식의 정확도를 향상시켰다.

자기위치인식과정은 회전각도정보와 직교좌표계상 좌표정보의 인지 과정으로 나뉜다. 회전각도의 정보를 표현하기 위한 각도히스토그램은 다음과 같은 과정을 통해 구해진다. 우선 스캔과정에서 얻어진 거리정보들의 중첩적 분석을 통해 장애물의 외형을 의미하는 점들을 구하고, 각 점에서 반시계방향으로 인접한 점들과 연결한 후, 이 연결선의 기울기 즉 각도를 산출한다. 전체 영역을 검색한 후 각각의 연결선으로부터의 각도정보를 분포도형식으로 표현하게 된다.

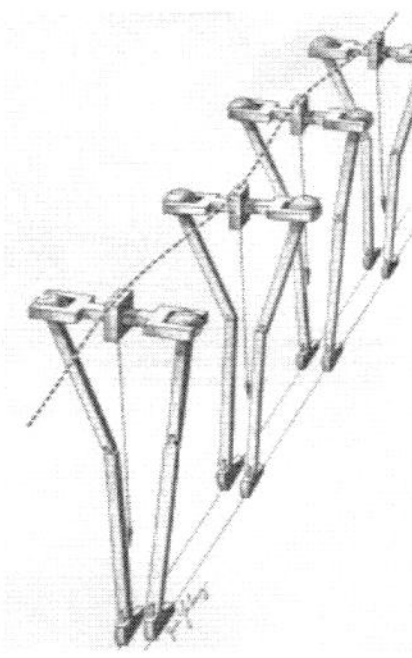

부 록

부록 1 기계요소 설계

1.1 회전관성모멘트

(1) 가는 봉(연직방향의 중심)

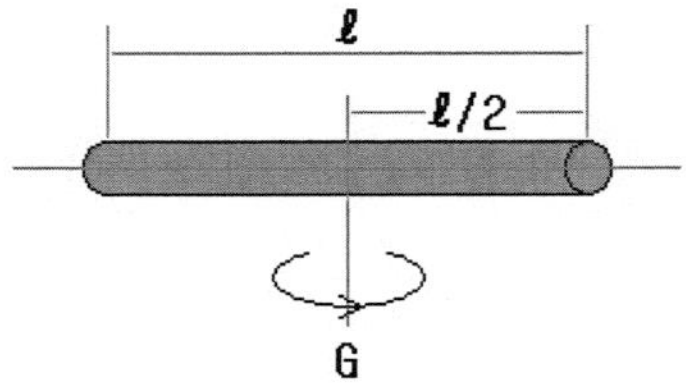

그림과 같이 가는 봉이 연직방향의 중심으로 회전할 때의 회전관성모멘트는 다음과 같다.

M = (W/g)×(ℓ²/12)

M : 회전관성모멘트(kg-cm²)

W : 봉의 무게(kgf)

g : 중력가속도(cm/sec²)

ℓ : 봉의 길이(cm)

(2) 가는 봉(연직방향의 끝단)

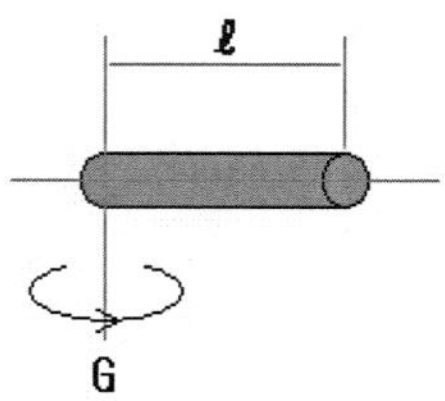

그림과 같이 가는 봉이 연직방향의 끝단을 중심으로회전할 때의 회전관성모멘트는 다음과 같다.

M = (W/g)×(ℓ²/3)

M : 회전관성모멘트(kg-cm²)

W : 봉의 무게(kgf)

g : 중력가속도(cm/sec²)

ℓ : 봉의 길이(cm)

(3) 반지름이 r 이고 질량이 m 인 속이 빈 위 아래로 뚫려있는 원기둥

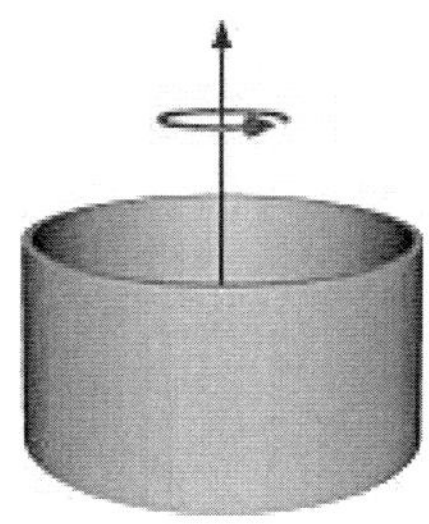

$$I = mr^2$$

(4) 안쪽 반지름이 r_1, 바깥 반지름이 r_2 이고 질량이 m 인 두꺼운 원기둥

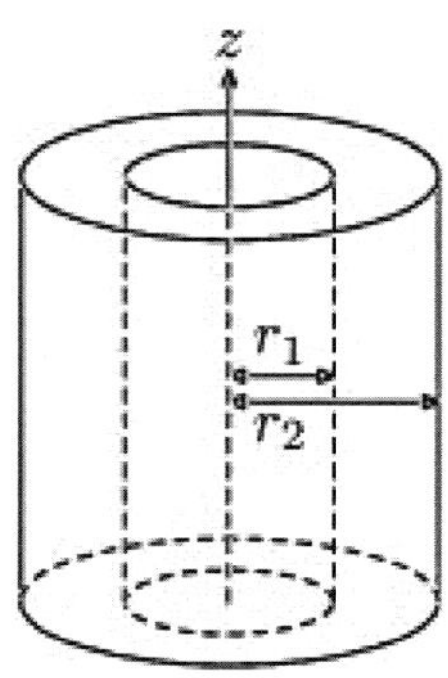

$$I_2 = \frac{1}{2}m(r_2^2 + r_1^2),\ I_x = I_y = \frac{1}{12}m[3(r_2^2 + r_1^2) + h^2]$$

5) 반지름 r, 높이 h, 질량 m인 원기둥

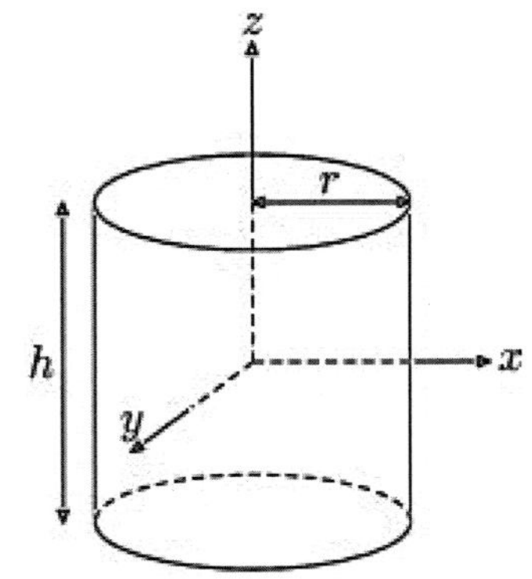

$$I_z = \frac{1}{2}mr^2,\ I_x = I_y = \frac{1}{12}m(3r^2 + h^2)$$

(6) 반지름 r, 질량 m인 얇은 원판

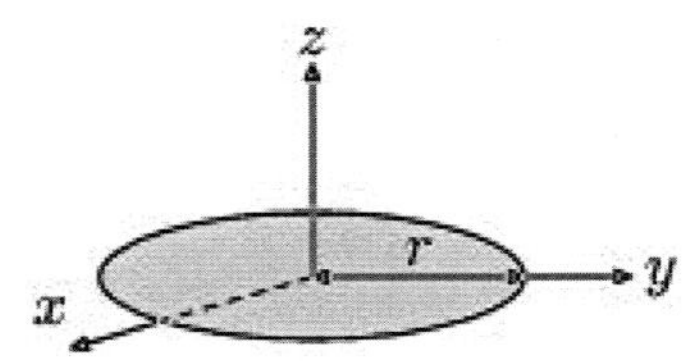

$$I_z = \frac{1}{2}mr^2,\ I_x = I_y = \frac{1}{4}mr^2$$

(7) 높이 h, 너비 w, 깊이 d, 질량 m인 직육면체

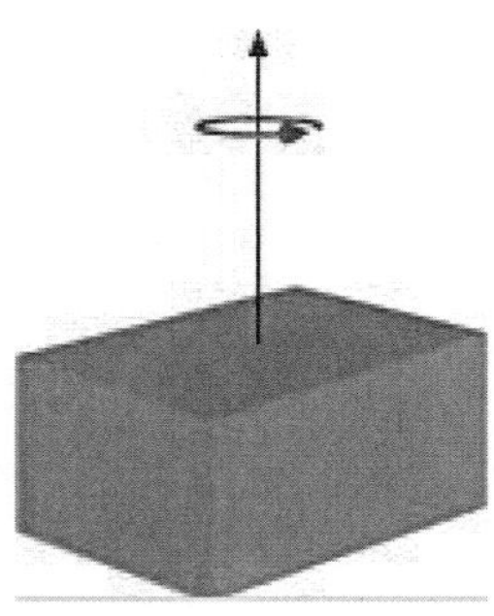

$$I_h = \frac{1}{12}m(w^2 + d^2),\ I_w = \frac{1}{12}m(h^2 + d^2),\ I_d = \frac{1}{12}m(h^2 + w^2)$$

(8) 길이 L, 질량 m인 막대

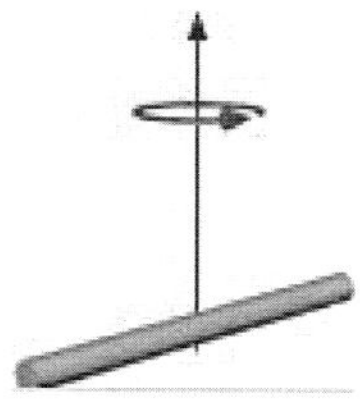

$$I_{center} = \frac{1}{12} m L^2$$

(9) 길이 L, 질량 m인 막대

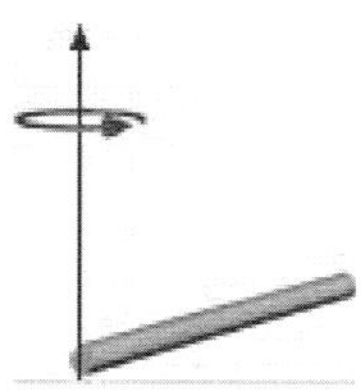

$$I_{end} = \frac{1}{3} m L^2$$

관성텐서란 고체의 질량분포를 나타내는 3×3 행렬이다. 기준좌표계에 대한 관성텐서를 나타내기 위해 우선 물체의 중심에 원점이 있는 좌표계에 대한 고체의 관성텐서를 나타내어보자. ρ를 고체의 질량 밀도라고 하고, V를 물체의 부피라 하면 이때 질량중심에 대한 물체의 관성텐서는 질량중심에 위치한 좌표계 $L_c = \{x^c, y^c, z^c\}$에 대해 다음 식과 같이 나타난다.

$$D_c = \begin{bmatrix} \int_v (y^2+z^2)\rho dV & -\int_v xy\rho dV & -\int_v xz\rho dV \\ -\int_v xy\rho dV & \int_v (x^2+z^2)\rho dV & -\int_v yz\rho dV \\ -\int_v xz\rho dV & -\int_v yz\rho dV & \int_v (x^2+y^2)\rho dV \end{bmatrix}$$

Dc에서의 적분은 물체의 부피에 대한 3차원 적분이다. 여기서 Dc는 각각 3개의 관성모멘트항과 관성곱항 등 6개의 독립된 항을 가진 대칭행렬이다. 3개의 대각선 항을 관성모멘트(moments of inertia)라 하며 나머지 항을 관성곱(products of inertia)이라 한다.

관성모멘트는 그 성질상 양수이나, 관성곱은 양수 혹은 음수가 될 수 있다. 만일 좌표계 Lc의 축이 물체의 주축과 일렬로 된다면, 관성곱항은 영이된다. 이경우, 관성텐서는 대각선 행렬이 되며, 3개의 대각선 요소를 주관성 모멘트(principal moment of inertia)이라 한다. 다음의 표는 비교적 단순한 형태의 물체에 대한 관성 모멘트를 나타낸다.

[표 1] 물체 관성모멘트

물체	I_{xx}	I_{yy}	I_{zz}
원통형	$\frac{m(3r^2+4h^2)}{12}$	$\frac{m(3r^2+4h^2)}{12}$	$\frac{mr^2}{2}$
가는 원통형	$\frac{mh^2}{3}$	$\frac{mh^2}{3}$	0
원통 쉘형	$\frac{m(3r^2+2h^2)}{6}$	$\frac{m(3r^2+2h^2)}{6}$	mr^2
사각기둥형	$\frac{m(b^2+4c^2)}{12}$	$\frac{m(a^2+4c^2)}{12}$	$\frac{m(a^2+b^2)}{12}$
원통형	$\frac{m(3r^2+2h^2)}{20}$	$\frac{m(3r^2+2h^2)}{20}$	$\frac{3mr^2}{10}$
피라미드형	$\frac{m(b^2+2h^2)}{20}$	$\frac{m(a^2+2h^2)}{20}$	$\frac{m(a^2+b^2)}{20}$

(10) 면적중심과 압력중심

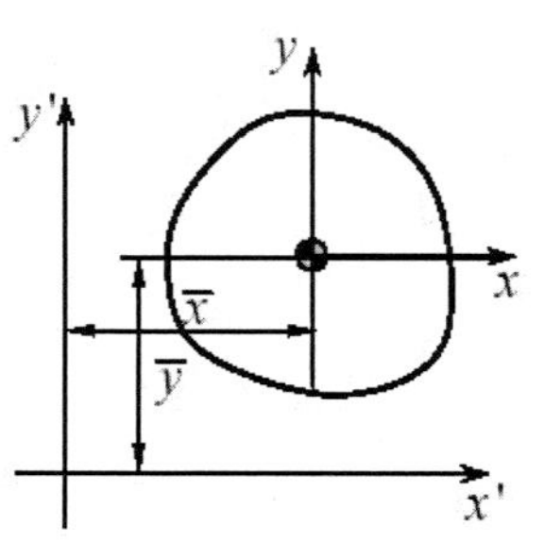

$$\bar{x}=\frac{\int_A xdA}{\int_A dA}=\frac{\int_{A_1} xdA+\int_{A_2} xdA+\cdots+\int_{A_n} xdA}{\int_{A_1} dA+\int_{A_2} dA+\cdots+\int_{A_n} dA}=\frac{\overline{x}_1A_1+\overline{x}_2A_2+\cdots+\overline{x}_nA_n}{A_1+A_2+\cdots+A_n}=\frac{\sum A_t\overline{x}_t}{\sum A_t}$$

1.2 나사

(1) 나사

가장 널리 사용되는 기계 요소, 2개 이상의 기계 부품을 결합시키거나, 기계의 동작 조절, 자리이동 등에 사용

(2) 나사의 원리

나사선 : 직각 삼각형의 종이로 원통 둘레를 감으면, 직각 삼각형의 빗변이 원통둘레에 일정한 간격으로 하나의 곡선을 이루는 것을 말함.

① 나사(thread) : 나사선을 따라 특정한 홈을 만든 것을 말함

② 나사산 : 나사에서 볼록하게 나온 부분을 말함.

③ 나사의 골 : 나사에서 오목하게 들어간 부분을 말함.

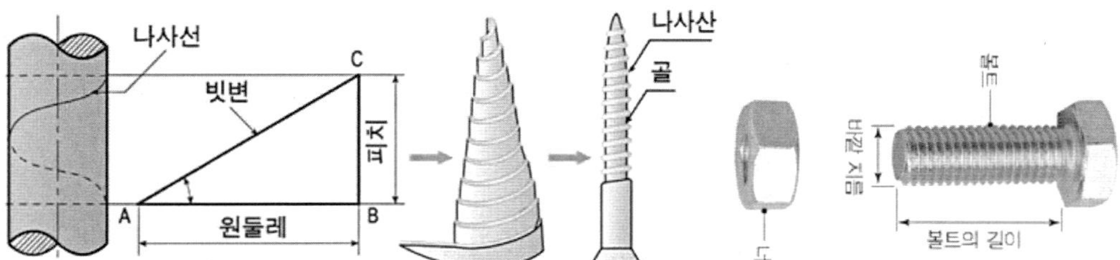

나사의 요소

(3) 나사의 종류

① 죄는 방향에 따라 오른 나사, 왼나사가 있음.

② 나사산의 모양에 따라 삼각나사, 사각나사, 사다리꼴, 둥근나사, 톱니나사 등이 있음.

나사의 종류 / 구 분	삼각나사	사각나사	사다리꼴나사	톱니나사	둥근나사
나사산의 모양					
사용의 실제 모 양	 볼트와 너트	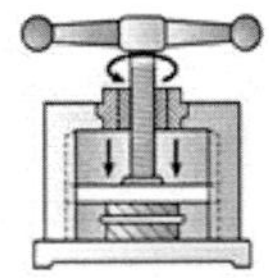 프레스	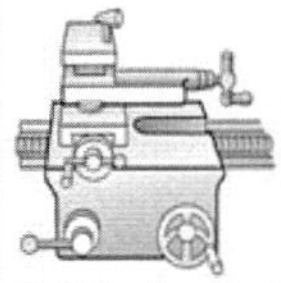 선반의 리드 나사	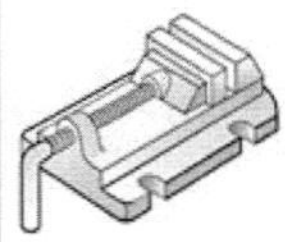 기계 바이스	 백열 전구의 나사
용 도	일반 기계의 조립용	큰 힘을 전달하는 프레스, 잭 등에 사용	•선반의 리드스크류 •스톱밸브의 밸브대	밀링 머신의 일감 고정	•백열 전구의 끼움나사 •시멘트 믹서 기계

③ 나사의 용도

- 삼각나사는 두 물체를 결합하는 곳에 사용 - 볼트, 너트
- 사각 나사는 큰 힘을 전달하는 곳에 사용. - 바이스, 프레스, 잭 등
- 사다리꼴 나사는 동력을 전달할 때 사용 - 공작기계 이송 나사
- 톱니 나사는 한쪽 방향으로 힘을 전달할 때 사용 - 압착기
- 둥근 나사는 충격을 받거나 먼지가 들어가기 쉬운곳에 사용 - 백열 전구, 소켓

(4) 호칭 치수

나사의 크기는 바깥 지름으로 나타내는데, 이를 호칭 치수라 함.
나사는 모양, 지름, 피치 등이 규격화 되어있음. 한국산업규격(KS)에 규정되어 있음.

(5) 나사 각 부의 명칭

① 피치(pitch) : 나사산과 바로 그 다음 나사산까지의 거리를 말함.
② 리드(lead) : 나사를 한 바퀴 돌릴 때 움직인 거리를 말함.
③ 바깥 지름 : 수나사의 산마루에 접하는 가상의 원통 지름을 말함
④ 골지름 : 수나사 및 암나사의 골에 접하는 가상의 원통 지름을 말함.
⑤ 안지름 : 암나사의 산마루에 접하는 가상의 원통 지름을 말함.

1.3 핀

(1) 핀의 용도

핀은 큰 힘이 걸리지 않는 부분을 고정하거나, 볼트와 너트가 풀리는 것을 방

지하는데 사용하는 기계 요소로 자전거에 동력전달 장치인 체인과 크랭크 축 부위에 사용됨.

(2) 핀의 종류

① 평행 핀 : 굵기가 일정한 핀
② 테이퍼 핀 : 한 쪽이 점점 가늘어 지는 핀
③ 분할 핀 : 핀을 꽂은 다음에 빠지지 않도록 끝이 벌어지는 핀 등이 있다.
④ 키 : 축에 풀리나 핸들과 같은 회전체를 고정시키기 위해 사용하는 쐐기 모양의 쇠막대로서, 벨트, 풀리, 핸들, 기어 등을 축에 고정시켜 회전력을 전달하는 데 사용(묻힘 키, 반달 키, 안장 키, 평행 키, 접선키 등)

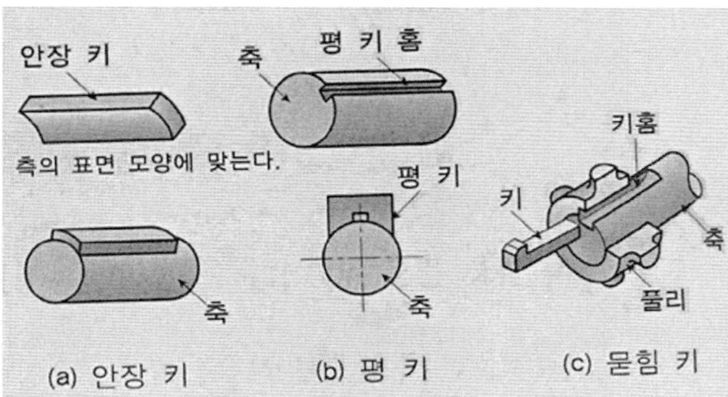

키의 종류

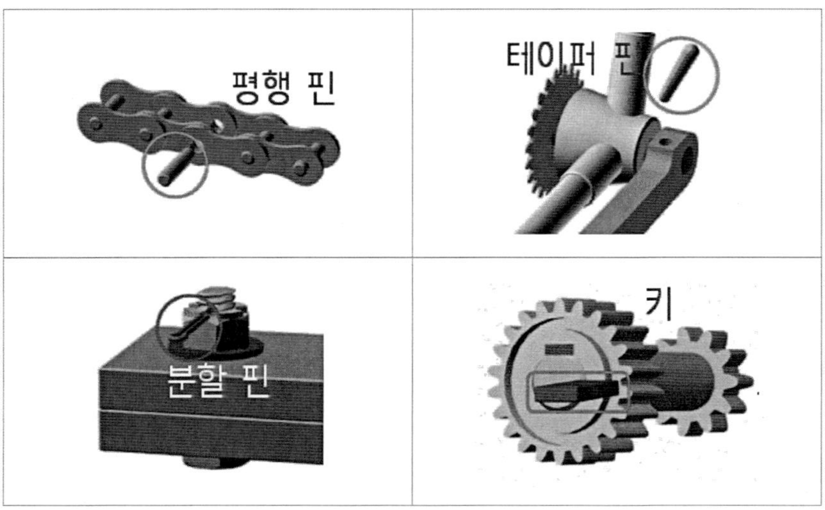

키의 종류별 용도

1.4 축과 베어링

(1) 축

축은 일반적으로 회전하는 물체의 중심 막대를 말함.
주로 회전 운동으로 동력을 전달하는데 사용.
원형 단면을 가진 회전체의 중심막대를 축이라 함.

① 축의 종류

- 직선축 : 자전거 허브축 처럼 일직선으로 곧은 축
- 크랭크 축 : 왕복운동을 회전운동으로 바꾸는 축
- 차축 : 버스의 앞바퀴와 같이 축은 고정되어 있고 바퀴만 회전하는 축
- 전동축 : 철도 차량과 같이 축과 바퀴가 고정되어 함께 돌아가는 축이 있음.

차축	전동축	크랭크축

축의 종류

(2) 베어링

① 베어링의 역할

베어링은 축과 함께 사용하는 기계요소로, 운동하는 축을 받쳐 주어서 축의 마찰 저항을 적게하여 회전을 원활하게 하는 역할을 한다.

② 베어링의 종류

- 미끄럼 베어링 : 미끄러운 금속판을 사용하는 베어링 축과 면접촉을 하기 때문에 큰 힘엔 잘 견딤. 큰 부하를 받는 축에 사용
- 구름베어링

  구름베어링은 마찰에 의한 손실이 적어, 고속 회전하는 축에 사용

  ㉠ 롤러 베어링 : 선 접촉에 의해 축을 받쳐주는 베어링

  ㉡ 볼 베어링 : 점 접촉에 의해 축을 받쳐주는 베어링

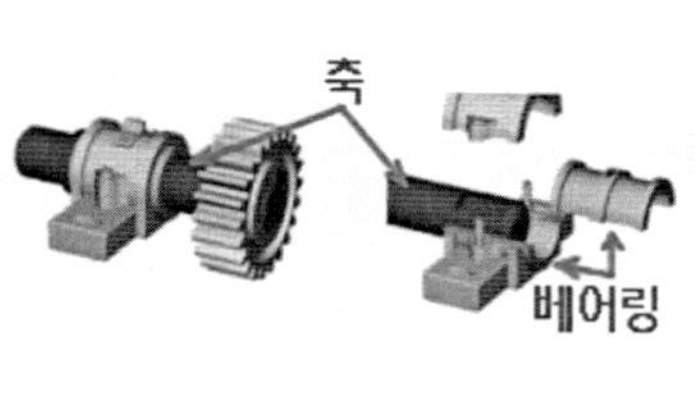		
미끄럼 베어링	롤러 베어링	볼 베어링

베어링 종류

1.5. 기어

(1) 기어의 역할

기어는 일정한 두께의 원통에 이를 만들어 서로 맞물려 돌아갈 수 있게 만든 기계요소로 두 축간의 거리가 가까운 곳에 쓰임.

- 시계, 자동차, 각종 기계에 사용됨

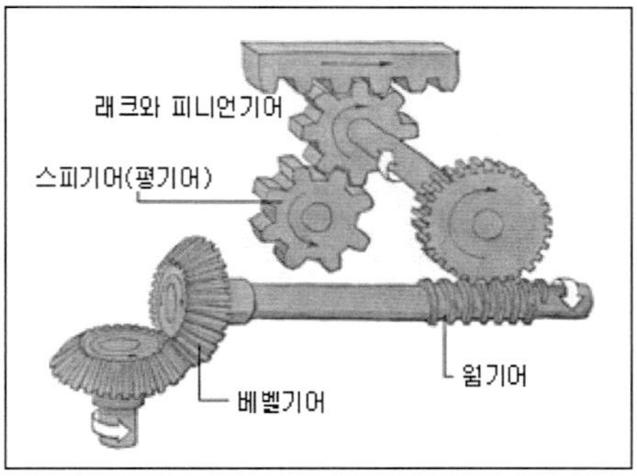

기어의 종류

① 기어 전동의 특징

다른 전동 장치보다 전동이 확실하고 내구성이 높다.

서로 맞물리는 기어의 잇수를 변화시켜서 회전 속도를 높일 수 있다.

두 축이 평행하거나 교차하지 않아도 확실한 동력을 전달 할 수 있다.

② 기어의 종류

종류	모양	축 관계	용 도
① 평기어		두 축이 평행하다. 톱니가 나란하다.	- 시계, 자동차 내연 기관 등
② 베벨 기어		두축이 직각(교차)으로 만난다.	회전 방향을 직각으로 바꿀 때 사용 - 자동차 구동(차동) 장치, 핸드 드릴, 자전거 등
③ 헬리컬 기어		두 축이 평행하며, 이가 경사져 있다.	- 자동차의 변속장치에 사용 - 진동과 소음이 적음
④ 웜과 웜기어		두 축이 평행하지도 교차하지도 않는다.(직각이지만 만나지 않는다.)	회전 속도를 크게 낮출 때 사용 - 감속 장치에 사용 멍키 스패너, 자동차의 핸들
⑤ 랙과 피니언		두축이 평행하다.	회전 운동을 직선 왕복 운동으로 바꾸거나 그 반대로 바꿀 때 사용 - 사진기 삼각대, 현미경 자동차 조향 장치 등

기어 연결

부록 2 전자회로 설계

형 명	동작속도	비 고
74LS 시리즈	15ns	표준적인 제품
74ALS 시리즈	11ns	표준 고속 타입
74F 시리즈	6ns	특히 고속의 타입
74AS 시리즈	5ns	특히 고속의 타입

EPROM

마이크로 컴퓨터의 주 기억 소자로서 사용되고 있는 메모리 소자로 자외선이나 전기적으로 소거한후 전용 라이타로 데이터를 기록하여 데이터를 저장하는 기능을 갖고 있다. 최근에는 마이컴내에 내장시켜 일체화한 IC가 많이 사용되고 있다.

FPGA(Field Programable Gate Array)

이것은 데이터의 기록에따라 IC의 기능 그 자체를 만들수 있는 IC로 지금과 같이 SSI나 MSI 클래스의 IC를 수많이 사용하고 구성해 왔던 회로를 1개의 FPGA로 실현할 수 있기 때문에 고도의 기능을 실현하는것이 가능해지고 있다. 게이트 수백개로부터 수천개까지 내장한 FPGA가 있어서 임의의 고기능의 기능 소자를 자유롭게 만들 수 있다.

연산 증폭기

연산 증폭기(OP Amp)는 아날로그 IC의 기본적인 소자로 명칭은 Operational Amplifire의 약칭으로 OP 앰프라고도 불리고 있다. 기본 기능은 선형 증폭이며 아날로그 입력을 일정한비로 증폭하고 출력하는 기능을 갖고 있다. 증폭율이 상당히 높기 (10의 5승 이상) 때문에 회로 설계상 무한대의 증폭 비율을 갖는 이상적인 증폭기로서 취급 할 수 있다. 이 무한대의 증폭율을 전제로하면 피드백 회로를 구성할때 증폭율을 저항의 비율 만으로 결정 할 수 있어서 연산 증폭기라 할 수 있다.

연산 증폭기의 특성 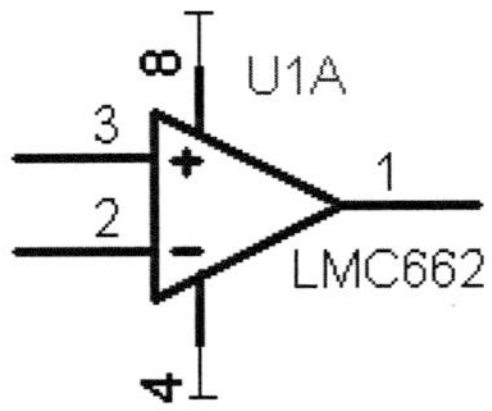	외관상은 디지탈 IC와 동형상 이며 실장 개수에 따라 핀 수가 변함 왼쪽은 2개, 위는 4개를 내장하고 있다. 연산 증폭기의 회로도 기호는, 아래 그림과 같으며 플러스 와 마이너스 2개의 입력과 1개의 출력 핀을 갖고 있다. 그 밖에는 플러스 마이너스의 2전원 핀이 있으며 2개 입력 핀의 전압 차이를 증폭하고 출력 핀에 출력하다.
	연산 증폭기의 기본 회로는 상당히 간소하다. 이 연산 증폭기의 기본 회로는 다음 그림과 같습니다. 여기에서 입력은 R2의 좌측으로부터 들어가고 1번 핀에 출력이 나타납니다. 이때의 증폭율은 5배 (R3/R2=100K/20K=5)가 되며 저항의 비 만으로 결정됩니다. 이것이 연산 증폭기의 최대의 특징입니다. 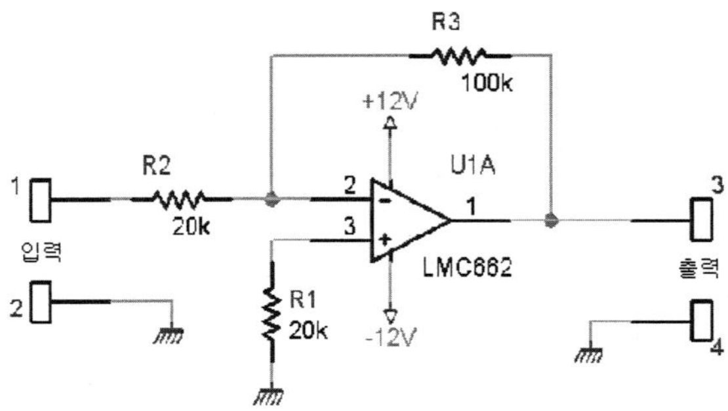
3 단자 레귤레이터 	증폭도 = - (R3 / R2) 최근의 전원 회로에는 입력, 출력, GND의 3개의 단자만으로 정전압 화로를 구성할 수 있는 3단자 레귤레이터가 많이 사용되고 있다. 레귤레이터의 기능은 출력 전압을 항상 일정하게 유지하는 작용을 하며 출력 전류나 입력 전압의 변화에 대해서도 안정된 출력 전압을 유지하다. 단순한 고정 전압 출력의 타입과 가변 출력 타입이 있으며 회로도 기호는 다음 그림처럼 3핀으로 나타냅니다. 왼쪽이 입력
파워 앰프용 IC 	오른쪽이 출력 하측이 GND 또는 A D J 좌측으로부터 100mA, 1A, 3A 타입 전용의 아날로그 IC의 대표적인 것으로 오디오의 출력 앰프로 소형 저출력부터 대형 고출력 앰프까지 다양한 종류가 있다. 주위에 저항과 콘덴서를 몇개 부가하는 것으로 오디오 앰프를 구성할 수 있기 때문에 간단하고 편리하게 사용할 수 있다. 이와 같은 1개의 IC로 수10W의 스테레오 앰프를 구성할 수 있는 것도 있다.

모터 제어용 IC 	특수한 용도로서는 DC 모터의 제어용 IC등이 있으며 회전 방향 제어나 속도 제어등이 가능한 IC가 있고 마이컴과 접속하여 각종 복잡한 제어가 가능한 것이 있다. 소형 DC 모터 제어용 IC H 브리지나 펄스폭 제어등의 기능을 갖는 IC

회 로 기 호	약 호	명 칭
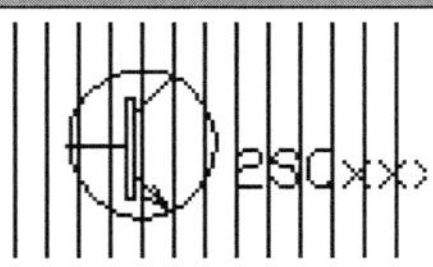	TR	NPN 트랜지스터
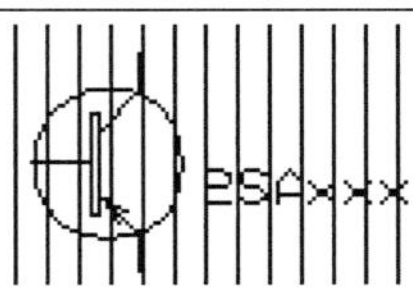	TR	PNP 트랜지스터
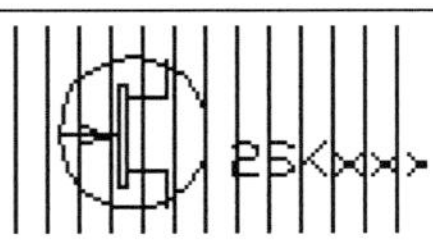	FET	전계 효과 트랜지스터
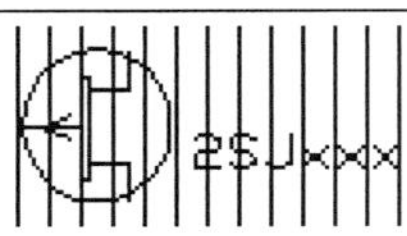	FET	전계 효과 트랜지스터
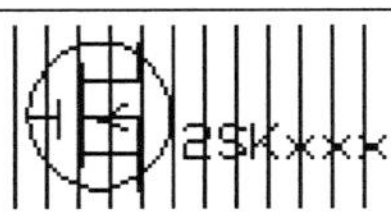	MOS FET	전계 효과 트랜지스터
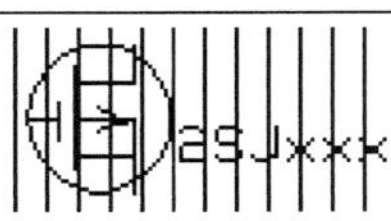	MOS FET	전계 효과 트랜지스터

트랜지스터 규격표

항 목	기 호	정 격
콜렉터 베이스간 전압	V_{CBO}	60
콜렉터 에미터간 전압	V_{CEO}	50
에미터 베이스간 전압	V_{EBO}	5
콜렉터 전류	IC	150
베이스 전류	IB	50
콜렉터 손실	PC	400
접합부 온도	Tj	125
보관온도	Tstg	-55 ~ 125

항 목	기 호	측정조건
콜렉터 차단 전류	I_{CBO}	VCB = 60V, IE = 0
에미터 차단 전류	I_{EBO}	VEB = 5V , IC = 0
직류 전류 증폭률	hfe(1)(注)	VCE = 6V , IC = 2mA
또는 펄스 증폭률	hfe(2)	VCE = 6V , IC = 150mA
콜렉타 에미터간 포화전압	VCE	IC = 100mA, IB = 10mA
베이스 에미터간 포화전압	VBE	IC = 100mA, IB = 10mA
이득 대역폭	fT	VCE = 10V , IC = 1mA
콜렉터 출력 용량	Cob	VCE = 10V , IE = 0, f = 1MHz
베이스 확산 저항	rbb'	VCE = 10V , IE = 0, f = 30MHz
잡음지수	NF	VCE = 6V , IC = 0.1mA, f = 1KHz, RG = 10KΩ

이 트랜지스터는 콜렉터 에미터간 최대 전압(Vceo)이 50V이기 때문에 여유있게 2 5 V 이하에서 사용하는 것이 좋으며, 최대 150mA까지 흐르게 할 수 있지만 콜렉터 손실이 400mW이기 때문에 10V로 사용했다고 한다면 400 / 10 = 40으로 40mA로 억제할 필요가 있다. 전류 증폭율 hfe는 통상은 100정도, 선별로 GR을 선택하면 200은 확보할 수 있다.·완전하게 ON 할 때의 컬렉터 전압은 최대 0.25V 이하로 할 수 있다. 주파수 대역은 fT가 80MHz이기 때문에 80 / hfe로 대체로 800KHz 정도까지는 사용할 수 있다. 대형의 트랜지스터는 대부분 방열판을 이용하며 방열판에 취부시는 방열판과 트랜지스터 사이에 열전도성이 좋은 시트를 삽입하며 나사에는 절연부시를 삽입하여 트랜지스터와 방열판을 완전히 절연하는 것이 필요하다.(때로는 절연하지 않는 것이 더 좋을 때도 있음)

콘덴서 종류	특 징	사 용 방 법
전해 콘덴서	비교적 용량이 크다	직류 회로의 전원 필터나 교류 회로의 커플링으로서 사용
	(0.1μF ~ 15000μF)	사용 가능 주파수가 비교적 낮기 때문에 주의 필요
	±의 극성이 있다	오디오용 특별저잡음형 종류도 있음
	정격 전압이 있다.	2개의 리드선중 긴쪽이 플러스 극임
	(2V ~ 500V)	
	비교적 허용차가 크다	
	(±10%, ±20%, -10% ~ +30%)	
	비교적 저주파 대역용	
	(DC ~ 수 100kHz)	
탄탈 콘덴서	비교적 용량이 크다	주파수 특성이 비교적 좋기 때문에 노이즈 진폭 제한기나 바이패스, 커플링, 전원 필터로서 사용함
	(0.1μF ~ 220μF)	2개의 리드선중 긴쪽이 플러스 극임
	±의 극성이 있다	
	정격 전압이 있다	
	(3V ~ 35V)	
	전해 콘덴서보다 주파수 특성이 좋다	
	(DC ~ 수 10MHz)	
세라믹 콘덴서	비교적 용량이 작다	고주파 대역에서 사용에 적합하기 때문에 고주파용 바이패스, 동조용, 고주파 필터로서 사용함
	(수pF ~ 수 μF)	
적층 콘덴서	정격 전압이 있으며 고 전압용도 있다	
	(25V ~ 3kV)	
	온도 보상용으로서 온도 계수가 관리	
	되는 것이 있다	
	극성이 없으며 허용차가 크다	
	(±10%,±20%)	
	적용 주파수 대역이 넓다	
	(수kHz ~ 수 GHz)	

콘덴서 종류	특 징	사 용 방 법
전기 이중층	특히 대용량의 콘덴서	직류의 축전 용, 배터리의 대용으로서 사용할 수 있지만 대전류 공급은 어려우며 메모리의 백업 전지 대용으로 사용
콘덴서	(0.01F～0.5F)	
	정격 전압이 비교적 낮다	
	(수V가 일반적)	
	주파수 특성은 나쁘다.	

마무리

휴머노이드로봇의 보행 안정성을 확보하기 위하여 ZMP 이론, 수동동보행 이론을 검토하고 전신 모멘트 평형화 보행을 제시하였다. 전신 모멘트 평형화 보행은 ZMP 조건을 만족시키면서 몸체 중심 속도의 위치와 방향을 일정하게 유지하여 안정성을 확보할 수 있다.

전신 모멘트 평형화 보행을 위하여 팔 동작과 허리, 골반 움직임의 중요성을 논의하였다, 다리의 운동학적 한계를 고려하고 발과 다리의 지면 접촉 유지 조건을 충족하기 위해 무중력 상태에서의 전신 움직임이 수정되었다. 이는 지지발의 지면에 대한 추력 발생과 지지다리가 무게 중심을 지지하도록 하기 위함이다.

서비스 기능을 수행하도록 하고 보행 뿐 아니라 다른 동작들의 안정성도 확보하기 위해 휴머노이드로봇의 팔 동작이 제한된 상황에서 골반 기구의 필요성을 역설하고, 실시간 성능이 우수한 골반 기구 제어 시스템에 대하여 논의하였다.

휴머노이드로봇의 보행 안정성을 확보하기 위한 지능형 SLAM 이 입체 시각 시스템과 함께 부분적으로 이루어졌으며, 기초 연구로서 주행 로봇으로 단순화하여 제안한 알고리즘을 실험으로 검증하였다. 지능형 SLAM 의 성능은 혼합지도 방식과 시뮬레이터 상에서 자동으로 이루어지는 지도 형성, 위치 정확화 과정 그리고 최적 경로 형성 과정의 통합을 통해 효율을 높일 수 있다. 휴머노이드로봇의 입체 시각 시스템에 의해 보행 중에도 주변 환경을 인식하고 정보를 처리하기 위해서는 물체 인식과 거리 및 경사 정보를 정확하고 빠르게 인지하는 것이 중요하다. 이를 위해서 세 개의 강인한 처리 알고리즘을 제시하였다.

휴머노이드로봇의 보행 안정화 확보를 위한 논의를 실제로 구현하기 위하여 Dyna-Balance 1호를 설계하고 제작하였다. 설계된 모델은 동역학 모사 실험에 사용되었고, 전체 무게를 줄이면서 각 요소들의 관성모멘트를 최소화하도록 제작하였다. 제어 보드와 제어 모듈, 센서 시스템, 전원 등 부속장치의 통합 시스템을 구축하고 기본적인 보행 실험을 구현함으로써, 모사 실험의 타당성을 확인할 수 있다.

참고문헌

[1] M. Vukobratovic, “Zero moment point : Thirty five years of its life,” International Journal of Humanoid Robotics, Vol. 1, No. 1, pp. 157～173, 2004.

[2] Eric R. Westervelt, Jessy W. Grizzle, Feedback control of dynamic bipedal robot locomotion, CRC Press, 2007.

[3] M. Wisse, D. G. E. Hobbelen, A. L. Schwab, “Adding an upper body to passive dynamic walking robots by means of a bisecting hip mechanism,” IEEE transactions On Robotics, Vol. 23, No. 1, Feb. 2007.

[4] D. G. E. Hobbelen, M. Wisse, “Swing-leg retraction for limit cycle walkers improves disturbance rejection,” IEEE transactions On Robotics, Vol.24, No.2, April 2008.

[5] 이일권, 『동적 특성을 고려한 휴머노이드 하체 부품의 구조최적설계』, 한양대학교 대학원, 2008.

[6] 전세영, 『휴머노이드의 안정적 착지를 위한 발 메카니즘과 발목 제어기의 설계 및 해석』, 연세대학교 대학원, 2008.

[7] 전성환, 『휴머노이드로봇의 전신운동 안정화에 관한 연구』, 전북대 대학원, 2005.

[8] F. Asano, M. Yamakita, “Virtual gravity and coupling control for robotic gait synthesis,” IEEE transactions On systems, man and cybernetics-Part A: systems and humans, Vol. 31, No. 6, Nov. 2001.

[9] 장유신, 계중읍, “이동형 차량용 무인사격시스템의 외란제거 및 자세 제어,” 전자공학회논문지, 제44권, 제3호, 2007.

[10] Chunye Peng, Kyosuke ONO, “Accuracy analysis of optimal trajectory planning methods based on function approximation for a four-dof biped walking model,” Journal of Mechanical Science and Technology, Vol. 19, No. 1, pp. 452～460, 2005.

[11] Jianfeng Li, Weihai Chen, Dezhong Liu, Jinsong Wang, "Inverse kinematic and dynamic analysis of a 3 DOF parallel mechanism," 7th International Conference on Control, Automation, Robotics and Vision, Dec. 2002, Singapore.

[12] J. J. Leonard and H. F. Durrant-Whyte, "Directed sonar sensing for mobile robot navigation", Kluwer Academic Publishers, Boston, MA 1992.

[13] W. Burgard, D. Fox, D. Hennig, and T. Schmidt, "Estimating the absolute position of a mobile robot using position probability grids", In Proceedings of the National Conference on Artificial Intelligence(AAAI), 1996.

[14] C. C. Wang and C. Thorpe, "Simultaneous localization and mapping with detection and tracking of moving objects", Proceedings of the IEEE International Conference on Robotics and Automation(ICRA), 2002.

[15] G. Weiss, E. Puttkamer, "A map based on laser scans without geometric interpretation," Intelligent Autonomous Systems, pp. 403-407, IOS Press, 1995.

[16] M. Skubic, G. Chronis, P. Matsakis, J. M. Keller, "Generating linguistic spatial descriptions from sonar reading using the histogram of forces," Proceedingss 2001 IEEE International Conference on Robotics and Automations, Seoul, Korea, 2001.

[17] A.D. Kuo, "Stabilization of lateral motion in passive dynamic walking," International Journal of Robotics Research, Vol. 18, No. 9, pp. 917～947, 1999.

[18] A. Elfes "Using Occupancy Grid" IEEE Journal of Computer, Vol. 22, No. 6, pp. 46～57, 1989.

[19] J. J. Leonard, H. F. Durrant-Whyte, "Directed sonar sensing for mobile robot navigation," Kluwer Academic Publishers, Boston, MA 1992.

[20] B. Kuipers, Y. T. Byun, "A robot exploration and mapping strategy based on a semantic hierarchy of spatial representations," Journal of Robotics and Autonomous Systems, 1991.

[21] Tae-Bum Kwon, Jae-Bok Song, "Thinning-based topological map building for local and global environments," Journal of Control, Automation and Systems Engineering, Vol. 12, No. 7, July 2006.

[22] C. C. Wang and C. Thorpe, "Simultaneous localization and mapping with detection and tracking of moving objects," Proceedings of the IEEE International Conference on Robotics and Automation(ICRA), 2002.

[23] S. Thrun, "Learning maps for indoor mobile robot navigation," Artificial Intelligence, 1999.

[24] W. D. D., T. Schmidt. "Estimating the absolute position of a mobile robot using position probability grids," Proceedings of the National Conference on Artificial Intelligence(AAAI), 1996.

[25] Thomas Röfer, "Using histogram correlation to create consistent laser scan maps," Proceedings of the IEEE International Conference on Robotics Systems(IROS), EPFL, Lausanne, Switzerland, pp. 625~630, 2002.

[26] Agostino Martinelli et al., "A relative map approach to SLAM based on shift and rotation invariant," Robotics and Autonomous Systems, Vol. 55, pp. 50~61, 2007.

[27] M. Begum, G. K. I. Mann, R. G. Gosine, "Integrated fuzzy logic and genetic algorithmic approach for simultaneous localization and mapping of mobile robots," Applied Soft Computing, Vol. 8, pp. 150~165, 2008.

[28] Luo, P. F., Wu, J., "Easy calibration technique for stereo vision using a circle grid," Optical engineering: the Journal of the Society of Photo-optical Instrumentation Engineering, Vol. 47, No. 3, 2008.

[29] 특허청, 신기술동향조사보고서, 2007

[30] 편집부, 지능형 로봇의 기술 현황(2), 월간 기계기술, pp.111-125, 2003. 2.

[31] Glbal information Inc., Emerging robotics technologies, March 2005.

[32] 마규하, 이순요, KISTI 기술동향분석보고서, 2005. 10.

[33] Kagita Shoji et al., Humanoid robot, Ohmsha, 2005.

[34] Jessica Rose, James G. Gamble, Human Walking, Lippincott Williams & Wilins, 2006.

[35] Martijn Wisse, Richard Q. van der Linde, Delft pneumatic bipeds, Springer, 2007.

[36] W. Weber and E. Weber, Mechanik der Mecschlichen Gehwerkzeuge: eine anatomisch-physiologische Untersuchung, Gottingen, 1836.

[37] S. Mochon and T. A. McMahon, "Ballistic walking," Journal of Biomechanics, pp. 13~57, 1980.

[38] H. J. Ralston, "Energy-speed relation and optimal speed during level walking," International Z. angew. Physiol, Vol.17, pp.277~283, 1958.

[39] T. McGeer, "Passive dynamic walking," International Journal of Robotics Research, Vol. 9, No. 2, pp.62~82, April 1990.

[40] T. McGeer, "Dynamics and control of bipedal locomotion," Journals of theoretical Biology, Vol. 163, pp. 277～314, 1993.

[41] Delft Biorobotics Laboratory, "http://www.youtube.com/v/i-t5x3q59Oo", 2007.

[42] R. Selles, J. B. J. Bussmann et al. "Comparing predictive validity of four ballistic swing phase models of human walking," Journal of Biomechanics, Vol. 34, pp. 117 1～1177, 2001.

[43] J. E. Pratt, C. -M. Chew, A. Torres, P. Dilworth, G. Pratt, "Virtual model control: An intuitive approach for bipedal locomotion," International Journal of Robotics Research, Vol. 20, No. 2, pp. 129～143, 2001.

[44] Jessica Rose, James G. Gamble, Human walking, Williams and Wilkinns, 2006.

[45] V. T. Inman, H. J. Ralston and T. Todd, Human walking, Williams and Wilkinns, 1981.

[46] Hirai K, Hirose M, Haikawa Y, Takenaka T. "The development of Honda humanoid robot." IEEE ICRA, 1998.

[47] Toru Takenaka "The Control system for the Honda humanoid robot," Age and Ageing, Vol. 35-S2, 2006,

[48] Simon D., Optimal state estimation: Kalman, H-infinity, and nonlinear approaches, John Wiley & Sons, 2006.

[49] Taro takahashi, atsuo kawamura, "Position and altitude tracking control for toe support phase of biped walking robot," Electrical Engineering in Japan, Vol. 157, No. 1, 2006.

[50] Philippe Sardain, Guy Bessonnet, "Forces acting on a biped robot. center of pressure -ZMP," IEEE Transactions on system, man and cybernetics, Vol. 34, No. 5, 2004.

[51] Yuxin Su, Dong Sun and James K. Mills, "Integraton of saturated PI synchronous control and PD feedback for control of parallel manipulator," IEEE transactions on robotics, Vol. 22, No. 1, 2006.

[52] Jim Karki, Active low-pass filter design, Application Report of Texas Instruments, Oct. 2000.

[53] Christopher L. Vaughan, "Theories of bipedal walking: an odyssey," Journal of Biomechanics, Vol. 36, pp. 513～523, 2003.

[54] Jin-Suk Song, Segmenting and blending upper body motions for controlling a

humanoid robot, The graduate school of Yonsei Univ., 2006.

[55] 인류 진화에 있어서 직립의 중요성, http://blog.naver.com/solhanna/80000488453

[56] Bhatti, A., Nahavandi, S. "Depth estimation using multi wavelet analysis based stereo vision approach," International journal of wavelets, multiresolution and information processing, Vol. 6, No. 3, pp. 481～497, 2008.

[57] Borrmann. D., Elseberg, J., Lingemann, K., Nuchter, A., Hertzberg, J., "Globally consistent 3D mapping with scan matching," Robotics and autonomous systems, Vol. 56, No. 2, pp. 130～142, 2008.

[58] Adams, M. "SLAM-algorithmic advances, loop closing, measurement classification and outdoor implementations," Robotics and autonomous systems, Vol. 55, No. 1, 2008.

[59] Julier, S. J., Uhlmann, J. K., "Using covariance intersection for SLAM," Robotics and Autonomous systems, Vol. 55, No. 1, pp. 3～20, 2007.

[60] Robert Sim, James J. Little, "Autonomous vision-based robotic exploration and mapping using hybrid maps and particle filters," Image and Vision Computing, 2008.

[61] Wang, Z., Huang, S., Dissanayake, G., "D-SLAM : A Decoupled Solution to Simultaneous Localization and Mapping," The international journal of robotics research, Vol. 26, No. 2, pp. 187～204, 2007.

[62] Eric Huber, David Kortenkamp, "A behavior based approach to active stereo vision for mobile robots," Engineering Application of Artificial Intelligence, Vol. 11, No. 2, pp. 229～243, 1998.

[63] Schleicher, D., Bergasa, L. M., Ocana, M., Barea, R., Lopez, E., "Real-Time stereo visual SLAM in large scale environments based on SIFT fingerprints," Lecture notes in computer science, Vol.4739, pp.684～691, 2007.

[64] Philippe Sardain, Guy Bessonnet, "Forces acting on a biped robot. center of pressure-zero monent point," IEEE transactions on systems, man and cybernetics-Part A, Vol. 34, No. 5, 2005.

[65] Soo-Hyun Kim, Tae-Kyu Yang, "Control system design of pelvis platform for biped stability," International Conference on Control, Automation and Systems 2007, Seoul, Korea.

[65] Soo-Hyun Kim, Tae-Kyu Yang, "Stereo vision with distance and gradient recognition,"

The 2007 International Conference on Mechatronics and Information Technology, Gifu, Japan.

[66] Kim, S. H., Kang, S. B., Yang, T. K., "Stereo vision with distance and gradient recognition," Proceedingss of SPIE-the international society for optical engineering, Vol. 6794, No. 2, 2008.

[67] Milan Sonka et al, Image Processing, Analysis and Machine Vision, Chapman & Hall Computing, London, 1993.

[68] Jae-Chul Kim, Byung-Ho Kang, Maeng-Sub Cho, "Adaptive hierarchical stereo matching using object segmentation and window warping," IEEE 2, pp. 7083～7087, 1987.

[69] Qian Yu, Helder Araujo, Hong Wang, "A stereo vision method for obstacle detection and tracking in non-flat urban environment," Autonomous Robots Vol. 19, pp. 141～158, 2005.

[70] Wenbo Zhang, Xinting Gao, "A feature-based matching scheme: MPCD and robust matching strategy," Pattern Recognition Letters, Vol. 28, pp. 1222～1231, 2007.

[71] Raymond K., K. Yip, W. P. Ho, "A multi-level dynamic programming method for stereo line matching," Pattern Recognition Letters, Vol. 19, pp. 839～855, 1998.

[72] Christopher L. Vaughan, Theories of bipedal walking: an odyssey, Journal of Biomechanics, Vol.36, pp.513~523, 2003.

[73] http://world.honda.com/ASIMO/technology/walking.html

[74] 한양공업 http://www.hanyangbelt.co.kr/technical/t_8.asp

찾아보기

저자약력

김수현(kimsh@yuhan.ac.kr)

고려대학교 기계공학과 학사
고려대학교 기계공학과 대학원 석사
KAIST 기계공학과 대학원 박사과정 수료
목원대학교 IT공학과 지능로봇전공 박사(Ph.D)
국립암센터 의공학연구과 수술로봇개발팀
현재 유한대학 기계설계학과 강의교수

서용호(yhseu@hotmail.com)

KAIST 전산학과 학사
KAIST 대학원 전자전산학과 석사
KAIST 대학원 전자전산학과 박사(Ph.D)
Microsoft 로보틱스그룹 연구원
퀄컴 CDMA Technologies 기술컨설턴트
현재 목원대학교 지능로봇공학과 교수

양태규(tkyang@mokwon.ac.kr)

광운대학교 전자공학과 학사
광운대학교 대학원 전자공학과 석사
광운대학교 대학원 로봇전공 박사(Ph.D)
목원대학교 전자공학과 교수
현재 목원대학교 지능로봇공학과 교수(학과장)

정가 19,000원

휴머노이드로봇 공학

2010년 10월 6일 초판 인쇄
2010년 10월 14일 초판 발행
저 자 : 김수현 · 서용호 · 양태규
발행자 : 우명찬 · 송 준
발행처 : 홍릉과학출판사
주 소 : 서울시 강북구 인수동 455-60
142-885
등 록 : 1976년 10월 21일 제5-66호
전 화 : (02) 999-2274~5, 996-8341, 903-7037
팩 스 : (02) 905-6729
ISBN: 978-89-7283-898-2
e-mail: hongpub@hongpub.co.kr
http://www.hongpub.co.kr

저자와의 협의하에 인지생략